普通高等学校学前教育专业系列教材

计算机应用基础项目式教程

主 编 张 莉 孙培锋
参 编 赵 颖 胡 光

復旦大學出版社

内容提要

本书基于项目式教学方法，用项目引领学习内容，强调理论与实践相结合，坚持学以致用的原则，加强针对性和实用性，着重培养学生的实际应用能力。

本书由6个项目、28个任务组成，详细介绍了计算机应用的基础知识、中文版Windows 7操作系统、网络应用以及Microsoft Office 2010办公套件等内容；全书从教学理论和教学方法着手，以具体的任务为载体，促使学生在做中学，教师在做中教，旨在培养学生的信息素养和实际动手能力。

本书内容深入浅出、通俗易懂、层析清晰、宜教宜学，既可以作为计算机专业学生的入门教材，也可以作为非计算机专业学生的公共基础课教材。

前 言

当今社会，信息技术创新日新月异，以数字化、网络化、智能化为特征的信息化浪潮蓬勃兴起。信息技术在推动经济社会发展、促进国家治理体系和治理能力现代化、满足人民日益增长的美好生活需要方面发挥着越来越重要的作用。进入21世纪以来，以信息技术为主导的新一轮科技革命和产业变革风起云涌，引领了社会生产新变革，创造了人类生活新空间，拓展了国家治理新领域，新一代信息技术已成为经济社会发展的强劲动力和主要源泉。

本书依据中共中央办公厅、国务院办公厅印发的《国家信息化发展战略纲要》和教育部制定的《关于进一步加强高等学校计算机基础教学的意见》和《高等学校非计算机专业计算机基础课程教学基本要求》的有关规定，结合计算机技术的发展以及高等院校计算机基础课程改革的动向编写而成。

本书采用“项目引导、任务驱动”的项目化方式编写，用项目引领教学内容，图文并茂、易学易懂，体现“做中学，学中做”的教学理念。各任务以“任务要点→任务描述→任务实施→知识链接→知识拓展”的思路组织，以实际工作项目结合相关知识点循序渐进地进行能力培养。本书的编写人员均为教学一线长期从事计算机应用基础教学的老师，具有丰富的教学经验。本书主要分工如下：张莉统领了教材的大纲结构和整体风格，并在编写过程中加以指导且提出宝贵意见，项目一计算机基础知识、项目五制作演示文稿和项目六制作电子表格由孙培锋编写，项目二认识Windows 7操作系统由胡光编写，项目三网络与Internet和项目四文档编辑处理由赵颖编写。

复旦大学出版社为本书的顺利出版付出了极大的努力，在此致以衷心的感谢！

在编写过程中，参阅引用了大量文献和专著，对各位作者深表谢意！

由于编者水平有限，涉及的知识面广，书中难免有疏漏之处，欢迎广大读者批评、指正。

编者

2018年5月

目 录

项目一 计算机基础知识

项目描述

计算机(computer),是一种高速运行、具有内部存储能力、由程序控制操作过程的电子设备。计算机具有很强的逻辑判断能力和数据存储能力,它可以以近似于人的大脑的“思维”方式工作,因此又被称为电脑。

一个完整的计算机系统由硬件系统和软件系统组成,如图1-1-1所示。

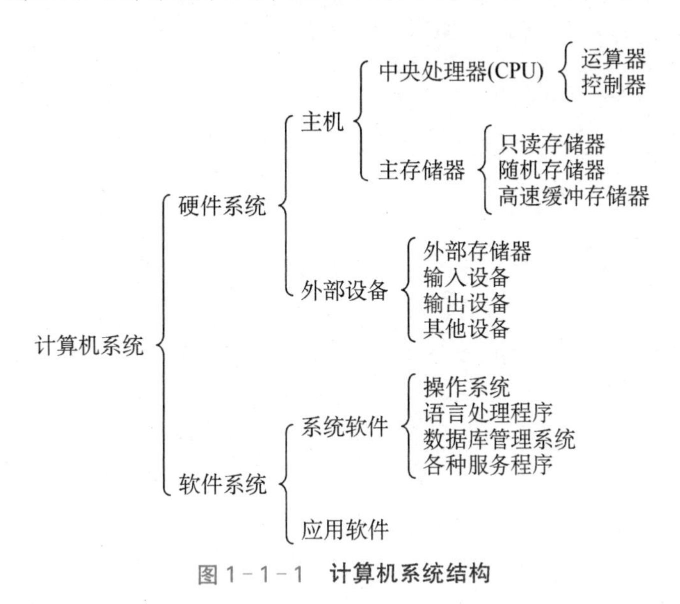

图1-1-1 计算机系统结构

硬件系统是指组成一台计算机的物理设备的总称,是看得见摸得着的实体,是计算机系统运行的物质基础。软件系统是指驱动计算机工作的各种程序的集合,是计算机的灵魂,是控制和操作计算机工作的逻辑基础。

硬件和软件相辅相成,缺一不可。硬件是计算机的物质基础,没有硬件就无所谓计算机;软件是计算机的灵魂,没有软件,计算机的存在就毫无价值。硬件系统的发展给软件系统提供了良好的开发环境,而软件系统的发展又给硬件系统提出了新的要求。

任务1.1 认识计算机的硬件配置

1.1.1 任务要点

(1) 熟悉计算机的硬件组成。

(2) 了解计算机硬件的参数指标。

（3）根据需求选配合适的计算机。

1.1.2 任务描述

开始了大学生活，很多同学都希望拥有一台属于自己的计算机。在选购计算机之前，同学们心里总有各种各样的疑问：

（1）是选择笔记本还是台式机？是选择品牌机还是兼容机？

（2）什么配置合适？如果是组装兼容机，CPU买什么配置？主板选哪个厂商？内存容量多大？硬盘用什么品牌，容量多大？需要集成显卡还是独立显卡？

1.1.3 任务实施

经过市场调查，按照计算机的用途，结合计算机的硬件系统组成，确定计算机的性能指标，参照表1-1-1，模拟组装一组性价比较高的兼容计算机。

表1-1-1 配置价格清单

配置	品牌型号	数量	参数	价格
CPU				
主板				
内存				
硬盘				
固态硬盘				
显卡				
机箱				
电源				
散热器				
显示器				
鼠标				
键盘				
音箱				
光驱				
声卡				
网卡				
	金额合计：			

1.1.4 知识链接

一、计算机的诞生和发展

1. 计算机的诞生

1642年，为了帮助父亲减轻税务上的重复计算工作，法国数学家布莱士·帕斯卡制造了一台可以做加减法的计算器，称为帕斯卡计算器(Pascaline)——这是第一台真正意义上的机械式计算器，如

图 1－1－2 所示。

1937 年，约翰·阿塔那索夫(John V. Atanasoff)与克利福德·贝瑞(Clifford Berry)合作设计出了世界上第一台电子计算机，并以他们的名字命名为 ABC(Atanasoff-Berry Computer，阿塔纳索夫-贝瑞计算机)，如图 1－1－3 所示。阿塔那索夫和贝瑞因为“二战”而中断了 ABC 的研究，关于 ABC 的工作直到 1960 年才被发现，并引起了广泛的关于谁才是第一台计算机的探讨。在此之前，ENIAC 被普遍认为是第一台电子计算机，但是在 1973 年，美国联邦地方法院注销了 ENIAC 的专利，并公布结论：ENIAC 的发明者从阿塔那索夫那里继承了电子数字计算机的主要构件思想。因此，ABC 被认为是世界上的第一台电子计算机。

图 1－1－2　帕斯卡计算器

图 1－1－3　第一台电子计算机 ABC

ENIAC 诞生于 1946 年 2 月，其全称是电子数值积分计算机(Electronic Numerical Integrator and Computer)，如图 1－1－4 所示。ENIAC 以以往计算机无可比拟的强大计算能力宣告了一个新时代的开始，标志着人类开始向科学计算时代迈进。ENIAC 是世界上第一台通用计算机，也是继 ABC 之后的第二台电子计算机。

1949 年 5 月，英国剑桥大学数学实验室根据冯·诺依曼的思想，制成电子迟延存储自动计算机 EDSAC(Electronic Delay Automatic Calculator)，如图 1－1－5 所示。这是第一台带有存储程序结构的电子计算机。

图 1－1－4　ENIAC

图 1－1－5　EDSAC

2. 电子计算机的发展历程

自第一台计算机诞生至今，构成计算机的逻辑元器件经历了电子管、晶体管、中小规模集成电路、大规模超大规模集成电路 4 个阶段。据此，将计算机的发展历程划分为 4 个阶段，见表 1－1－2。

表 1－1－2　计算机的发展阶段

时代	逻辑元件	存储部件	编程语言	系统软件	代表机型
一	电子管	水印延迟线、磁芯、磁鼓	机器语言、汇编语言	无操作系统	ENIAC IBM650 IBM709
二	晶体管	主存：磁芯 外存：磁盘或磁带	汇编语言和高级语言(FORTRAN、Cobol 等)	操作系统	IBM7090 IBM7094 CDC7600

续 表

时代	逻辑元件	存储部件	编程语言	系统软件	代表机型
三	中、小规模集成电路	主存：半导体存储器 外存：磁盘	汇编语言和高级程序设计语言	功能更强大的操作系统	IBM360
四	大规模、超大规模集成电路	主存：集成度越来越高的半导体 外存：光盘、移动存储	高级语言（C 语言、Visual Basic、Java 等）	数据库、网络通信、多媒体等系统软件	“曙光”“天河”系列巨型机，联想个人机等

（1）第一代计算机（1946～1957）：电子管计算机　主要元器件为电子管，采用软件为机器语言和汇编语言，应用领域以军事和科学计算为主。其特点是：体积庞大、耗电量高、可靠性差、运算速度慢、存储容量小、价格昂贵等。

（2）第二代计算机（1958～1964）：晶体管计算机　主要元器件为晶体管；软件方面，出现了以批处理为主的操作系统、高级语言及其编译程序。应用领域以科学计算和事务处理为主。其特点是：体积大大缩小、能耗降低、可靠性增强、运算速度提高（一般为每秒数 10 万次），性能相对第一代计算机有很大的提高。

（3）第三代计算机（1965～1970）：中小规模集成电路计算机　20 世纪 60 年代中期成功制造了集成电路。中小规模集成电路成为计算机的主要部件；软件方面，出现了分时操作系统以及结构化、规模化的程序设计方法。计算机开始进入文字处理和图形图像处理领域。其特点是：速度更快（一般为每秒数百万次至数千万次）、可靠性显著提高、价格进一步下降，计算机走向了通用化、系列化和标准化。

（4）第四代计算机（1971 年至今）：大规模、超大规模集成电路计算机　随着大规模集成电路的成功制作并用于计算机硬件，计算机的体积进一步缩小，性能进一步提高。软件方面，出现了数据库管理系统、网络管理系统和面向对象语言等。

从 20 世纪 80 年代初起，以美国为代表的发达国家就开始研究第五代计算机。第五代计算机又称新一代计算机，它是把信息采集、存储、处理、通信同人工智能结合在一起的智能计算机系统。它能进行数值计算或处理一般的信息，主要面向知识处理，具有形式化推理、联想、学习和解释的能力，能够帮助人们判断、决策、开拓未知领域和获得新的知识，人机之间可以直接通过自然语言（声音、文字）或图形图像交换信息。

3. 计算机的发展趋势

综合计算机的功能、性能和体积等方面因素，计算机技术正在向巨型化、微型化、网络化、智能化和多媒体化 5 个方向发展。

（1）巨型化　巨型化是指研制速度更快、存储量更大、功能更强的巨型计算机。巨型计算机主要应用于航空航天、军事、气象、天文等尖端科学领域。巨型机的技术水平也是衡量一个国家技术和工业发展水平的重要指标。

（2）微型化　微型化是指计算机集成度进一步提高，利用微电子技术和超大规模集成电路，研制体积更小、价格更低的计算机。计算机的微型化已成为计算机发展的重要方向，各种笔记本电脑和平板电脑的大量面世就是计算机微型化的一般标志。

（3）网络化　计算机是计算机技术和网络技术紧密结合的产物。网络技术在 20 世纪中后期得到快速发展，尤其是 Internet（因特网）的迅猛发展。众多计算机通过网络相连，形成了一个规模庞大、功能多样的一体化系统，实现信息的相互传递和资源共享。用户可享受灵活控制的、智能的、协作式的信息服务，并获得前所未有的使用方便性。

（4）智能化　计算机的智能化是指计算机具有模拟人的感觉和思维过程的能力，如学习、感知、理解、判断、推理等能力。智能计算机可以利用已有的和不断学习到的知识，思维、联想、推理并得出结论，解决复杂问题，具有汇集记忆、检索有关知识的能力。目前已研制出多种具有人的部分智能的机器人，可以代替人在一些工作岗位上工作。

（5）多媒体化　多媒体计算机是指利用计算机技术、通信技术和大众传播技术，综合处理文本、视频、图形、声音等多媒体信息的计算机。多媒体信息真正改善了人机交互界面，使计算机朝着人类最自然地接受和处理信息的方式发展。

二、计算机的分类和特点

1. 计算机的分类

按照不同的标准，计算机可以分为不同的种类。

（1）按其功能　可以分为专用计算机和通用计算机两类。专用计算机是指面向某一领域或者解决某一问题而研制的计算机，如工业控制机、用于处理气象数据的大型机等。专用计算机具有效率高、速度快、适应性差等特点。通用计算机可用于任何场合，具有功能齐全、适应性强等特点。

（2）按照规模、速度　可以分为巨型机、大型机、服务器、工作站、微型机等。

① 巨型机。是目前运算速度最快、存储容量最大、处理能力最强、工艺技术性能最先进的超级计算机，一般用在国防和尖端科学领域，如战略武器的设计、空间技术、石油勘探、天气预报等。

② 大型机。是某一类计算机的统称，本身并无十分准确的技术定义，一般配备众多终端组成计算机中心。

③ 服务器。指具有较高计算能力，能够通过网络对外提供服务的计算机。服务器在网络操作系统的控制下，能够将与之相连的硬盘、磁带、打印机、调制解调器及各种专用通信设备提供给网络上的客户站点共享，也能为网络用户提供集中计算、信息发布及数据管理等服务。

④ 工作站。是介于个人计算机和服务器之间的一种高档微型机。

⑤ 微型机。又称为个人计算机(Personal Computer，PC)，是应用最为广泛的计算机。

（3）根据计算机字长可分为 8 位机、16 位机、32 位机、64 位机等。计算机字长反映了计算机并行处理信息的能力。目前常见的是 32 位机和 64 位机。

2. 计算机的特点

（1）运算速度快　现在巨型机的运算速度已达到每秒数万亿次，微型机也可达每秒数万次甚至数亿次以上，随着计算机硬件的更新换代、软件的日臻完善，以及计算机体系结构的发展，计算机必将达到更高的速度。

（2）运算精确度高　科学技术的发展特别是尖端科学技术的发展，需要高度精确的计算。一般计算机可以有十几位(二进制)甚至几十位有效数字，而其计算精度可达到千分之几到百万分之几，这是其他任何计算工具望尘莫及的。

（3）逻辑判断能力强　计算机不仅具有运算能力，还具有很强的逻辑判断能力，这是计算机高度自动工作的基础。计算机能根据上一条指令的执行结果，自动执行下一条指令，能够进行资料分类、逻辑推理等具有逻辑加工性质的工作，极大地扩大了应用范围。

（4）具有很强的存储能力　计算机的主存储器(内存)的容量越来越大；随着大容量的磁盘、光盘等外部存储器的发展，辅助存储器(外存)存储容量也达到海量。

（5）能自动连续地工作并支持人机交互　采用存储程序控制的运行方式，一旦输入了编制好的程序，启动计算机后，它能够按程序自动执行下去，直到完成预定的任务为止，不需要人工干预，工作完全自动化。当人要干预时，计算机又能及时响应，实现人机交互。

三、计算机的应用领域

计算机问世之初，主要用于数值计算，因此而得名“计算机”。然而随着计算机的发展，其应用领域远远大于数值计算。据统计，目前计算机有5 000多种用途，并且以每年300～500种的速度增加。计算机的主要应用领域可分为以下几个方面。

(1) 科学计算(数值计算)　计算机起源于计算问题，可以说科学计算是计算机最早且最重要的应用领域之一。如在天气预报中，气象卫星从太空的不同位置拍摄地球表面，大量的观测数据通过卫星传回地面工作站。这些数据经过计算机处理后可以得到比较准确的气象信息。

(2) 数据处理(非数值计算)　所谓数据处理，是指对大量数据进行计算、管理等，如政府公文、报表、档案等的规律与管理，企事业单位的财务、人事、生产调度等信息的收录、整理、统计、检索等。与科学计算不同，数据处理的特点是处理的数据量虽然大，但计算方法简单。

(3) 计算机辅助系统　计算机辅助系统包括CAD(计算机辅助设计)、CAM(计算机辅助制造)、CBE(计算机辅助教育)等。

CAD是指利用计算机辅助设计人员进行工程、产品、建筑等设计工作的过程和技术。CAM是指用计算机进行生产设备的管理、控制和操作的技术。CBE包括计算机辅助教学(CAI)、计算机辅助测试(CAT)和计算机管理教学(CMI)等。

(4) 网络通信　网络通信是指通过电话交换网等方式将计算机连接起来，实现资源共享和信息交流。网络通信的应用主要有电子邮件、电子商务、远程教育、网络聊天、多媒体音频点播等。

(5) 人工智能　人工智能是指设计具有智能的计算机系统，让计算机具有通常只有人类才具有的智能特性，如识别图形、声音，具有学习、推理能力，能够适应环境等。机器人是计算机在人工智能领域的典型应用。

(6) “互联网＋”技术　通俗地说，“互联网＋”就是“互联网＋各个传统行业”，但这并不是简单的两者相加，而是利用信息通信技术以及互联网平台，让互联网与传统行业深度融合，创造新的发展生态。

“互联网＋”代表着一种新的经济形态，它指的是依托互联网信息技术实现互联网与传统产业的联合，以优化生产要素、更新业务体系、重构商业模式等途径来完成经济转型和升级。

四、计算机的种类

从外观上看，计算机分为台式机、笔记本和平板电脑。

1. 台式机

台式机是出现最早，也是目前最常见的计算机，其最大的优点是价格实惠(与平板电脑和笔记本电脑相比)，缺点是笨重，并且耗电量较大。相对于其他类型的计算机，台式机体积较大，主机和显示器等设备相对独立，一般需要放置在桌子或者专用工作台上，因此称为台式机。

常见的台式机一般分为分体机和一体机两种。

分体机是常见的台式机，从外观上看，一般由显示器、主机、键盘、鼠标和一些可选的外部设备组成。

从外观上看，一体机由显示器、键盘和鼠标组成。一体机介于台式机和笔记本电脑之间，它将主机、显示器部分整合到一起，显示器就是一台计算机，因此只要将键盘和鼠标连接到显示器上，机器就能使用。

一体机的创新在于内部元件的高度集成。随着无线技术的发展，一体机的键盘、鼠标可与显示器无线连接，机器只有一根电源线。这就解决了一直为人诟病的台式机线缆多而杂的问题。

2. 笔记本

笔记本电脑(notebook)又称为手提电脑或膝上型电脑，是一种小型、可携带的计算机，常见的笔记本电脑有游戏本、2合1电脑、超级本、时尚轻薄本、商务办公本、影音娱乐本、校园学生本和IPS硬屏笔记本等多种类型。

3. 平板电脑

它比笔记本电脑体积更小，重量更轻，并可随时变换使用场所，具有移动灵活的特点。

五、计算机的组成

（1）显示器　显示器是计算机必不可少的输出设备，通过显示器用户能方便地查看输入的内容和经过计算机处理后的各种信息。目前市场上常见的显示器主要是液晶显示器，如图1-1-6(a)所示，具备重量轻、节能和辐射低的优点。而CRT（阴极射线管）显示器，如图1-1-6(b)所示，已经基本淘汰。

图1-1-6　显示器

（2）主机　从外观上看，机箱包括外壳、开关以及和主板相连的各类接口等；而主机内部几乎包含了计算机的所有核心部件，包括CPU、内存条、硬盘、显示卡、声卡、网卡、主板等，如图1-1-7所示。

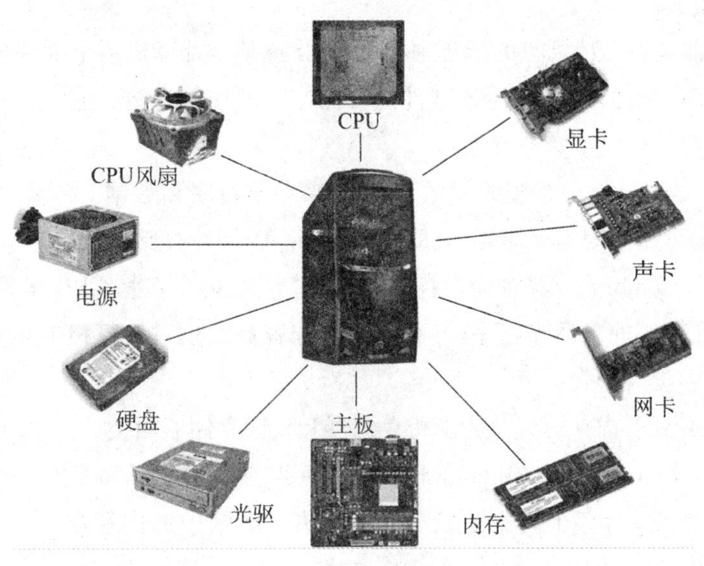

图1-1-7　主机部件

机箱作为计算机配件的一部分，其主要作用是放置和固定计算机的各个配件，起到承托和包含的作用。此外，机箱还具有屏蔽电磁辐射的作用。

（3）主板　主板（motherboard）是CPU和其他部件联系的桥梁，所有的配件和外设都必须以主板作为运行平台，才能进行数据交换等工作。计算机的所有部件必须通过主板才能和CPU连接起来，并根据CPU发出的操作指令，执行相应的操作。因此，主板是把CPU、存储器、输入/输出设备连接起来的纽带。

主板有正方形的、长方形的，有 ATX 主板、BTX 主板等多种。但主板的组成基本相同。主板上包含 CPU 插槽、内存插槽、芯片组、BIOS 芯片、供电电路、各种接口、散热器等，如图 1－1－8 所示。

图 1－1－8 主板

(4) 中央处理器　中央处理器（center processing unit，CPU）由运算器和控制器两大功能部件组成，是计算机系统的核心。计算机的所有操作均在 CPU 的控制下，如键盘输入、显示器显示、打印机打印等。目前市场上 CPU 的主流产品主要有 Intel 公司的奔腾（Pentium）系列、赛扬（Celeron）系列、酷睿（Core）系列；AMD 公司的速龙（Athlon）系列、羿龙（Phenom）系列、闪龙（Sempron）系列等。图 1－1－9 所示为 Core i7 CPU。

图 1－1－9 中央处理器

① 运算器。主要功能是完成加、减、乘、除等算术运算和比较、判断、查找等逻辑运算。它主要由算术逻辑单元和寄存器组成。

② 控制器。控制器是整个计算机的指挥中心，负责指挥整个计算机各个部件自动、协调工作。其重要功能是决定程序执行的顺序，发布机器各部件执行操作时的控制命令。它主要由寄存器、译码器、程序计数器、时序电路等组成。

(5) 存储器　存储器是计算机系统的记忆设备，用来存放程序和数据。计算机中的全部信息，均存放在存储器中。存储器可以分为主存储器、辅助存储器和高速缓冲存储器（Cache）。

① 主存储器（main memory）。又称为内存储器，简称主存（内存），是 CPU 能够直接访问的存储区。内存用于存放当前正在使用的数据和程序，其存取速度和容量大小对计算机的运行速度影响较大。计算机关机后，内存中的数据会丢失。

按照其读写方式的不同，内存可以分为随机存储器和只读存储器两类：

- 随机存储器（random access memory，RAM）。特点是既可以读取数据，也可以写入数据。断电后，存于其中的数据立即消失。电脑中的内存条（SIMM）就是将 RAM 集成块集中在一起的一小块电路板，插在计算机中的内存插槽上，以减少 RAM 集成块占用的空间。目前市场上常见的内存条有 1G/条、2G/条、4G/条等，如图 1－1－10 所示。

图 1－1－10 内存条

- 只读存储器（read only memory，ROM）。ROM 是一种只能读出不能写入的存储器，ROM 中的内容是厂家在生产时采用掩膜技术一次性写入并永久保存下来的。它的特点是用户只能读出原有的内容，而不能再写入新内容。ROM 是一种非易失性存储器，信息写入后，无需外加电源来保存信息，不会因断电而丢失。因此计算机中常用 ROM 来存放固定的程序和数据，如监控程序、操作系统专用模块。

② 辅助存储器(secondary memory)。又称外存储器,简称外存。常见的外存有硬盘、U 盘、光盘等。和内存相比,它的特点是存储容量大、成本低、速度慢、可以永久脱机保存数据等。外存不直接和 CPU 交换数据,外存中的数据必须调入主存后,才能为 CPU 所用。例如,用户使用 Word 处理文字,在键盘上敲入字符时,它会被暂存入内存中,当用户编辑完成后保存时,内存中的数据就会被存入硬(磁)盘中。

系统中安装的各类程序,如 Windows 操作系统、Microsoft Office 办公软件、各类游戏软件等,一般都是安装在硬盘等外存上的,当用户运行这些程序时,需要把它们调入内存中。因此,内存性能的好坏直接影响电脑的运行速度。就好比在一个书房里,存放书籍的书架和书柜相当于电脑的外存,而工作的办公桌就是内存。内存是暂时存储程序以及数据的地方。

- 硬盘(hard disc)。硬盘是系统内存的扩展,一般用来存放操作系统、各类程序和数据等,如图 1-1-11所示。常见的硬盘有固态硬盘(SSD)、机械硬盘(HDD)、混合硬盘(HHD)等。

图 1-1-11 硬盘

- U 盘(USB flash disk)。全称 USB 闪存盘,是一种无需物理驱动器的微型大容量移动存储设备,通过 USB 接口和计算机连接,具有即插即用的优点。

- 光盘(compact disc)。光盘是以光信息作为存储媒介存储数据的一种存储器,需要借助光盘驱动器来读写。光盘主要分为 CD、DVD、蓝光光盘等。其中,CD 的存储容量可以达到 70 MB,DVD 的存储容量可以达到 4.7 GB,蓝光光盘的存储容量可以达到 25 GB。

③ 高速缓冲存储器(Cache)。主存的存取速度有限,而 CPU 的速度很快,所以当 CPU 从主存中读取或写入数据时常常需要等待。为了解决 CPU 和主存之间速度不匹配的问题,产生了高速缓存技术。高速缓存位于 CPU 和主存之间,用于协调 CPU 与主存之间的数据传输,即暂存 CPU 最常用的部分数据指令。高速缓存的存取速度高于主存,能够大大提高系统性能,但其价格一般较高,容量较小。

(6) 显卡 全称为显示接口卡。显卡的基本作用是将 CPU 送出的数据转换成显示器可以接收的信号。显卡按其独立性可以分为集成显卡和独立显卡。

- 集成显卡。集成显卡是将显示芯片、显存及其相关电路都集成在主板上。集成显卡的显示芯片是单独的,但大部分集成在主板的北桥芯片中。集成显卡的优点是功耗低、发热量小等;其缺点是性能相对略低,且固化在主板或 CPU 中,更换困难或无法更换。

- 独立显卡。独立显卡是指将显示芯片、显存及相关的电路单独放在一块电路板上,作为一块独立的板卡存在,它需要占用主板的扩展插槽。独立显卡的优点是单独安装、技术较集成显卡先进、易于升级和更换;其缺点是加大系统功耗和发热量、需额外购买显卡、占用较大空间(尤对笔记本电脑而言)。

(7) 声卡 声卡用于处理计算机中的声音信号,并将处理的结果传输到音响中播放,现在的主板几乎都集成了声卡,只有对声音效果要求极高的情况下才需要配置独立的声卡。

(8) 电源 电源的作用是把 220 V 的交流电转换成直流电,并专门为计算机配件如主板、驱动器、显卡等设备供电。电源是计算机各部件供电的枢纽,是计算机的重要组成部分,目前计算机大都是开关型电源。

(9) 键盘和鼠标　通过键盘，可以将字母、数字、标点符号等输入计算机，从而向计算机发送指令、输入数据等。鼠标是将位移信号转换为电脉冲信号，通过程序的处理和转换来控制屏幕上的光标移动的一种硬件设备，如图 1-1-12 所示。

图 1-1-12　鼠标和键盘

(10) 外部设备　对于计算机来说，外部设备属于可选装硬件。安装这些部件，计算机的功能可以更加完善，而不安装这些硬件，并不会影响计算机的正常工作，如音响、打印机、扫描仪、光驱等。所有的外部设备都是通过主机上的接口(主板或机箱上面的接口)连接到计算机上的。

1.1.5　知识拓展

一、存储程序原理

存储程序原理又称为冯・诺依曼思想，是由计算机之父冯・诺依曼于 1946 年研究 EDVAC 机时提出的。现代计算机都是根据冯・诺依曼体系设计的，冯・诺依曼思想的要点可以归纳如下：

① 计算机由运算器、控制器、存储器、输入设备、输出设备五大部件组成。

② 在计算机内部，程序和数据均采用二进制代码表示。

③ 程序和数据存放在存储器中，即存储程序。这也是冯・诺依曼思想的核心，在计算机运行之前，预先将编写好的程序和所需的数据存入主存储器中。在运行的过程中无须人工干预，由控制器按照预先编写好的程序自动地、连续地从存储器中取出指令并执行，直到达到预期结果为止。这也是计算机高速运行的基础。

存储程序原理奠定了现代计算机的结构基础。因此，现代计算机又称冯・诺依曼计算机，其基本结构如图 1-1-13 所示，工作过程为：通过输入设备输入各种信息，并存入计算机的存储器，然后送到运算器，运算完成后把结果送到存储器存储，最后通过输出设备输出。其中，运算器和控制器统称为 CPU；CPU 和主存储器统称为主机，而把输入设备、输出设备、外存储器称为外部设备(I/O 设备)。

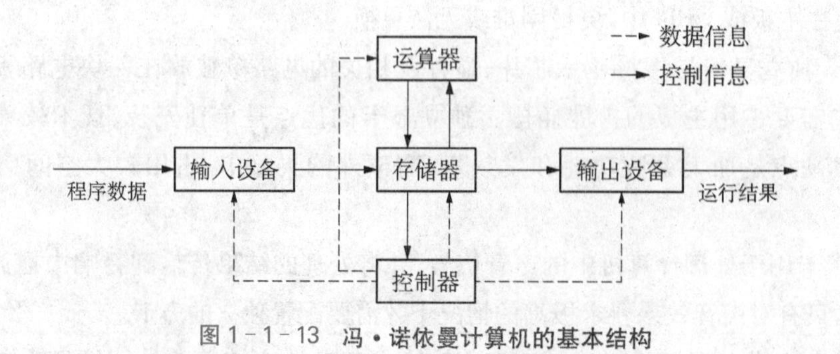

图 1-1-13　冯・诺依曼计算机的基本结构

二、计算机的性能指标

(1) 主频　CPU 的主频是衡量计算机性能的一项重要指标。如英特尔 Core i3－6100 的主频为 3.7 GHz。一般来说，主频越高，运算速度越快。

(2) 字长　字长是指 CPU 一次能并行处理的二进制位数，字长总是 8 的整数倍。计算机常见的字长有 16 位(早期)、32 位和 64 位。在其他指标相同时，字长越大，计算机处理数据的速度越快。

(3) 主存容量　主存储器能够存储的最大数据量称为主存容量。主存是 CPU 能够直接访问的物理存储器，CPU 需要执行的程序和要处理的数据均存放其中。主存容量的大小反映了计算机即时存储信息的能力，因此，计算机的处理能力很大程度上取决于主存容量的大小。

(4) 外存储器的容量　外存储器通常是指硬盘(一般为内置硬盘)的容量。外存储器的容量越大，可存储的数据越多，可安装的软件就越丰富。目前硬盘的容量一般为 300 GB～2 TB。

除了上述性能指标外，计算机的综合性能还包括外围设备的性能指标及所配置系统的软件情况等。另外，各项性能指标并不是相互独立的，在实际应用时，应该综合考虑，而且还应遵循性能价格比(性价比)的原则。

三、计算机的选购

用户可以根据具体的需求选择合适的计算机。如果计算机的主要用途是移动办公或者用户经常外出，可以选择笔记本。然而，笔记本电脑的价格比台式机高出很多，超出不少人的承受能力。虽然市场上也有价格较低的低端笔记本电脑，但其性能、质量和售后服务总是无法让人满意。相同价位的笔记本电脑与台式机比起来，性能还有一定的差距，并且笔记本电脑的升级能力很差。如果家用或者办公，台式机无疑是最好的选择。品牌机和兼容机是两种常见的台式机选购形式。

1. 品牌机

品牌机是电脑生产商组装好的电脑。这类电脑有着固定的品牌，如联想、华硕、惠普、戴尔等。品牌机主要有以下特点：

(1) 购买过程简单方便，省去了一一挑选配件的时间。

(2) 稳定性较高，品牌机出厂前一般都经过严格的测试，相对于兼容机而言，较为稳定和可靠。

(3) 可以得到高附加值的产品，品牌机一般都会赠送正版的操作系统和各类应用软件，方便用户使用。

(4) 售后服务较好，一般而言，品牌机都有 3 年的质保期，可以省去很多后顾之忧。

(5) 性价比较低，一方面，品牌机本身的附加值较高，广告宣传、产品推广和后期服务等费用均摊到产品上，导致相同配置的品牌机比兼容机价格高。另一方面，很多品牌机为了降低成本，突出卖点，一般是 CPU 的配置较高而其他配置较低，这样就影响了计算机的整体性能。

2. 兼容机

兼容机是指用户根据自己的实际需求选购不同品牌的电脑配件组装而成的电脑。兼容机最大的特点是 DIY，用户的选择更为灵活。

(1) 自己做主　按需选购，用户可以根据计算机的实际用途，灵活选择配件来突出某一方面的特性，如配置音响效果最佳的计算机，配置显示效果最好的计算机等。

(2) 性价比高　相对于品牌机而言，一台相同配置的兼容机可以比品牌机节省数百元甚至上千元。

(3) 选购过程繁琐　需要综合考虑配置、价格、质量和售后等诸多因素，要求购买者熟悉计算机各种配件的相关性能、技术参数和市场行情，需要较高的计算机专业知识。

(4) 售后不够完善　与品牌机完善的售后和质保服务相比，兼容机的质保期较短，一旦某个配件出现故障，维修起来相对麻烦。

因此，对于专业的用户或者具有一定 DIY 知识的用户可以选择购买兼容机，在节约成本的同时体验攒机的乐趣。而对于家庭用户、电脑初级者建议购买品牌机，以保证质量，便于维护。

3. 计算机的选配原则

无论是选择品牌机还是兼容机，最重要的是符合实际使用的需要，应遵循如下原则：

① 满足用户的实际需求。用户的使用目不同，对计算机的性能要求也不同，应结合购机预算，满足需求即可。

② 避免“最新的就是最好的”的思想，不能盲目地认为 CPU 就是一切，一台计算机的整体性能取决于 CPU 和与之配套的其他硬件的整体性能。按照“木桶理论”，如果没有合适的硬件与之匹配，CPU 同样无法发挥其性能。

任务 1.2 认识计算机的软件配置

1.2.1 任务要点

(1) 掌握计算机软件系统的组成。

(2) 熟悉常见的计算机系统软件。

(3) 熟悉常见的计算机应用软件。

1.2.2 任务描述

一个完整的计算机系统是由硬件系统和软件系统组成，操作系统作为基础的软件，控制和管理着计算机的软硬件资源，如果没有它，硬件将是一堆废铁。其他的应用软件就是工作与生活中的主要或辅助工具。只有安装必须的系统软件和应用软件的计算机，才是一台严格意义的计算机，才能满足我们工作、生活的需要。

1.2.3 任务实施

根据使用电脑的实际需求，填写软件安装清单，见表 1-2-1，包括装机所必须的操作系统等系统软件和应用软件。

表 1-2-1 软件安装清单

编号	软件名称	软件类别	软件用途

续　表

编号	软件名称	软件类别	软件用途

1.2.4　知识链接

一台组装好硬件的计算机称为裸机。要想让计算机正常工作,则必须在硬件的基础上安装合适的软件。计算机软件通常分为系统软件和应用软件。

一、系统软件

系统软件是指控制和协调计算机外部设备、支持应用软件开发和运行的基础软件,它主要负责管理计算机系统中各种独立的硬件,使之可以协调工作。常见的系统软件有操作系统、程序设计语言、数据库管理系统、各种服务程序等。

1. 操作系统

操作系统是最基本、最重要的系统软件。它负责管理计算机系统的全部硬件资源和软件资源,组织计算机各部件协调工作。操作系统是用户和计算机之间的接口,提供了软件的开发环境和运行环境。根据应用领域的不同,可将操作系统分为以下 3 种类型:

(1) 桌面操作系统　主要应用于个人计算机中,目前主流的桌面操作系统有 Windows 系列操作系统、苹果公司的 Mac 系统和开源的 Linux 系统。

(2) 服务器操作系统　一般安装在大型计算机中,如 Web 服务器、应用服务器和数据库服务器等。目前主流的服务器操作系统主要有 UNIX 系列(如 SUN Solaris、IBM - AIX)、Linux 系列(如 Red Hat Linux、Ubuntu Server)、Windows 系列(如 Windows NT Server、Windows Server 2003、Windows Server 2008)三大类。

(3) 嵌入式操作系统　一般应用于嵌入式系统的计算机。主要应用于数码相机、手机、平板电脑、家用电器、医疗设备、交通信号灯等设备中。常见的嵌入式操作系统有 Linux、Windows Embedded,以及智能手机和平板电脑采用的 Android、iOS 和 Windows Phone 等。

综上所述,操作系统有两个基本职能:一是"管理员",管理计算机系统的硬件和软件资源,以提高计算机硬件的运行效率、发挥软件的应用效率。二是"服务员",作为用户与硬件的接口和人机交互界面,为用户提供服务和方便,以便充分提高用户使用计算机的效率。

2. 程序设计语言

为了让计算机按照预定完成特定的任务,须借助计算机机器语言编写的特定代码来驱动计算机。计算机机器语言即程序设计语言,是由用户编写的,是人与计算机之间信息交流的媒介,是计算机软件系统的重要组成部分。依照发展历史阶段及功能来看,可以分为机器语言、汇编语言、高级语言 3 类。

(1) 机器语言　出现于20世纪40年代，是最早产生和使用的计算机语言，机器语言由0和1二进制字符串组成，是唯一能被计算机直接识别并运行的程序设计语言。由于机器语言全由0和1代码组成，程序存在难写、难读、难修改等缺陷，在一定程度上限制了计算机的发展。

(2) 汇编语言　出现于20世纪50年代中期，主要采用了助记符(英文缩写符号)来代替二进制代码。使用汇编语言编写的程序不能被计算机直接识别，必须借助专门的翻译程序翻译成机器语言程序，计算机才能执行。

(3) 高级语言　出现于20世纪50年代中后期，是接近自然语言和数学语言的计算机语言。常见的高级语言有面向过程的C语言、Pascal、Cobol和面向对象的Java、C＋＋、Visual Basic等。高级程序设计语言同样不能被计算机直接识别，需要翻译成机器语言程序，计算机才能执行。

3. 数据库管理系统

现代计算机经常用于处理海量数据，数据库管理系统是存取、修改和共享这些数据的工具。它把各种不同性质的数据组织起来，以便查询、检索、管理。常见的数据库有Access、My SQL、SQL Server和Oracle等。

4. 各种服务类程序

一个完善的计算机系统往往配置很多服务型程序，帮助用户使用和维护计算机。可以在操作系统的控制下运行，也可以在没有操作系统的情况下独立运行。常见的服务类程序有编辑程序、链接程序、软件调试程序以及诊断程序等。

二、应用软件

应用软件是为了满足用户的一般需求或者解决某一领域的实际问题而开发的软件。一般可将应用软件分为通用应用软件和专用应用软件两大类。

1. 通用应用软件

通用应用软件是为满足用户的一般需求而设计的软件，主要应用于生活和工作，常见的通用应用软件包括各种字处理软件(如Microsoft Office、WPS)、计算机辅助设计类软件(如Auto CAD)、各种图形图像处理软件(如Adobe PhotoShop、CorelDraw、会声会影、美图秀秀)、即时通信软件(如QQ)、媒体播放软件(如Windows Media Player、迅雷看看、暴风影音)等。

2. 专用应用软件

专用应用软件是为了解决某一专业领域的特定问题或为了满足特定需求而开发的软件，如财务管理系统、人事管理系统。

1.2.5 知识拓展

一、数据的表示和存储

冯·诺依曼体系计算机中，所有的数据均采用二进制编码的形式表示。二进制编码中只有0和1两个字符，其中存储一个二进制位的存储单位称为位(bit)，位是计算机中最小的数据单位。一个8位的二进制单元叫做一个字节，或称为Byte。字节是计算机的基本存储单元。计算机中数据的表示和存储单位之间的换算关系为

$$1\text{B} = 8\ \text{bit},\ 1\ \text{kB} = 2^{10}\ \text{B} = 1\,024\ \text{B},\ 1\ \text{MB} = 2^{20}\ \text{B} = 1\,024\ \text{kB};$$

$$1\ \text{GB} = 2^{30}\ \text{B} = 1\,024\ \text{MB},\ 1\ \text{TB} = 2^{40}\ \text{B} = 1\,024\ \text{GB}。$$

二、进位计数制

进位计数制是指利用一组固定的数值符号和统一的规则来表示数值的方法，简称进制。人们在日常生活中接触的主要是十进制数，此外，还用十二进制表示一年中的月份数，用二十四进制来表示一天中的小时数，用六十进制表示一小时包含的分钟数和一分钟包含的秒数。

计算机的电子元器件只能识别两种状态，如开关的接通和断开、晶体管的导通和截止、磁元件的正负极、电平的低与高等，这两种状态分别用 0 和 1 表示，形成了二进制数。但二进制数冗长、易错、难记，通常采用十六进制数或八进制数来简化表示。

一个 R 进制数$(X)_R$可展开为

$$
\begin{aligned}
(X)_R &= X_n X_{n-1} X_{n-2} \cdots X_2 X_1 X_0 . X_{-1} X_{-2} \cdots X_{-m} \\
&= X_n \times R^n + X_{n-1} \times R^{n-1} + X_{n-2} \times R^{n-2} + \cdots \\
&\quad + X_2 \times R^2 + X_1 \times R^1 + X_0 \times R^0 + X_{-1} \times R^{-1} + X_{-2} \times R^{-2} + \cdots + X_{-m} \times R^{-m}。
\end{aligned}
$$

其中：

（1）R　R 进制数的基数，表示数字符号的个数。如十进制数的基数是 10，共有 0～9 十个数字符号。通常在实际运算时，R 进制也遵循逢 R 进一的原则。常见进位计数制的基数和数码见表 1-2-2。

表 1-2-2　常用进制的表示

常用进制	十进制	二进制	八进制	十六进制
数字符号	0～9	0、1	0～7	0～9、A、B、C、D、E、F
基数	10	2	8	16
表示举例	$(30)_{10}$或 30D	$(11110)_2$或 11110B	$(36)_8$或 36O	$(1E)_{16}$或 1EH

（2）R^i　位权，表示数码在不同位置上表示的数值。位权值的大小是以基数 R 为底，以数码所在位置的序号为指数的整数次幂，例如，十进制数整数部分的位权值从个位开始向左依次为 10^0、10^1、10^2、10^3、……，小数部分的位权值从小数点后第一位开始向右依次为 10^{-1}、10^{-2}、10^{-3}、……。

一个 R 进制数的展开形式即为各位数上的数码乘以其对应的位权，其累加求和的结果即为该 R 进制数所表示的真实数值（十进制）。

基数和位权是进位计数制的两个重要因素。通常用$(X)_R$的形式表示 R 进制数，也可以在数字的后面加上对应的后缀来表示，其中，十进制数的后缀为 D，二进制的后缀为 B，八进制的后缀为 O，十六进制的后缀为 H。

三、进制之间的转换

不同进制之间的转换，实质上是基数之间的转换。

1. 其他进制转成十进制

其他进制转换成十进制，只需要按照其展开公式展开并计算结果即可。

例 1　把二进制数$(110101)_2$和$(110.101)_2$转换成十进制数。

$$
\begin{aligned}
(110101)_2 &= 1 \times 2^5 + 1 \times 2^4 + 0 \times 2^3 + 1 \times 2^2 + 0 \times 2^1 + 1 \times 2^0 \\
&= 32 + 16 + 0 + 4 + 0 + 1 \\
&= (53)_{10}。
\end{aligned}
$$

$$(110.101)_2 = 1\times2^2+1\times2^1+0\times2^0+1\times2^{-1}+0\times2^{-2}+1\times2^{-3}$$
$$=4+2+0+0.5+0+0.125$$
$$=(6.625)_{10}。$$

例2 把八进制数$(625)_8$和$(15.24)_8$转换成十进制数。

$$(625)_8 = 6\times8^2+2\times8^1+5\times8^0$$
$$=384+16+5$$
$$=(405)_{10}。$$
$$(15.24)_8 = 1\times8^1+5\times8^0+2\times8^{-1}+4\times8^{-2}$$
$$=8+5+0.25+0.0625$$
$$=(13.3125)_{10}。$$

例3 把十六进制数$(5D7)_{16}$和$(4AB.C)_{16}$转换成十进制数。

$$(5D7)_{16} = 5\times16^2+D\times16^1+7\times16^0$$
$$=1280+208+7$$
$$=(1495)_{10}。$$
$$(4AB.C)_{16} = 4\times16^2+A\times16^1+B\times16+C\times16^{-1}$$
$$=1024+160+11+0.75$$
$$=(1195.75)_{10}。$$

二进制、十进制、十六进制是学习数制最基本的内容，要求读者能在一定数值范围内直接写出二进制、十进制和十六进制的对应关系，见表1-2-3。

表1-2-3 十进制、二进制、十六进制的转换

十进制	二进制	十六进制	十进制	二进制	十六进制
0	0000	0	8	1000	8
1	0001	1	9	1001	9
2	0010	2	10	1010	A
3	0011	3	11	1011	B
4	0100	4	12	1100	C
5	0101	5	13	1101	D
6	0110	6	14	1110	E
7	0111	7	15	1111	F

2. 十进制转成其他进制

十进制转成二进制，整数部分连除以2，直到商为0，自下而上取其余；小数部分连乘以2，直到小数部分为0或满足精度要求为止，自上而下取其整。

例4 把十进制数$(87.625)_{10}$和$(11.21)_{10}$转换成二进制数。

(1) $(87.625)_{10}$转成二进制

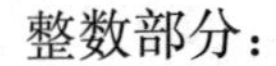
整数部分：

除数	被除数		余数
2	87	……	余1
2	43	……	余1
2	21	……	余1
2	10	……	余0
2	5	……	余1
2	2	……	余0
2	1	……	余1
	0		

（自下而上取余 ↑）

小数部分：

0.625 × 2		
0.75	……	整数部分0
× 2		
1.5	……	整数部分1
× 2		
1.0	……	整数部分1

（自上而下取整 ↓）

结果为 $(87.625)_{10}=(1010111.011)_{2}$。

(2) (11.21)10 转成二进制(保留 4 位小数)

整数部分：

除数	被除数		余数
2	11	……	余1
2	5	……	余1
2	2	……	余0
2	1	……	余1
	0		

（自下而上取余 ↑）

小数部分：

0.21 × 2		
0.42	……	整数部分0
× 2		
0.84	……	整数部分0
× 2		
1.68	……	整数部分1
× 2		
1.36	……	整数部分1
× 2		
0.72	……	整数部分0
……		

（自上而下取整 ↓）

结果为 $(11.21)_{10}=(1011.0011)_{2}$。

十进制转成八(十六)进制的方法和十进制转换成二进制的方法类似：整数部分连除以 8(16)，直到商为 0，自下而上取其余；小数部分连乘以 8(16)，直到小数部分为 0 或满足精度要求为止，自上而下取其整。

例 5 把十进制数 $(75.3125)_{10}$ 分别转换成八进制和十六进制。

除数	被除数		余数
8	75	……	余3
8	9	……	余1
8	1	……	余1
	0		

除数	被除数		余数
16	75	……	余B
16	4	……	余4
	0		

（自下而上取余 ↑）

0.3125 × 8		
2.5	……	整数部分2
× 8		
4.0	……	整数部分4

0.3125 × 16		
5.0	……	整数部分5

（自上而下取整 ↓）

结果为 $(75.3125)_{10}=(113.24)_{8}=(4B.5)_{16}$。

3. 二进制和八进制之间的转换

二进制数转换成八进制数采用的转换原则是"3位并1位",即以小数点为分界点,分别向左、右两边以每3位为一组,不足3位时补0,然后每组转换为1位八进制数即可。

例6 将$(11010.11011)_2$转换成八进制数。

```
011  010  .  110  110
 ↓    ↓   ↓   ↓    ↓
 3    2   .   6    6
```

结果为$(11010.11011)_2=(32.66)_8$。

八进制数转换成二进制数采用的转换原则是"1位拆3位",即把1位八进制数对应于3位二进制数,然后按顺序连接即可。

例7 将$(14.54)_8$转换为二进制数。

```
 1    4    .    5    4
 ↓    ↓    ↓    ↓    ↓
001  100   .   101  100
```

结果为$(14.54)_8=(1100.1011)_2$。

4. 二进制和十六进制之间的转换

与二进制和八进制之间的转换类似,二进制数转换成十六进制数的转换原则是"4位并1位",即从小数点开始向左、右两边以每4位为一组,不足4位时补0,然后每组转换为1位十六进制数即可。同样,十六进制数转换成二进制数采用的转换原则是"1位拆4位",即把1位十六进制数对应于4位二进制数,然后按顺序连接即可。

例8 将$(101101100.00011)_2$转换成八进制数。

```
0001  0110  1100  .  0001  1000
  ↓     ↓     ↓   ↓    ↓     ↓
  1     6     C   .    1     8
```

结果为$(101101100.00011)_2=(16C.18)_{16}$。

例9 将$(C41.BA6)_{16}$转换为二进制数。

```
  C    4    1    .    B    A    6
  ↓    ↓    ↓    ↓    ↓    ↓    ↓
1100 0110 0001   .  1011 1010 0110
```

结果为$(C41.BA6)_{16}=(110001000001.10111010011)_2$。

任务1.3 计算机的维护

1.3.1 任务要点

(1) 掌握计算机病毒的预防和查杀。

(2) 熟悉常见杀毒软件的安装。

(3) 熟悉计算机病毒的传播途径。

1.3.2 任务描述

计算机的软件和硬件配置完成后，计算机便可以正常运转，我们就可以利用计算机解决实际问题。而在计算机的实际使用，用户会面临各种系统维护和管理问题，如硬件故障、软件故障、病毒防范和系统升级等，如果不能及时有效地处理这些问题，将会给正常工作和生活带来不良的影响。

1.3.3 任务实施

计算机软件系统配置完成后，要保证计算机的使用寿命，需要将计算机放置在适宜的环境中，保持良好的工作环境。为了给计算机加一道安全屏障，通常要给计算机安装一个杀毒软件，预防计算机系统受到计算机病毒的侵犯，防止数据信息的泄露。

1.3.4 知识链接

一、计算机的运行环境

计算机主机的安放应当平稳，并保留必要的工作空间，用于放置磁盘和光盘等常用配件。要调整好显示器的高度，位置应保持显示器上边与视线基本平行，太高或太低都容易使操作者疲劳。当计算机停止工作时最好能盖上防尘罩，防止灰尘对计算机的侵袭，但在计算机正常使用的情况下，一定要将防尘罩拿下来，以保证散热。

因此，为了计算机能够长期稳定地工作，用户应该给计算机提供良好的运行环境，并掌握正确的使用方法，这是减少计算机故障必备的条件。

(1) 温度　计算机正常的运行温度为 15℃～35℃，若温度低于 10℃，则含有轴承的部件(如风扇和硬盘)和光驱的工作可能会受到影响；若高于 35℃，则计算机主机的散热性能会降低，影响各部件的正常工作。

(2) 湿度　计算机正常运行的湿度为 40%～60%，湿度过高时，电子器件容易受潮短路而损坏计算机。湿度过低时，空气过于干燥会产生静电，损坏计算机。

(3) 清洁度　放置计算机的房间内不能有过多灰尘，如果灰尘附着在电路板或光驱的激光头上，不仅会造成其稳定性和性能的下降，还会缩短计算机的使用寿命。

(4) 供电电源　计算机对外部电源有两个基本要求：一是电压要稳定；二是在计算机工作时不能断电。在电压不稳定的地方，最好使用交流稳压电源。为了防止突然断电对计算机造成损坏，可以装备 UPS。

二、计算机病毒

《中华人民共和国计算机信息系统安全保护条例》中明确定义：病毒指“编制者在计算机程序中插入的破坏计算机功能或者数据，影响计算机使用并且能够自我复制的一组计算机指令或者程序代码”。

不同于医学上的“病毒”，计算机病毒不是天然存在的，是人利用计算机软件和硬件所固有的脆弱性编制的一组指令集或程序代码。

1. 计算机病毒的特点

(1) 传染性　指计算机病毒可以从一台计算机传染到其他计算机上，它是计算机病毒的基本特征，是判别一个程序是否为计算机病毒的最重要条件。

(2) 自我复制性　一旦满足发作条件,计算机病毒可以在短时间内大量自我复制,占用系统资源,使正常软件没有可以利用的资源,无法正常运行。

(3) 潜伏性　计算机病毒是设计精巧的计算机程序,进入系统之后一般不会马上表现出来,常常潜伏数天至数月。

(4) 可触发性　当某个事件或数值出现,即满足一定的条件时,病毒就开始感染或攻击计算机系统。

(5) 破坏性　计算机病毒往往会对计算机系统产生一定的破坏性作用,破坏性的强弱,取决于病毒设计者的目的。

(6) 针对性　计算机病毒是针对特定的计算机或特定的操作系统的。

(7) 隐蔽性　病毒一般是具有很高编程技巧、短小精悍的程序,通常附在正常程序中或磁盘较隐蔽的地方,也有个别的以隐含文件形式出现。

2. 计算机病毒的分类

计算机病毒种类繁多而且复杂,按照不同的方式以及计算机病毒的特点及特性,可以有多种不同的分类方法。同一种计算机病毒也可以属于不同的计算机病毒种类。

(1) 按照破坏性程度不同　计算机病毒可以分为:

① 无害型:除了传染时减少磁盘的可用空间外,对系统没有其他影响。

② 无危险型:仅仅是减少内存、显示图像、发出声音及同类影响。

③ 危险型:在计算机系统操作中造成严重的错误。

④ 非常危险型:删除程序、破坏数据、清除系统内存区和操作系统中重要的信息。

(2) 按照传播媒介不同　计算机病毒可以分为:

① 网络病毒:通过计算机网络传播、感染网络中的可执行文件。

② 文件病毒:感染计算机中的文件(如 COM、EXE、DOC 等)。

③ 引导型病毒:感染启动扇区(Boot)和硬盘的系统引导扇区(MBR)。

(3) 根据算法划分　计算机病毒可以分为:

① 伴随型病毒:这类病毒并不改变文件本身,它们根据算法产生 EXE 文件的伴随体,具有同样的名字和不同的扩展名(COM),例如,XCOPY. EXE 的伴随体是 XCOPY - COM。病毒把自身写入 COM 文件并不改变 EXE 文件,当 DOS 加载文件时,伴随体优先被执行,再由伴随体加载执行原来的 EXE 文件。

② "蠕虫"型病毒:通过计算机网络传播,不改变文件和资料信息,利用网络从一台机器的内存传播到其他机器的内存。计算机通过网络发送自身的病毒。有时它们在系统存在,一般除了内存不占用其他资源。

③ 寄生型病毒:除了伴随和"蠕虫"型,其他病毒均可称为寄生型病毒,它们依附在系统的引导扇区或文件中,通过系统传播。

3. 计算机病毒的传播途径

计算机病毒通过复制文件、传送文件、运行程序等方式传播,传播途径按传染媒介不同主要有以下几种:

(1) 硬盘传播　由于带病毒的硬盘在本地或移到其他地方使用、维修等,将病毒传染并扩散。

(2) 光盘传播　由于普通用户较少购买正版软件,一些非法商人就在制作盗版软件过程中将带毒文件刻录在光盘上。

(3) U 盘传播　U 盘携带方便,通过 U 盘,就可能将一台机器上的病毒传播到另一台机器。

(4) Internet 上下载染毒文件　因为资源共享,人们经常在网上下载免费、共享软件,病毒也难免会夹在其中。网络是现代病毒传播的主要方式。

4. 计算机病毒的危害

(1) 对计算机数据信息造成破坏　包括格式化磁盘、改写文件分配表和目录区，删除重要文件或使用无意义的垃圾数据改写文件，破坏 CMOS 设置等。

(2) 占用磁盘空间，破坏磁盘信息　寄生在磁盘上的病毒会占用磁盘的空间，尤其是大量自我复制的病毒，会占用相当一部分的空间来存储自身。引导型病毒会占领磁盘的引导区，把原来的引导区转移到其他的地方，这样丢失的扇区将永远无法找回。文件型病毒会利用 DOS 功能传播，全部占满未占用的磁盘空间。

(3) 抢占系统资源，影响系统使用　病毒为了方便自身的复制和传播，大部分是在动态的情况下常驻于内存中，占用内存资源。每次调用寄主程序时，都会占用 CPU 资源自我复制和读写磁盘，使得计算机的运行速度明显变慢。

(4) 盗取个人信息　现在的计算机病毒已经不再是单纯为了娱乐而编写的，更多的目的是盗取个人信息，如账户密码、银行卡信息，甚至是授权身份验证信息等。

5. 计算机病毒的防治

计算机病毒就像一个不死的幽灵如影随形，随时随地都在严重威胁着计算机安全。对计算机病毒应该采取“预防为主，防治结合”的策略，牢固树立计算机安全意识，防患于未然。在病毒未到来前应做好以下防护工作：

(1) 养成良好的使用习惯　不随便浏览陌生的网站，不轻易打开陌生人发来的电子邮件附件式网页链接，不使用来历不明的 U 盘等。

(2) 安装防病毒软件　定期进行杀毒软件的升级和计算机病毒的查杀。把防病毒软件作为安装操作系统后的基本软件，并在开机时启动“实时监测”功能。现在市场上有多种防病毒软件，均具有很好的功能，例如 360 安全卫士、金山毒霸、瑞星防病毒软件、卡巴斯基和诺顿等。

(3) 及时备份重要的文件　以免遭到病毒侵害时不能立即恢复，造成损失。

(4) 及时更新系统漏洞补丁　微软公司会不定期地针对 Windows 系统的漏洞发布修复补丁，用户应该及时更新补丁。使用常用的 360 安全卫士、金山卫士和腾讯安全管家等工具也可以自动安装补丁。

(5) 安装防火墙　防火墙相当于一个严格的门卫，掌管系统的各扇门(端口)，它负责对进出的人进行身份核实。每当有不明的程序想要进入系统，或者连接网络，防火墙都会立即拦截，并检查身份，如果是经过管理员许可放行的(比如在应用规则设置中允许某一个程序连接网络)，则防火墙会放行该程序所发出的所有数据包；如果检测到这个程序并没有被许可放行，则自动报警，并发出提示是否允许这个程序放行。防火墙可以把系统的端口隐藏起来，让黑客找不到入口，保证系统的安全。

任务 1.4 输入法的使用

1.4.1 任务要点

(1) 掌握鼠标和键盘的基本操作。

(2) 熟悉常见输入法的使用。

(3) 熟悉字符编码及标准。

1.4.2 任务描述

人们使用计算机的过程(人机交互)可以归纳为:通过输入设备将需求告诉计算机,计算机计算处理后,将计算结果通过输出设备显示出来。

鼠标、键盘作为常用的输入设备,承担着将用户需求传送给计算机的责任。因此熟练操作鼠标并掌握一款合适的输入法尤为重要。

1.4.3 任务实施

选择合适的输入法,输入如下文字:

郑州幼儿师范高等专科学校坐落于河南省省会郑州市,创建于1954年,是新中国成立后河南省第一所、全国第一批独立设置的7所幼儿师范学校之一,是第一批通过河南省教育厅办学水平综合评估且达到优秀等级的师范学校,是中国和联合国儿童基金会合作项目学校,是河南省幼儿教师培养、培训中心,河南省学前融合教育发展支持中心,学前教育科研、信息资料中心,是河南省学前教育集团、郑州市学前教育集团和郑州市学前教育研究院牵头组建单位。

学校秉承"让学生、教师和学校共同发展"的办学理念,在64年的办学历程中,立足地方、面向全国,充分发挥学前教育专业品牌优势,积淀了深厚的幼儿教师教育办学理念,构建了幼教特色鲜明的专业体系,打造了一支师德高尚、业务能力强的师资队伍,拥有了适应现代幼儿教师教育的办学条件。建校以来,学校为社会输送了近3万名合格的幼儿教师,许多毕业生已成为园长、专家、骨干,在幼教工作中发挥着引领作用。

学校是河南省首批高等职业教育特色校,先后获得"全国师范教育先进单位""全国教育系统巾帼建功先进单位""全国语言文字规范化示范校""河南省文明单位""河南省高等学校先进基层党组织""河南省文明标兵学校""河南省教育工作先进单位""河南省学校管理先进单位""河南省'依法治教年'活动暨'六五'普法先进单位""河南省普通大中专毕业生就业工作先进集体""河南省平安校园"等荣誉。

1.4.4 知识链接

一、认识鼠标

鼠标是一种常见的输入设备,因外形酷似老鼠而得名,标准称呼应为鼠标器。目前主流的鼠标为三键鼠标,由左键、右键和中键组成。其中左键一般执行确定操作,右键用以弹出菜单等特殊功能;中键又称滚轮,拥有特殊的滑动和放大功能,手指轻轻滑动滚轮就可以使页面上下翻动,对于翻页比较多的操作非常有效。

常见的鼠标类型有机械式、光电式和无线遥控式。机械式鼠标内有一个实心橡皮球,当鼠标移动时,橡皮球滚动,通过相应装置将移动的信号传送给计算机。光电式鼠标的内部有红外光发射和接收装置,它利用光的反射来确定鼠标的移动,是目前常用的一种鼠标。无线遥控式鼠标又可分为红外无线型鼠标和电波无线型鼠标。

常见的鼠标接口有串口、PS/2接口和USB接口等,现在主要用的是USB接口的鼠标。

二、认识键盘

键盘(keyboard)是最常用也是最主要的输入设备,通过键盘可以向计算机输入数据,也可以输入命令控制计算机的运行。

1. 键盘分区

键盘是由一组矩阵方式排列的按键开关组成的。根据按键的原理不同，键盘可分为触点式按键和电容式按键；根据按键的多少，有 83、101、102、104 键键盘。通常把普遍使用的 101 键盘称为标准键盘。为了便于记忆，按照功能的不同，把 101 键盘分为主键盘区、功能键区、控制键区、数字键区和状态指示区 5 个区域，如图 1－4－1 所示。

图 1－4－1　**键盘分区**

（1）主键盘区　键盘中最常用的区域，包含 26 个字母键、数字（符号）键和辅助键 3 类，如图 1－4－2 所示。

图 1－4－2　**主键盘区**

字母键上标有大写英文字母 A～Z，每个键可以输入大小写两种字母。数字（符号）键包括数字、运算符号、标点符号和其他符号，每个键面上有上下两种符号，上面一行称为上档符号，下面一行称为下档符号。功能键共 14 个，分布如图 1－4－3 所示。为了使用方便，常用的[Alt]、[Shift]、[Ctrl]键各有两个，对称分布在左右两侧，功能完全一样。

图 1－4－3　**辅助键**

① [CapsLock]键：大写字母锁定键，也叫大小写换挡键，默认状态下，按下字母键输入的是小写字母，如果要输入大写字母，需要按一下大写字母锁定键，便可输入大写字母。大写字母键还有一个状态指示灯，当 CapsLock 指示灯亮时，按下字母键即可输入大写字母。

② [Shift]键：换挡键，对于一些双字符键，如果直接按下的话，输入的是下档符号，如果要输入上档符号，可以按住[Shift]的同时，再按下双字符键即可。换挡键还对英文字母起作用，当 CapsLock 灯未亮

时，单独按下英文字母区的任何一个键，会输入该键代表的小写字母；若同时按下 Shift 键及字母键，则会输入大写字母。当 CapsLock 灯亮起时，其行为正好相反：单独按下字母键会输入大写字母，同时按 Shift 及字母键会输入小写字母。

③ [Ctrl]键：控制键，不能单独使用，需要和其他键组合使用，能完成一些特定的功能，如[Ctrl]+[A]为全选操作，[Ctrl]+[S]为保存操作，[Ctrl]+[C]为复制操作，[Ctrl]+[V]为粘贴操作……。

④ [Alt]键：替换键，和 Ctrl 键一样，Alt 键也不能单独使用，需要和其他键组合使用完成一些特殊功能。

⑤ [Backspace]：退格键，在进行文字输入时，按下[Backspace]会删除光标前的字符。

(2) 功能键区　主要分布在键盘的最上一排。

① [Esc]键：取消键，在许多软件中它被定义为退出键，如退出全屏播放等。

② [F1]～[F12]：一般软件都是利用这些键来充当功能热键。例如[F1]键为帮助键。

③ [PrintScreen]键：屏幕拷贝键，将当前屏幕的内容复制到剪贴板。

(3) 控制键区　位于主键盘区的右边，包括对光标的操作按键和一些页面操作的功能键，这些按键用于在文字处理时控制光标的位置。

(4) 数字键区　位于键盘的最右边，又称小键盘区。主要是为了输入数据方便，包括 0～9 的数字键和加减乘除运算键等。其中，左上角的[NumLock]键为数字锁定键，按一下[NumLock]键，NumLock 指示灯亮，此时可以使用数字键区输入数字。

(5) 状态指示区　位于数字键区的上方，包括 NumLock、CapsLock 和 Scroll 等 3 个状态指示灯，用于显示键盘的工作状态。

2. 打字指法

主键盘区有 8 个基准建，分别是[A]、[S]、[D]、[F]、[J]、[K]、[L]、[;]。将左手的小指、无名指、中指、食指依次放在[A]、[S]、[D]、[F]键上，右手的食指、中指、无名指、小指依次放在[J]、[K]、[L]、[;]键；双手拇指均放在空格键上，[F]键和[J]键上都有一个凸起的小横杆或圆点，盲打时可以通过他们找到基准键位。打字时的指法分布如图 1-4-4 所示。

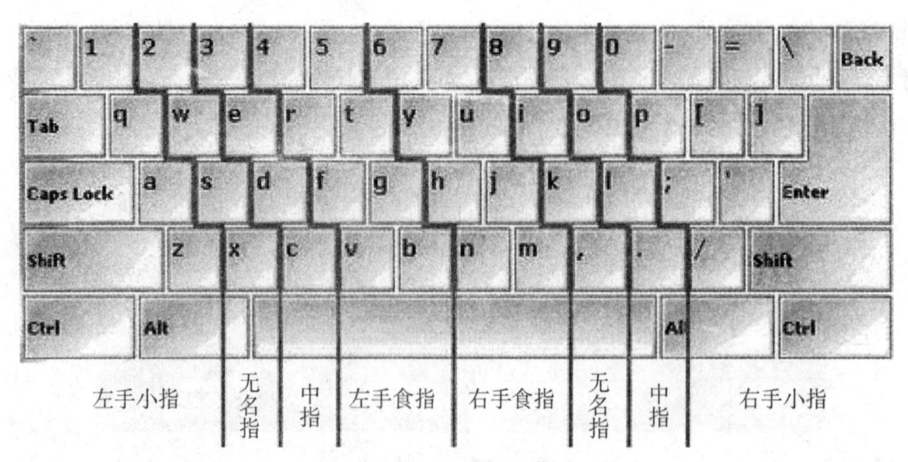

图 1-4-4　打字指法

3. 指法练习

(1) 先把 26 个字母背下来，就像背古诗一样，第二排"ASDF，JKL;"，第一排"QWERT，YUIOP"，第三排"ZXCVBNM"，要求一口气背一句，滚瓜烂熟；

(2) 击键前，手指排队，10 个手指依次放在基准建上，手指自然弯曲，手心是空心的，手的重量落在手臂上。

(3) 击键时，要击键的手指迅速敲击目标键，击键完毕后，手指要立即放回基准建上。

(4) 先练习中间的 8 个基准建，[A]、[S]、[D]、[F]和[J]、[K]、[L]、[;] 。先想好是哪个键，最后是哪个手指，最后击键。

(5) 击键要有弹性速度要快，轻巧地按下弹起，其他指头别乱动，处于休息状态，击键完毕回来排队。

三、输入法的使用

严格意义上的输入法指的是输入编码方式而不是实现文字输入的软件。如中文输入法中广泛使用的汉语拼音方案称为拼音输入法或注音输入法；五笔字型输入法、郑码输入法、笔画输入法等属于汉字编码方法。

人们通常所说的“输入法”指的是“输入法编辑器”，又称输入法软件或输入法系统等。如将“搜狗拼音输入法软件”称为“搜狗拼音输入法”。本文以搜狗拼音输入法为例，讲述输入法的使用。

1. 输入法的切换

将光标定位到要输入文字的位置，然后按[Ctrl]+[Shift]键切换输入法，按到需要的输入法出来为止。此外，按下[Ctrl]键+空格键可以实现中英文输入法之间的切换。

在中文输入法状态下，按下[Shift]键就切换到英文输入状态，再按一下[Shift]键就会返回中文状态。用鼠标单击状态栏上面的中字图标也可以切换。除了[Shift]键切换以外，在输入较短的英文时，可以直接在中文输入法状态下输入英文，输入完成后按下回车即可。

2. 输入法的使用

(1) 全拼和简拼　全拼是汉语拼音输入法的一种编码方案。通过全拼输入汉字时需要输入汉字的全部拼音(包含声母和韵母，通常不包括音调)，击键次数比双拼、简拼多，因此输入效率较低，主要是电脑初学者使用。

简拼是输入声母或声母的首字母来输入汉字的一种方式。例如，要输入“计算机”3 个字，可以只输入“jsj”。相较于全拼来说简拼大大减少了击键次数，但缺点是重码较多。因此，在实际使用中可以使用简拼和全拼混输的方式。

(2) 目标词语的选择　搜狗输入法默认的是 5 个候选词，每个候选词的前面均有数字标号，如果候选词中有需要的词语，可以按下对应的数字键或鼠标直接单击选择，如果要选择第一个，可以直接按空格键选择。如果没有满足要求的词语，可以通过翻页键[PageUp](或等号键)、[PageDown](或减号键)上下翻页选择。

3. U 模式输入

U 模式主要用来输入不会读(不知道拼音)的字。在按下[U]键后，输入笔画拼音首字母或者组成部分拼音，即可得到想要的字。U 模式包括笔画输入和拆分输入两种。

(1) 笔画输入　通过输入文字构成笔画的拼音首字母来打出想要的字。各笔画对应的按键见表 1-4-1。

表 1-4-1　各笔画对应的按键

笔画	横/提	竖/竖钩	撇	点/捺	折
按键	h	s	p	d 或 n	z

例如：“木”字由横(h)、竖(s)、撇(p)、捺(n)构成，因此可以如下输入：

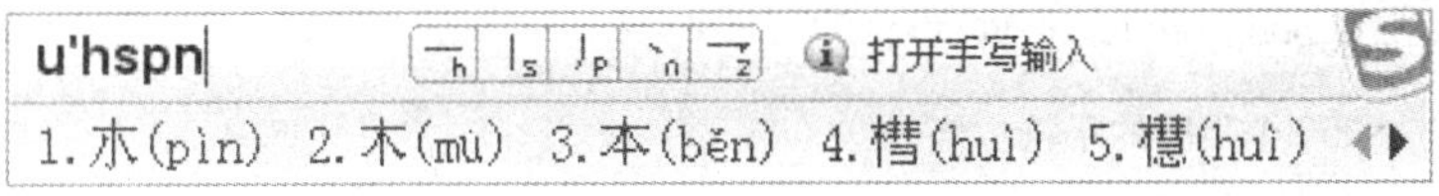

u'hspn　打开手写输入

1. 朩(pìn)　2. 木(mù)　3. 本(běn)　4. 槥(huì)　5. 橞(huì)

也可以单击输入框右上角的“打开手写输入”，打开“手写输入”对话框，直接用鼠标点击输入笔划。

(2) 拆分输入　对于一些笔画比较多的字，可以拆分成多个组成部分，U 模式下分别输入各部首的拼音即可得到对应的汉字。各部首对应的按键见表 1－4－2。

表 1－4－2　各部首对应键

偏旁部首	输入	偏旁部首	输入
阝	fu	忄	xin
卩	jie	钅	jin
讠	yan	礻	shi
辶	chuo	廴	yin
冫	bing	氵	shui
宀	mian	冖	mi
扌	shou	犭	quan
纟	si	幺	yao
灬	huo	罒	wang

如“曙”字，可以拆分成“日”“罒”和“者”，因此可以如下输入：

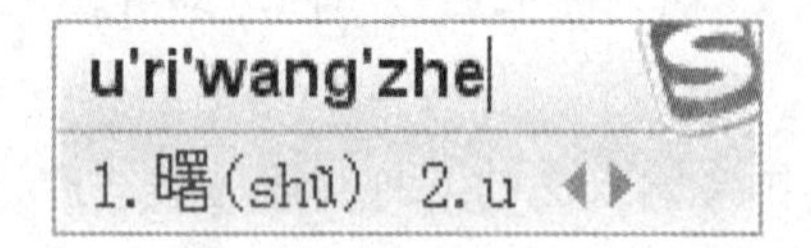

1.4.5　知识拓展

字符也必须按特定的规则进行二进制编码才能进入计算机。常用的字符包括西文字符(字母、数字、各种符号)和中文字符。

一、西文字符的编码

计算机中常见的西文字符编码有两种：EBCDIC(Extended Binary Coded Decimal Interchange Code，广义二进制编码的十进制交换码)码和 ASCII 码。微型计算机是一般采用 ASCII 码。

ASCII 是美国信息交换标准代码(American Standard Code for Information Interchange)的缩写，被国际标准化组织指定为国际标准。ASCII 码包括 7 位码和 8 位码两种版本，见表 1－4－3。

表 1－4－3　7 位码和 8 位码的特点

版本	特　点
7 位码	国际通用码，称为 ISO－646 标准 占用一个字节，最高位为 0 编码范围从 00000000B～01111111B 表示 2^7＝128 个不同的字符
8 位码	占用一个字节，最高位为 1，是扩展了的 ASCII 码，通常各个国家都将该扩展的部分作为自己国家语言文字的代码 编码范围从 00000000B～11111111B 表示 2^8＝256 个不同的字符

标准 ASCII 码中包括通用控制字符 34 个，阿拉伯数字 10 个，大、小写英文字母 52 个，各种标点符号和运算符号共 32 个。

比较字符的大小其实就是比较字符 ASCII 码值的大小。一般来说，ASCII 码值的大小规律为：可见控制符号＜数字＜大写字母＜小写字母。

二、汉字的编码

我国于 1980 年发布了国家汉字编码标准 GB 2312—1980，即《信息交换用汉字编码字符集——基本集》(简称 GB 码或国标码)，国家标准代号是 GB 2312—80，简称交换码或国标码，见表 1-4-4。

表 1-4-4　国标码相关知识点

国标码的字符集	共收录了 7 445 个图形符号和两级常用汉字等 有 682 个非汉字图形符和 6 763 个汉字的代码 汉字代码中有一级常用汉字 3 755 个，二级常用汉字 3 008 个
国标码的存储	国标码可以说是扩展了的 ASCII 码 两个字节存储一个国标码 国标码的编码范围为 212H～7E7E
区位码	也称为国标区位码，是国标码的一种变形。它把全部一级、二级汉字和图形符号排列在一个 94×94 的矩阵中，构成一个二维表格，类似于 ASCII 码表 区：矩阵中的每一行，用区号表示，区号范围是 1～94 位：矩阵中的每一列，用位号表示，位号范围是 1～94 区位码：汉字的区号与位号的组合(高两位是区号，低两位是位号) 实际上，区位码也是一种汉字输入码，其最大优点是一字一码，即无重码；最大缺点是难以记忆
区位码与国标码之间的关系	国标码＝区位码＋$(2\,020)_{16}$

使用汉字的地区有中国大陆、中国台湾及港澳地区，还有日本和韩国。这些地区和国家使用了与中国内地不同的汉字字符集，在中国台湾、香港等地区使用的汉字是繁体字，即 BIG5 码。

1. 汉字的处理过程

从汉字编码的角度看，计算机对汉字信息的处理过程实际上是各种汉字编码间的转换过程，这些编码主要包括汉字输入码、汉字内码、汉字地址码、汉字字形码等，如图 1-4-5 所示。

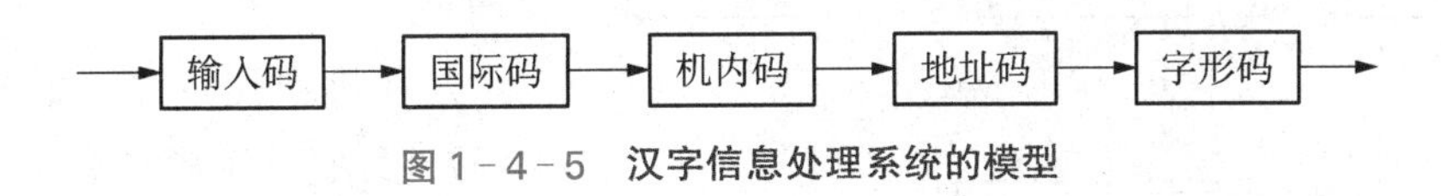

图 1-4-5　汉字信息处理系统的模型

(1) 汉字输入码　汉字输入码是为用户使用西文键盘输入汉字而编制的编码，也叫外码。汉字输入码是利用计算机标准键盘上按键的不同排列组合来对汉字编码。一个好的输入编码应是：编码短，可以减少击键的次数；重码少，可以实现盲打；好学好记，便于学习和掌握。但目前还没有一种符合上述全部要求的汉字输入编码方法。

汉字输入码有许多种不同的编码方案，大致分为以下几类。

① 音码：以汉语拼音字母和数字为汉字编码，例如全拼输入法和双拼输入法。

② 音形码：以拼音为主，辅以字形字义编码，例如五笔字型输入法。

③ 形码：根据汉字的字形结构编码，例如自然码输入法。

④ 数字码：直接用固定位数的数字给汉字编码，例如区位输入法。

同一个汉字在不同的输入码编码方案中的编码一般也不同，例如，使用全拼输入法输入“爱”字，就要输入编码“ai”(然后选字)，而用五笔字型的输入码是“ep”。

(2) 汉字内码　汉字内码是在计算机内部为处理、存储和传输而编制的汉字编码，应能满足存储、处理和传输的要求。不论用何种输入码，输入的汉字在机器内部都要转换成统一的汉字机内码，然后才能在机器内传输、处理。在计算机内部为了能够区分是汉字还是ASCII码，将国标码每个字节的最高位由0变为1，变换后的国标码称为汉字内码。

汉字的国标码与其内码之间的关系：内码＝汉字的国标码＋$(8\,080)_{16}$。

(3) 汉字地址码　汉字地址码是指汉字库(这里主要指汉字字形的点阵式字模库)中存储汉字字形信息的逻辑地址码。在汉字库中，字形信息都是按一定顺序(大多数按照标准汉字国标码中汉字的排列顺序)连续存放在存储介质中的，所以汉字地址码也大多是连续有序的，而且与汉字机内码间有着简单的对应关系，从而简化了汉字内码到汉字地址码的转换。

(4) 汉字字形码　汉字字形码是存放汉字字形信息的编码，它与汉字内码一一对应。每个汉字的字形码是预先存放在计算机内的，常称为汉字库。当输出汉字时，计算机根据内码在字库中查到其字形码，得知字形信息后就可以显示或打印输出了。

描述汉字字形的方法主要有点阵字形法和矢量两种表示法。

① 点阵字形法。用一个排列成方阵的点的黑白来描述汉字。这种方法简单，但放大后会出现锯齿现象，点阵规模越大，字形越清晰美观，所占存储空间越大(两级汉字大约占用256 kB)。点阵字形法表示方式的缺点是字形放大后效果差。

② 矢量表示方式。描述汉字字形的轮廓特征，采用数学方法描述汉字的轮廓曲线。如在Windows下采用的TrueType技术就是汉字的矢量表示方式，它解决了汉字点阵字形放大后出现锯齿的问题。矢量表示方式的特点是字形精度高，但输出前要经过复杂的数学运算处理；当要输出汉字时，通过计算机的计算，由汉字字形描述生成所需大小和形状的汉字点阵。

2. 各种汉字编码之间的关系

汉字的输入、输出和处理的过程，实际上是汉字的各种代码之间的转换过程。汉字通过汉字输入码输入到计算机内，然后输入字典转换为内码，以内码的形式存储和处理。在汉字通信过程中，处理机将汉字内码转换为适合于通信用的交换码，以实现通信处理。

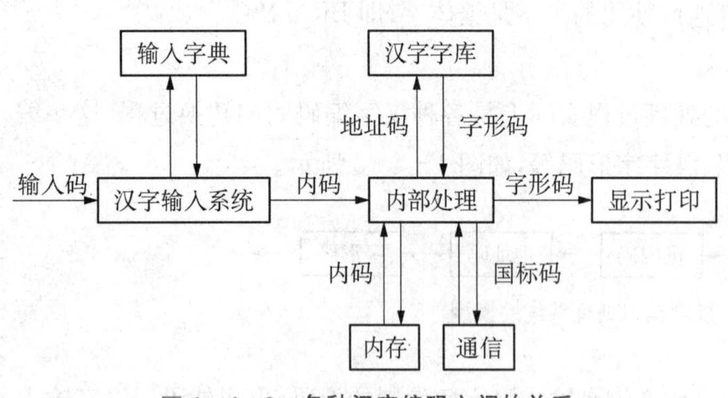

图1-4-6　各种汉字编码之间的关系

处理机根据汉字机内码计算出地址码，按地址码从字库中取出汉字输出码，实现汉字的显示或打印输出，如图1-4-6所示。

任务1.5　技能拓展

一、选择题

1. 计算机内部是以(　　)形式来传送、存储、加工处理数据或指令的。

A. 二进制编码　　B. 十六进制编码

C. 八进制编码　　D. 十进制编码

2. 计算机的 CPU 由(　　)组成。

A. 控制器和内存　　B. 运算器和控制器

C. 运算器和内存　　D. 控制器和寄存器

3. 在计算机中,bit 的含义是(　　)。

A. 字　　B. 字长　　C. 字节　　D. 二进制位

4. 下列叙述不是电子计算机特点的是(　　)。

A. 运算速度高　　B. 运算精度高

C. 具有记忆和逻辑判断能力　　D. 运行过程需人工干预

5. 就其工作原理而论,当代计算机都是基于(　　)提出的存储程序控制原理。

A. 图灵　　B. 牛顿　　C. 冯•诺依曼　　D. 布尔

6. 将十进制数 31 转换成八进制数为(　　)。

A. $(37)_8$　　B. $(43)_8$　　C. $(45)_8$　　D. $(47)_8$

7. 下列数据中最小的是(　　)。

A. 101001B　　B. 75D　　C. 72O　　D. 57H

8. 中英文输入法之间切换的快捷键为(　　)。

A. Ctrl+Enter　　B. Ctrl+Shift

C. Ctrl+空格　　D. Shift+空格

9. 下列等式中,正确的是(　　)。

A. 1 kB=1 024 B　　B. 1 kB=1 024 MB

C. 1 GB=1 024 kB　　D. 1 MB=1 024 B

10. 如果需要输入大写字母,需要提前按下(　　)键,这时对应的指示灯会亮起。

A. Shift　　B. NumLock　　C. CapsLock　　D. Scroll

二、简答题

1. 简述计算机系统的组成。
2. 什么是计算机病毒?计算机病毒具有哪些特征?
3. 常见的杀病毒软件有哪些?
4. 将十进制数 1121 分别转换成二进制、八进制和十六进制。
5. 简述计算机的分类及其应用领域。

项目二

认识 Windows 7 操作系统

项目描述

Windows 7 是由微软(Microsoft)公司开发的一款具有革命性变化的操作系统,也是当前主流的微机操作系统之一,同时具有操作简单、启动速度快、安全和连接方便等特点,使计算机操作变得更加简单和快捷。本项目将通过 4 个典型任务,介绍 Windows 7 操作系统的基本操作,包括启动与退出、窗口与菜单操作、对话框操作、系统工作环境定制和使用汉字输入法等内容。

任务 2.1 了解 Windows 7 操作系统

2.1.1 任务要点

(1) 了解操作系统的概念、功能与种类。

(2) 了解 Windows 操作系统的发展史。

(3) 掌握启动与退出 Windows 7 的方法。

2.1.2 任务描述

计算机已经应用到人们工作生活的各个领域,利用计算机解决具体问题之前,应先掌握计算机操作系统的相关操作。作为一款广泛应用的操作系统,Windows 7 在外观和应用上与以前使用的 Windows XP 操作系统有较大差异,为了日后能高效工作,用户应熟悉一下 Windows 7 操作系统。

2.1.3 任务实施

本任务要求了解操作系统的概念、功能与种类,了解 Windows 操作系统的发展史,掌握启动与退出 Windows 7 的方法,并熟悉 Windows 7 的桌面组成。

2.1.4 知识链接

一、了解操作系统的概念、功能与种类

在认识 Windows 7 操作系统前,先了解操作系统的概念、功能与种类。

1. 操作系统的概念

操作系统(Operating System, OS)是一种系统软件,用于管理计算机系统的硬件与软件资源,控制

程序的运行，改善人机操作界面，为其他应用软件提供支持等，从而使计算机系统所有资源得到最大限度的发挥，并为用户提供方便的、有效的和友善的服务界面。操作系统是一个庞大的管理控制程序，它直接运行在计算机硬件上，是最基本的系统软件，也是计算机系统软件的核心，如图 2-1-1 所示。

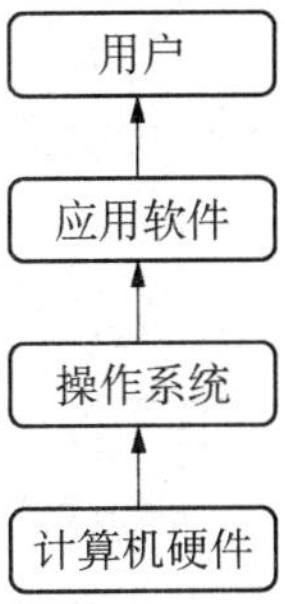

用户
↑
应用软件
↑
操作系统
↑
计算机硬件

图 2-1-1
软件关系

2. 操作系统的功能

通过前面介绍的操作系统的概念可以看出，操作系统的功能是控制和管理计算机的硬件资源和软件资源，从而提高计算机的利用率，方便用户使用。具体来说，它包括以下 6 个方面的管理功能。

(1) 进程与处理机管理　通过操作系统处理机管理模块来确定处理机的分配策略，调度和管理进程或线程，包括调度(作业调度、进程调度)、进程控制、进程同步和进程通信等。

(2) 存储管理　存储管理的实质是对存储“空间”的管理，主要指对内存的管理。操作系统的存储管理负责将内存单元分配给需要内存的程序，在程序执行结束后再将程序占用的内存单元收回以便再使用。存储管理还要保证各用户进程之间互不影响，保证用户进程不能破坏系统进程，并提供内存保护。

(3) 设备管理　设备管理指对硬件设备的管理，包括对各种输入输出设备的分配、启动、完成和回收。

(4) 文件管理　文件管理又称信息管理，指利用操作系统的文件管理子系统，为用户提供方便快捷、可以共享，同时又提供保护的文件的使用环境，包括文件存储空间管理、文件操作、目录管理、读写管理和存取控制。

(5) 网络管理　操作系统必须具备计算机与网络数据传输和网络安全防护的功能。

(6) 提供良好的用户界面　操作系统是计算机与用户之间的接口，因此，操作系统必须为用户提供良好的用户界面。

3. 操作系统的分类

操作系统可以从以下 3 个角度分类。

(1) 从用户角度分类　可分为 3 种：单用户、单任务(如 DOS 操作系统)，单用户、多任务(如 Windows 9x 操作系统)，多用户、多任务(如 Windows 7 操作系统)。

(2) 从硬件的规模角度分类　可分为微型机操作系统、中小型机操作系统和大型机操作系统 3 种。

(3) 按系统操作方式分类　可分为批处理操作系统、分时操作系统、实时操作系统、PC 操作系统、网络操作系统和分布式操作系统 6 种。

目前微机上常见的操作系统有 DOS、OS/2、UNIX、Linux、Windows 和 Netware 等。虽然操作系统的形态非常多样，但所有的操作系统都具有并发性、共享性、虚拟性和不确定性 4 个基本特征。

提示　多用户就是在一台计算机上可以建立多个用户，单用户就是一台计算机上只能建立一个用户。如果用户在同一时间可以运行多个应用程序(每个应用程序称作一个任务)，则这样的操作系统被称为多任务操作系统；在同一时间只能运行一个应用程序，则称为单任务操作系统。

二、了解 Windows 操作系统的发展史

微软自 1985 年推出 Windows 操作系统以来，其版本从最初运行在 DOS 下的 Windows 3.0，到现在风靡全球的 Windows XP、Windows 7、Windows 8 和最新发布的 Windows 10，主要经历了以下 10 个阶段：

- 1983 年 11 月微软发布 Windows，并在 1985 年 11 月发行，标志着计算机开始进入了图形用户界面时代。1987 年 11 正式在市场上推出 Windows 2.0，增强了键盘和鼠标界面。
- 1990 年 5 月发布了 Windows 3.0，它是第一个在家用和办公室市场上取得立足点的版本。

- 1992年4月发布了Windows 3.1,只能在保护模式下运行,并且要求至少配置了1 MB内存的286或386处理器的PC。1993年7月发布的Windows NT是第一个支持Intel 386、486和Pentium(奔腾)CPU的32位保护模式的版本。
- 1995年8月发布了Windows 96,具有需要较少硬件资源的优点,是一个完整的、集成化的32位操作系统。
- 1998年6月发布了Windows 98,具有许多加强功能,包括执行效能的提高、更好的硬件支持以及扩大了网络功能。
- 2000年2月发布的Windows 2000是由Windows NT发展而来的。从该版本开始,正式抛弃了Windows 9X的内核。
- 2001年10月发布了Windows XP,它在Windows 2000的基础上增强了安全特性,同时加大了验证盗版的技术。Windows XP是最易用的操作系统之一。此后,于2006年发布了Windows Vista,它具有华丽的界面和炫目的特效。
- 2009年10月发布了Windows 7,该版本吸收了Windows XP的优点,已成为当前市场上的主操作系统之一。
- 2012年10月发布了Windows 8,采用全新的用户界面,应用于个人计算机和平板电脑上,启动速度更快,占用内存更少,并兼容Windows 7所支持的软件和硬件。
- Windows 10是微软于2015年发布的最新的Windows版本,自2014年10月1日开始公测,Windows 10经历了Technical Preview(技术预览版)及Insider Preview(内测者预览版)。

三、启动与退出 Windows 7

在计算机上安装Windows 7操作系统后,启动计算机便可进入Windows 7的操作界面。

1. 启动 Windows 7

开启计算机主机箱和显示器的电源开关,Windows 7将载入内存,接着开始检测计算机的主板和内存等。系统启动完成后进入Windows 7欢迎界面。若只有一个用户且没有设置用户密码,则直接进入系统桌面。如果系统存在多个用户且设置了用户密码,则需要选择用户并输入正确的密码才能进入系统。

2. 认识 Windows 7 桌面

启动Windows 7后,在屏幕上即可看到Windows 7桌面。在默认情况下,Windows 7的桌面由桌面图标、鼠标指针、任务栏和语言栏4个部分组成,如图2-1-2所示。

图2-1-2 Windows 7桌面

（1）桌面图标　桌面图标一般是程序或文件的快捷方式。程序或文件的快捷图标左下角有一个小箭头。安装新软件后，桌面上一般会增加相应的快捷图标，如“Word”的快捷图标为 ，除此之外，还包括“计算机”“网络”“回收站”和“个人文件夹”等系统图标。双击桌面上的某个图标可以打开该图标对应的窗口。

（2）鼠标描针　在 Windows 7 操作系统中，鼠标指针在不同的状态下有不同的形状，可直观地告诉用户当前可进行的操作或系统状态。常用鼠标指针及其对应的状态见表 2－1－1。

表 2－1－1　鼠标指针形态与含义

状态	鼠标指针	状态	鼠标指针	状态	鼠标指针
正常选择		文本选择		沿对角线调整 1	
帮助选择		手写		沿对角线调整 2	
后台运行		不可用		移动	
忙		垂直调整		候选	
精确选择		水平调整		链接选择	

（3）任务栏　任务栏默认情况下位于桌面的最下方，由“开始”按钮 、任务区、通知区域和“显示桌面”按钮 （单击可快速显示桌面）4 个部分组成，如图 2－1－3 所示

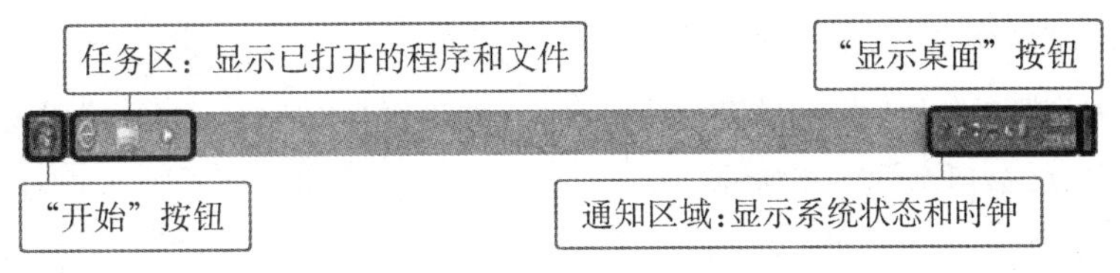

图 2－1－3　任务栏

（4）语言栏　语言栏一般浮动在桌面上。用于选择系统所用的语言和输入法。单击语言栏右上角的“最小化”按钮 ，将语言栏最小化到任务栏上，且该按钮变为“还原”按钮 。

3. 退出 Windows 7

计算机操作结束后需要退出 Windows 7。

例 1　正确退出 Windows 7 并关闭计算机。

（1）保存文件或数据，然后关闭所有打开的应用程序。

（2）单击“开始”按钮 ，在打开的“开始”菜单中单击 关机 按钮即可。

（3）关闭显示器的电源。

提示　如果计算机出现死机或故障等问题，可以尝试重新启动计算机来解决。方法是：单击 关机 按钮右侧的 按钮，在打开的下拉列表中选择“重新启动”选项。

任务 2.2　操作窗口、对话框与“开始”菜单

2.2.1　任务要点

（1）认识操作系统的窗口、对话框和“开始”菜单，掌握窗口的基本操作，熟悉对话框各组成部分的

操作。

(2) 掌握利用“开始”菜单启动程序的方法。

2.2.2 任务描述

在使用计算机之前，如果想知道这台计算机中都有哪些文件和软件，需要打开“计算机”窗口，看各盘下有什么文件，以便日后分类管理。可以双击桌面上的几个图标运行桌面的软件，还可以通过“开始”菜单启动了几个软件。此时，如果切换到之前的浏览窗口继续查看其中的文件，发现之前打开的窗口界面怎么也找不到了，该怎么办呢？

2.2.3 任务实施

一、管理窗口

1. 打开窗口及窗口中的对象

在 Windows 7 中，每当用户启动一个程序，打开一个文件或文件夹时，都将打开一个窗口，而一个窗口中包括多个对象，打开某个对象又可能打开相应的窗口，该窗口中可能又包括其他不同的对象。

例1　打开“计算机”窗口中“本地磁盘(C:)”下的 Windows 目录。

(1) 双击桌面上的“计算机”图标，或在“计算机”图标上单击鼠标右键，在弹出的快捷菜单中选择“打开”命令，打开“计算机”窗口。

(2) 双击“计算机”窗口中的“本地磁盘(C:)”图标，或选择“本地磁盘(C:)”图标后按[Enter]键，打开“本地磁盘(C:)”窗口，如图 2-2-1 所示。

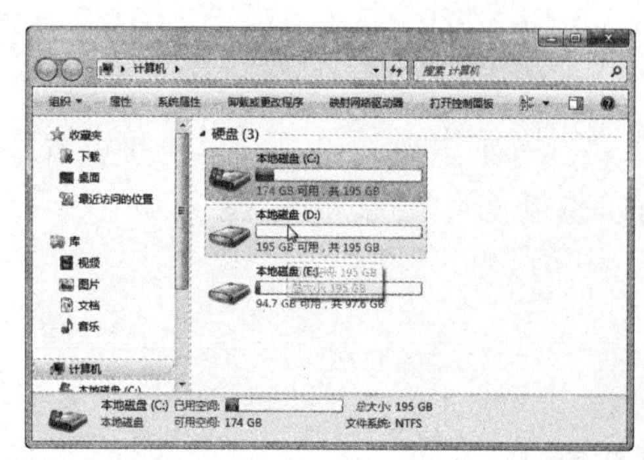
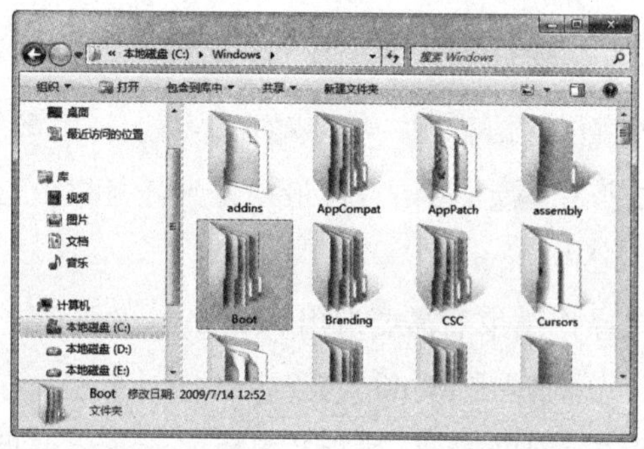

图 2-2-1　打开窗口及窗口中的对象

(3) 双击“本地磁盘(C:)”窗口中的“Windows 文件夹”图标，即可进入 Windows 目录查看。

(4) 单击地址栏左侧的“返回”按钮，将返回上一级“本地磁盘(C:)”窗口。

2. 最大化或最小化窗口

最大化窗口可以将当前窗口放大到整个屏幕，可以显示更多的窗口内容，而最小化后的窗口将以标题按钮形式缩放到任务栏的程序按钮区。

例2　打开“计算机”窗口中“本地磁盘(C:)”下的 Windows 目录，然后将窗口最大化，再最小化显示，最后还原窗口。

(1) 打开“计算机”窗口，再依次双击打开“本地磁盘(C:)”下的 Windows 目录。

(2) 单击窗口标题栏右侧的“最大化”按钮，此时窗口将铺满整个显示屏幕，同时“最大化”按钮将变成“还原”按钮，单击“还原”即可将最大化窗口还原成原始大小。

(3) 单击窗口右上角的“最小化”按钮 ，此时该窗口将隐藏显示，并在任务栏的程序区域中显示一个 图标，单击该图标，窗口将还原到屏幕显示状态。

提示　双击窗口的标题栏也可最大化窗口，再次双击可从最大化窗口恢复到原始窗口。

3. 移动和调整窗口大小

打开窗口后，有些窗口会遮盖屏幕上的其他窗口内容，为了查看到被遮盖的部分，需要适当移动窗口的位置或调整窗口大小。

例3　将桌面上的当前窗口移至桌面的左侧位置，呈半屏显示，再调整窗口的长、宽。

(1) 打开“计算机”窗口，再打开“本地磁盘(C:)”下的“Windows 目录”窗口

(2) 在窗口标题栏上按住鼠标不放，拖动窗口，当拖动到目标位置后释放鼠标即可移动窗口位置。将窗口向屏幕最上方拖动到顶部时，窗口会最大化显示；向屏幕最左侧拖动时，窗口会半屏显示在桌面左侧；向屏幕最右侧拖动时，窗口会半屏显示在桌面右侧，如图 2-2-2 所示。

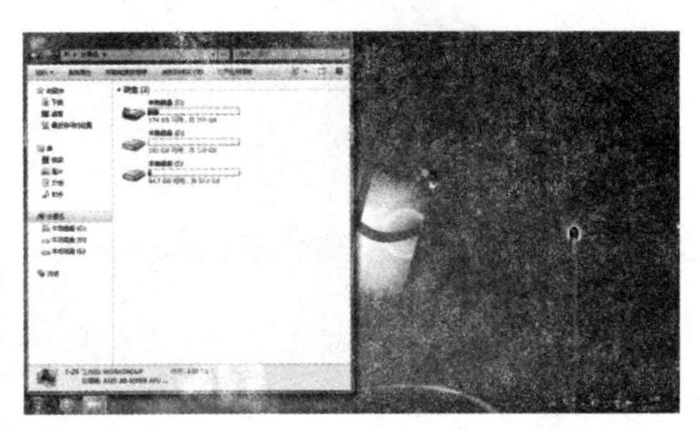

图2-2-2　将窗口移至桌面左侧变成半屏显示

(3) 将鼠标指针移至窗口的外边框上，当鼠标指针变为 或 形状时，按住鼠标不放，拖动到窗口变为需要的大小时，释放鼠标即可调整窗口大小。

(4) 将鼠标指针移至窗口的 4 个角上，当其变为 或 形状时，按住鼠标不放拖动到需要的大小时释放鼠标，可使窗口的大小按比例缩放。

提示　最大化后的窗口不能调整窗口的位置和大小。

4. 排列窗口

常常需要打开多个窗口，如既要用 Word 编辑文档，又要打开 IE 浏览器查询资料等。打开多个窗口后，为了使桌面更加整洁，可以将打开的窗口层叠、堆叠和并排。

例4　将打开的所有窗口层叠排列显示，然后撤销层叠排列。

(1) 在任务栏空白处单击鼠标右键，弹出图 2-2-3 所示的快捷菜单，选择“层叠窗口”命令，即可以层叠的方式排列窗口，层叠的效果如图 2-2-4 所示。

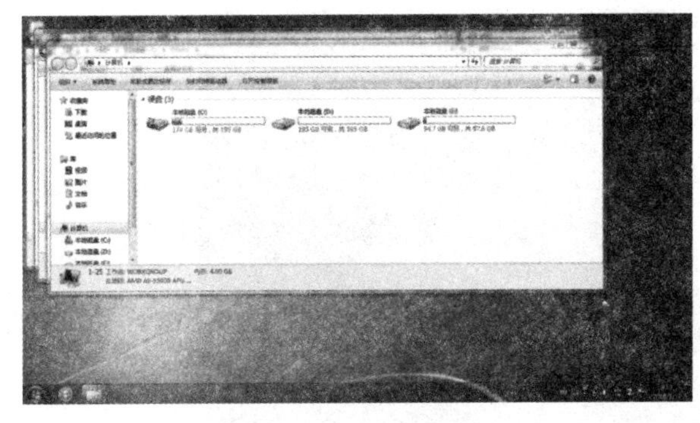

图2-2-3　快捷菜单

图2-2-4　层叠窗口

(2) 层叠窗口后拖动某一个窗口的标题栏可以将该窗口拖至其他位置,并切换为当前窗口。

(3) 在任务栏空白处单击鼠标右键,在弹出的快捷菜单中选择"撤销层叠"命令,恢复至原来的显示状态。

5. 切换窗口

无论打开多少个窗口,当前窗口只有一个,且所有的操作都是针对当前窗口的。除了可以单击窗口切换外,在 Windows 7 中还提供了以下 3 种切换方法。

(1) 通过任务栏中的按钮切换　将鼠标指针移至任务栏左侧按钮区中的某个任务图标上,此时将展开所有打开的该类型文件的缩略图,单击某个缩略图即可切换到该窗口。在切换时其他同时打开的窗口将自动变为透明效果,如图 2-2-5 所示。

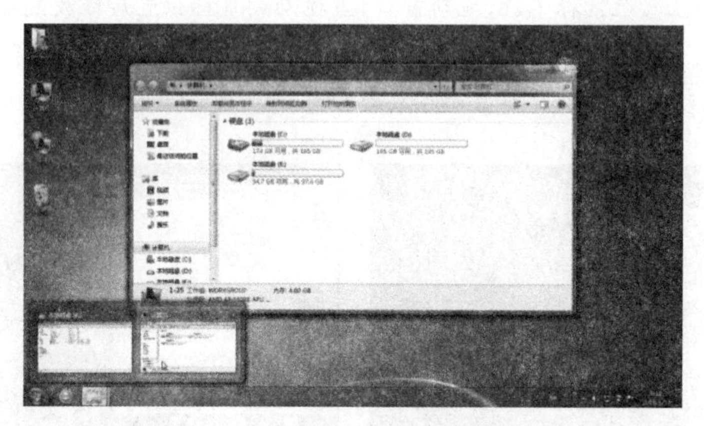

图 2-2-5　通过任务栏中按钮切换

(2) 按[Alt]+[Tab]组合键切换　按[Alt]+[Tab]组合键后,屏幕上将出现任务切换栏,系统当前打开的窗口都以缩略图的形式在任务切换栏中排列出来,如图 2-2-6 所示,此时按住[Alt]键不放再反复按[Tab]键,将显示一个蓝色方框,并在所有图标之间轮流切换。当方框移动到需要的窗口图标上时释放[Alt]键,即可切换到该窗口。

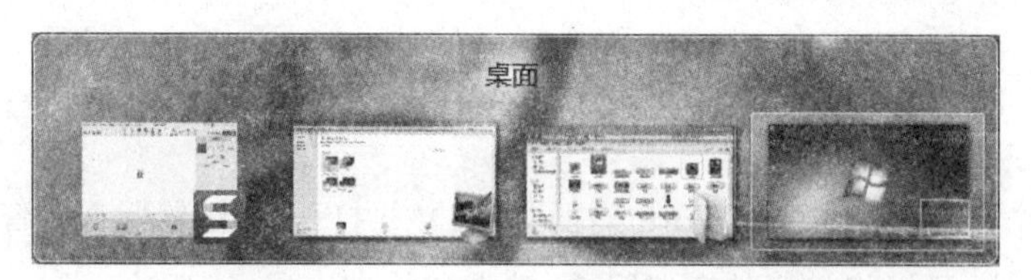

图 2-2-6　按[Alt]+[Tab]组合键切换

(3) 按[Win]+[Tab]组合键切换　按住[Win]键不放,再反复按[Tab]键可利用 Windows 7 特有的 3D 切换界面切换打开的窗口,如图 2-2-7 所示。

图 2-2-7　按[Win]+[Tab]组合键切换

6. 关闭窗口

操作结束后要关闭窗口，有以下 5 种方法。

① 单击窗口标题栏右上角的“关闭”按钮 。

② 在窗口的标题栏上单击鼠标右键，在弹出的快捷菜单中选择“关闭”命令。

③ 将鼠标指针指向某个任务缩略图后单击右上角的按钮 。

④ 将鼠标指针移动到任务栏中需要关闭窗口的任务图标上，单击鼠标右键，在弹出的快捷菜单中择“关闭窗口”命令或“关闭所有窗口”命令。

⑤ 按[Alt]+[F4]组合键。

二、利用“开始”菜单启动程序

启动应用程序有多种方法，比较常用的是在桌面上双击应用程序的快捷方式图标和在“开始”菜单选择启动的程序。

例 5　通过“开始”菜单启动“Word”程序。

(1) 单击“开始”按钮，打开“开始”菜单，如图 2-2-8 所示，可以先在“开始”菜单左侧的高频使用区查看是否有“Word”程序选项，如果有则选择该程序选项启动。

(2) 如果高频使用区中没有要启动的程序，则选择“所有程序”命令，在显示的列表中依次单击展开程序所在文件夹，再选择“Word”命令启动程序，如图 2-2-9 所示。

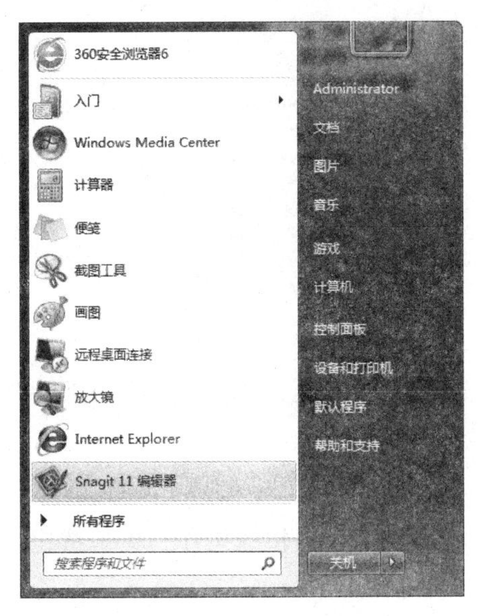

图 2-2-8　打开“开始”菜单

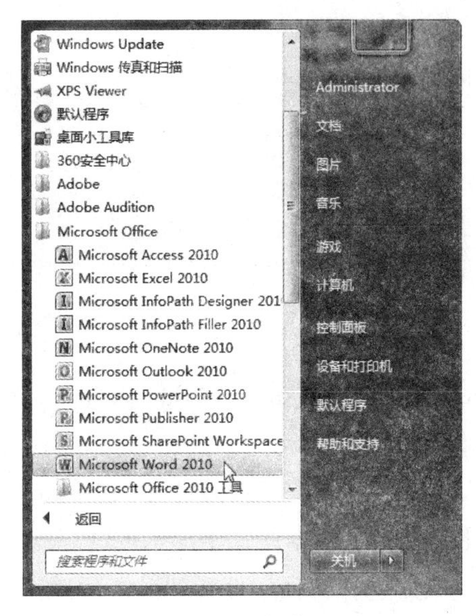

图 2-2-9　启动 Word

2.2.4　知识链接

一、Windows 7 窗口

在 Windows 7 中，所有的操作都要在窗口中完成，在窗口中的相关操作一般是通过鼠标和键盘进行的。例如，双击桌面上的“计算机”图标，将打开“计算机”窗口，如图 2-2-10 所示，这是一个典型的 Windows 7 窗口，各个组成部分的作用介绍如下。

(1) 标题栏　位于窗口顶部，右侧有控制窗口大小和关闭窗口的按钮。

(2) 菜单栏　菜单栏主要用于存放各种操作命令，要执行菜单栏上的操作命令，只需单击对应的名

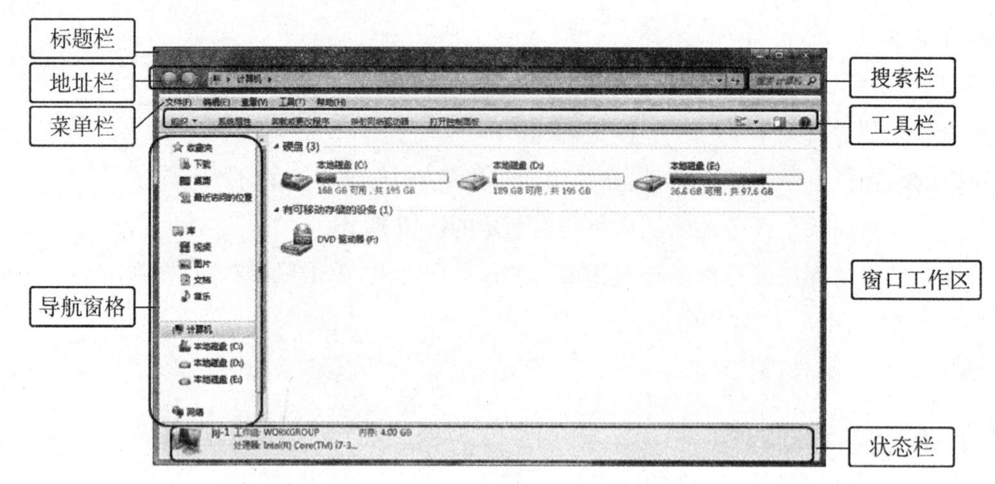

图 2-2-10 “计算机”窗口的组成

称，然后在弹出的菜单中选择某个命令即可。在 Windows 7 中，常用的菜单类型主要有子菜单和快捷菜单(如单击鼠标右键弹出的菜单)，如图 2-2-11 所示。

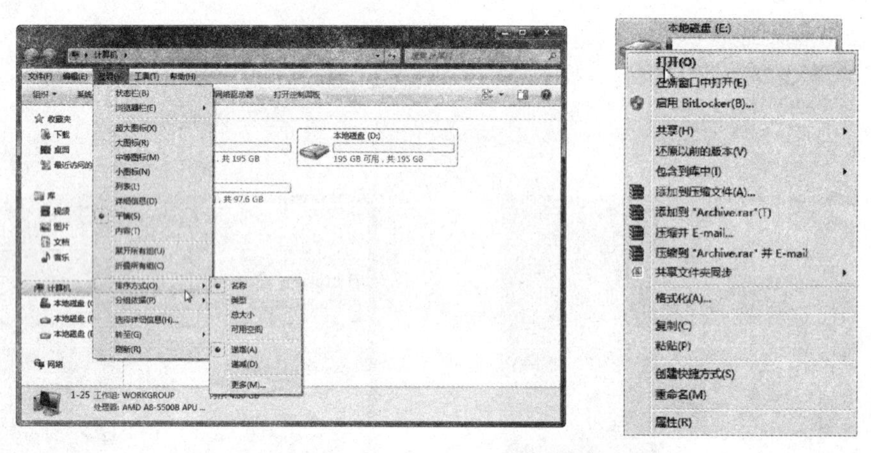

图 2-2-11 Windows 7 中的菜单类型

(3) 地址栏　显示当前窗口文件在系统中的位置，其左侧包括“返回”按钮 和“前进”按钮 ，用于打开最近浏过的窗口。

(4) 搜索栏　用于快速搜索计算机中的文件。

(5) 工具栏　会根据窗口中显示或选择的对象同步变化，以便用户快速操作。单击按钮，可以在打开的下拉列表中选择各种文件管理操作，如复制和删除等操作。

(6) 导航窗格　单击可快速切换或打开其他窗口。

(7) 窗口工作区　用于显示当前窗口中存放的文件和文件夹内容。

(8) 状态栏　用于显示计算机的配置信息或当前窗口中选择对象的信息。

提示　在菜单中有一些常见的符号标记。其中，字母标记表示该命令的快捷键；☑ 标记表示已将该命令选中并应用了效果，同时其他相关的命令也将同时存在，可以同时应用；● 标记表示已将该命令选中并应用，同时其他相关的命令将不再起作用；… 标记表示执行该命令后，将打开一个对话框，可以设置相关的参数。

二、Windows 7 对话框

对话框实际上是一种特殊的窗口，执行某些命令后将打开一个用于对该命令或操作对象进行下一步设置的对话框，用户可选择选项或输入数据来设置。选择不同的命令，所打开的对话框也不相同，但

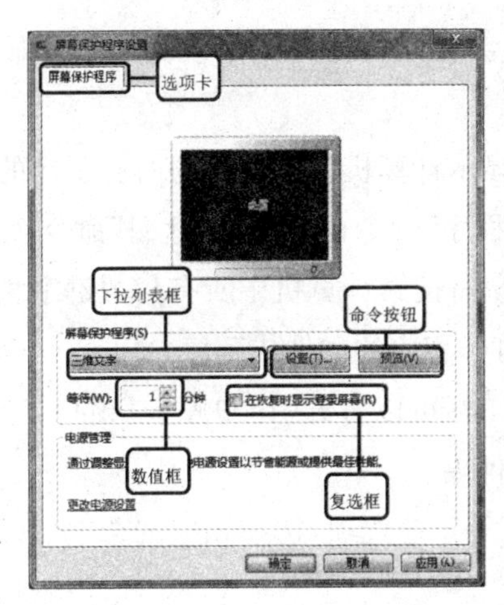

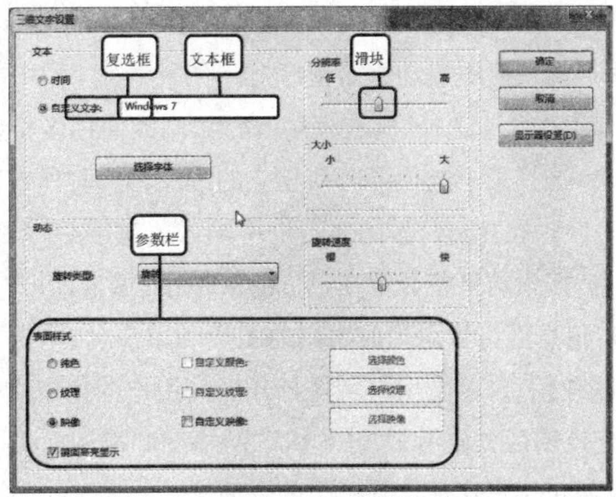

图 2-2-12　Windows 7 对话框

其中包含的参数类型是类似的。图 2-2-12 所示为 Windows 7 对话框中各组成元素的名称。

(1) 选项卡　当对话框中有很多内容时，Windows 7 将把话框按类别分成几个选项卡，每个选项卡都有一个名称，并依次排列。单击其中一个选项卡，将会显示其相应的内容。

(2) 下拉列表框　下拉列表框中包含多个选项，单击下拉列表框右侧的一按钮，将打开一个下拉列表，从中可以选择所需的选项

(3) 命令按钮　命令按钮用来执行某一操作，如 设置(T)... 、应用(A) 和 预览(V) 等都是命令按钮。单击某一命令按钮将执行与其名称相应的操作，一般单击对话框中的 确定 按钮，表示关闭对话框，并保存所做的全部更改；单击 取消 按钮，表示关闭对话框，但不保存任何更改；单击 应用(A) 按钮，表示保存所有更改，但不关闭对话框。

(4) 数值框　数值框是用来输入具体数值的。如图 2-2-12 所示的“等待”数值框用于输入屏幕保护激活的时间。可以直接在数值框中输入具体数值，也可以单击数值框右侧的“调整”按钮 调整数值。单击 按钮可按固定步长增加数值，单击 按钮可按固定步长减小数值。

(5) 复选框　复选框是一个小的方框，用来表示是否选择该选项，可同时选择多个选项。当复选框没有被选中时外观为 ，被选中时外观为 。若要单击选中或撤销选中某个复选框，只需单击该复选框前的方框即可。

(6) 单选项　单选项是一个小圆圈，用来表示是否选择该选项，只能选择选项组中的一个选项。当前选项没有被选中时外观为 ，被选中时外观为 。若要选中或撤销选中某个单选项，只需单击该单选项前的圆圈即可。

(7) 文本框　文本框在对话框中为一个空白方框，主要用于输入文字。

(8) 滑块　有些选项是通过左右或上下拉动滑块来设置相应数值的。

(9) 参数栏　参数栏主要是将当前选项卡中用于设置某一效果的参数放在一个区域，以方便使用。

三、“开始”菜单

单击桌面任务栏左下角的“开始”按钮，即可打开“开始”菜单。计算机中几乎所有的应用都可在“开始”菜单中执行。“开始”菜单是操作计算机的重要门户，即使桌面上没有显示的文件或程序，通过“开始”菜单也能轻松找到相应的程序。“开始”菜单主要组成部分如图 2-2-13所示。

图 2-2-13　认识“开始”菜单

(1) 高频使用区　根据用户使用程序的频率,Windows 会自动将使用频率较高的程序显示在该区域中,以便用户能快速地启动所需程序。

(2) 所有程序区　选择"所有程序"命令,高频使用区将显示计算机中已安装的所有程序的启动图标或程序文件夹,选择某个选项可启动相应的程序,此时"所有程序"命令也会变为"返回"命令。

(3) 搜索区　在"搜索"区的文本框中输入关键字后,系统将搜索计算机中所有与关键字相关的文件和程序等信息,搜索结果将显示在上方的区域中,单击即可打开相应的文件或程序。

(4) 用户信息区　显示当前用户的图标和用户名,单击图标可以打开"用户账户"窗口,通过该窗口可更改用户账户信息,单击用户名将打开当前用户的用户文件夹。

(5) 系统控制区　显示了"计算机""网络"和"控制面板"等系统选项,选择相应的选项可以快速打开或运行程序,便于用户管理计算机中的资源。

(6) 关闭注销区　用于关闭、重启和注销计算机或切换用户,锁定计算机以及使计算机进入眠状态等操作,单击 关机 按钮时将直接关闭计算机,单击右侧的按钮,在打开的下拉列表中选择所需选项,即可执行对应操作。

任务 2.3　定制 Windows 7 工作环境

2.3.1　任务要点

(1) 了解创建快捷方式的方法。

(2) "个性化"设置计算机。

2.3.2　任务描述

使用计算机办公有一段时间之后,为了提高资源使用效率和操作的方便,可以对操作系的工作环境进行个性化定制。具体设置如下:

① 在桌面上显示"计算机"和"控制面板"图标,然后将"计算机"图标样式更改为 样式。

② 查找系统提供的应用程序"calc. exe",并在桌面上建立快捷方式,快捷方式名为"My 计算器"。

③ 在桌面上添加"日历"和"时钟"桌面小工具。

④ 将系统自带的"自然"Aero 主题作为桌面背景,设置图片每隔 1 小时更换一次,图片位置为"拉伸"。

⑤ 设置屏幕保护程序的等待时间为"60"分钟,屏幕保护程序为"彩带"。

⑥ 设置任务栏属性,实现自动隐藏任务栏,再设置"开始"菜单属性,将"电源按钮操作"设置为"切换用户",同时设置"开始"菜单中显示的最近打开的程序的数目为 5 个。

⑦ 将"图片库"中的"小狗"图片设置为账户图像,再创建个名为"公用"的账户。

设置后桌面效果如图 2-3-1 所示。

2.3.3　任务实施

一、添加和更改桌面系统图标

安装好 Windows 7 后第一次进入操作系统界面时,桌面上只显示"回收站"图标,可以设置添加

图 2-3-1　设置后桌面效果

和更改桌面系统图标。

例 6　在桌面上示"控制面板"图标，显示并更改"计算机"图标。

(1) 在桌面上单击鼠标右键，在弹出的快捷菜单中选择"个性化"命令，打开"个性化"窗口。

(2) 单击"更改桌面图标"超链接，在打开的"桌面图标设置"对话框中的"桌面图标"栏中单击选中要在桌面上显示的系统图标复选框，若撤销选中某图标则表示取消显示。这里单击选中"计算机"和"控制面板"复选框，并撤销选中"允许更改桌面图标"复选框，应用其他主题后，图标样式仍然不变，如图 2-3-2 所示。

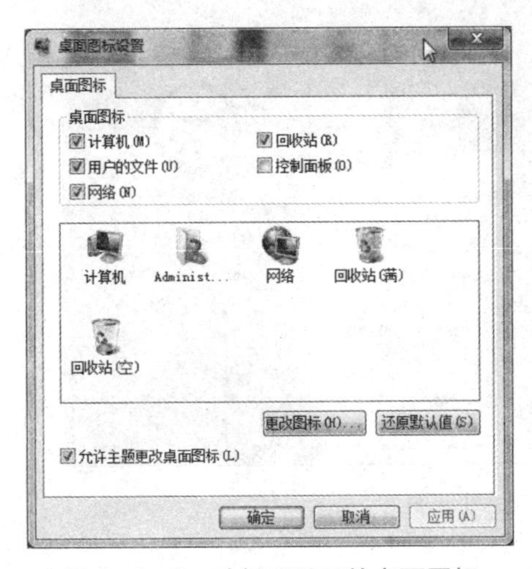

图 2-3-2　选择要显示的桌面图标

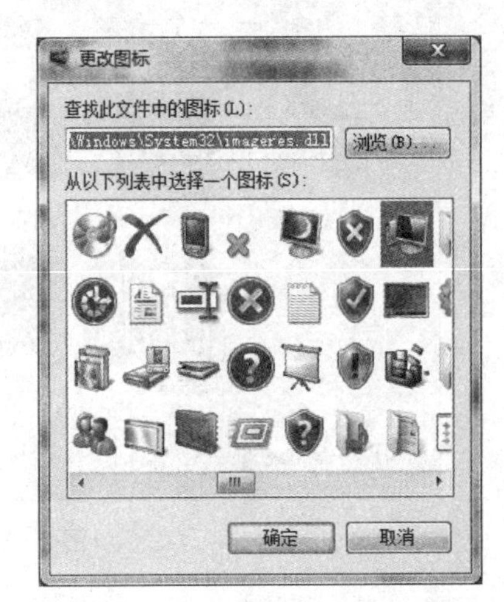

图 2-3-3　更改桌面图标样式

(3) 在中间列表框中选择"计算机"图标，单击 更改图标(H)... 按钮，在打开的"更改图标"对话框中选择 图标样式，如图 2-3-3 所示。

(4) 依次单击 确定 按钮，应用设置。

提示　在桌面空白区域单击鼠标右键，在弹出的快捷菜单中的"排序方式"子菜单中选择相应的命令，可以按照名称、大小、项目类型或修改日期 4 种方式自动排列桌面图标位置。

二、创建桌面快捷方式

创建的桌面快捷方式只是一个快速启动图标，并没有改变文件原有的位置，因此删除桌面快捷方式，不会删除原文件。

例7 为系统自带的计算器应用程序“calc. exe”创建桌面快捷方式。

(1) 单击“开始”按钮，打开“开始”菜单，在“搜索程序和文件”框中输入“calc. exe”。

(2) 在搜索结果中的“calc. exe”程序选项上单击鼠标右键，在弹出的快捷菜单中选择“发送到”→“桌面快捷方式”命令，如图2-3-4所示。

(3) 在桌面上创建的图标 上单击鼠标右键，在弹出的快捷菜单中选择“重命名”命令，输入“My 计算器”，按[Enter]键，完成创建。

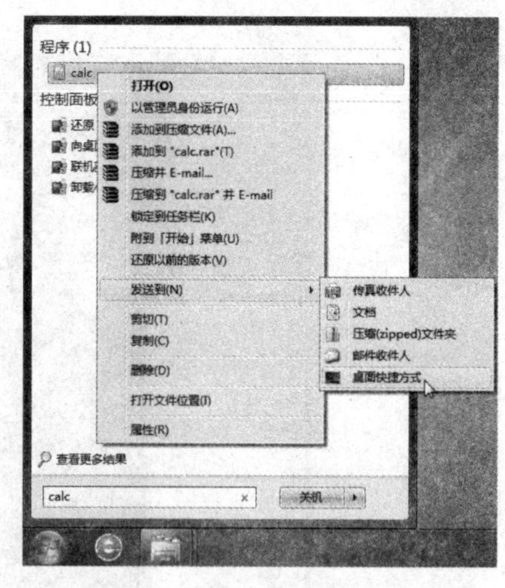

图2-3-4 选择“桌面快捷方式”命令

三、添加桌面小工具

Windows 7 为用户提供了一些桌面小工具，既美观又实用。

例8 添加时钟和日历桌面小工具。

(1) 在桌面上单击鼠标右键，在弹出的快捷菜单中选择“小工具”命令，打开“小工具库”对话框。

(2) 在其列表框中选择需要在桌面显示的小工具程序。这里分别双击“日历”和“时钟”小工具，即可在桌面右上角显示这两个小工具，如图2-3-5所示。

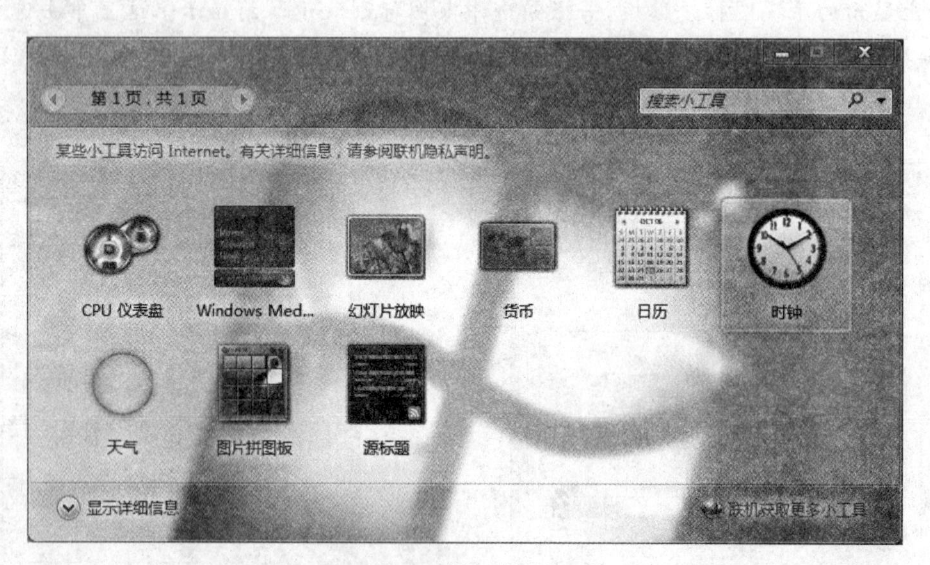

图2-3-5 添加桌面小工具

(3) 鼠标拖动小工具将其调整到所需的位置。将鼠标放到工具上面，其右边会出现一个控制框，单击控制框中相应的按钮可以设置或关闭小工具。

四、应用主题并设置桌面背景

在 Windows 中可为桌面背景设置主题，让其更加美观。

例9 应用系统自带的“自然”Aero 主题，并设置背景图片的参数。

(1) 在“个性化”窗口中的“Aero 主题”列表框中单击并应用“自然”主题，此时背景和窗口颜色等都会发生相应的改变。

(2) 在“个性化”窗口下方单击“桌面背景”超链接，打开“桌面背景”窗口。此时列表框中的图即为

“自然”系列。单击“图片位置”下拉列表框右侧的按钮,在打开的下拉列表中选择“位伸”选项。

(3) 单击“更改图片时间间隔”下拉列表框右侧的按钮,在打开的下拉列表中选择“1 小时”选项,如图 2-3-6 所示。若单击选中“无序播放”复选框,将按设置的间隔随机切换。这里保持默认设置,即按列表中图片的排序切换。

图 2-3-6 应用主题后设置桌面背景

(4) 单击 保存修改 按钮,应用设置,并返回“个性化”窗口。

五、设置屏幕保护程序

在一段时间不操作计算机时,屏幕保护程序可以使屏幕暂停显示或以动画显示,图像或字符不会长时间停留在某个固定位置上,保护显示器屏幕。

例 10 设置“彩带”样式的屏幕保护程序。

(1) 在“个性化”窗口中单击“屏幕保护程序”超链接,打开“屏幕保护程序设置”对话框。

(2) 在“屏幕保护程序”下拉列表框中选择保护程序的样式,这里选择“彩带”选项,在“等待”数值框中输入屏幕保护等待的时间,这里设置为“60 分钟”,单击选中“在恢复时显示登录屏幕”复选框。

(3) 单击【确定】按钮,关闭对话框。

六、自定义任务栏和“开始”菜单

例 11 设置自动隐藏任务栏并定义“开始”菜单的功能。

(1) 在“个性化”窗口中单击“任务栏和「开始」菜单”,或在任务栏的空白区域单击鼠标右键,在弹出的快捷菜单中选择“属性”命令,打开“任务栏和「开始」菜单属性”对话框。

(2) 单击“任务栏”选项卡,单击选中“自动隐藏任务栏”复选框。

(3) 单击“「开始」菜单”选项卡,单击“电源按钮操作”下拉列表框右侧的下拉按钮,在打开的下拉列表中选择“切换用户”选项,如图 2-3-7 所示。

(4) 单击 自定义(C)... 按钮,打开“自定义「开始」菜单”对话框,在“要显示的最近打开过的程序的数目”数值框中输入“5”,如图 2-3-8 所示。

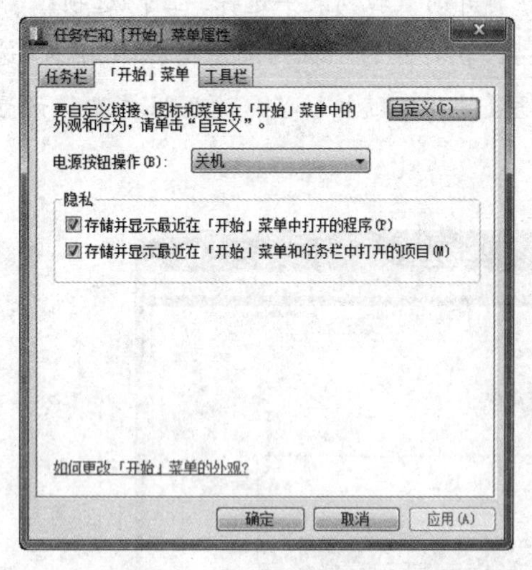

图 2-3-7 设置电源按钮功能的数目

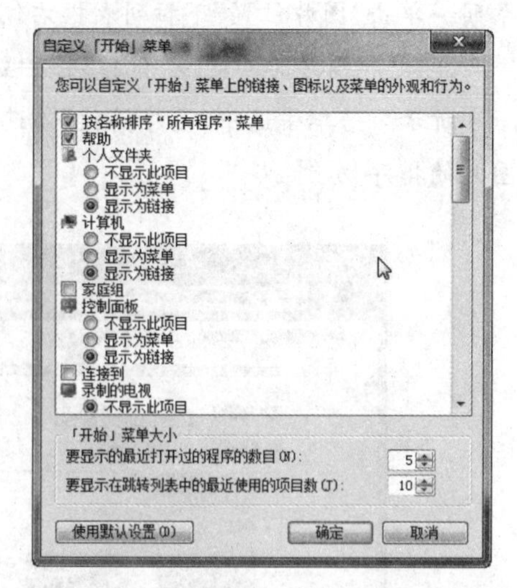

图 2-3-8 设置要显示的最近打开过的程序

(5) 依次单击 确定 按钮，应用设置。

提示 在图 2-3-7 中的“任务栏”选项卡中单击 自定义(C)... 按钮，在打开的窗口中可以设置任务栏通知区域中的图标的显示方式，如设置隐藏或显示，或者调整通知区域的视觉效果。

七、设置 Windows 7 用户账户

在 Windows 7 中，可以多个用户使用同一台计算机，只需为每个用户建立独立的账户，每个用户可以用自己的账号登录 Windows 7，并且多个用户之间的 Windows 7 设置相对独立，互不影响。

例 12 设置账户的图像样式并创建一个新账户。

(1) 在“个性化”窗口中单击“更改账户图片”，打开“更改图片窗口，选择“小狗”图片样式，然后单击按钮 更改图片 ，如图 2-3-9 所示。

图 2-3-9 设置用户账户图片

(2) 在返回的“个性化”窗口中单击“控制面板主页”，打开“控用户账户制面板”窗口，单击“添加或删除用户账户”，如图 2-3-10 所示。

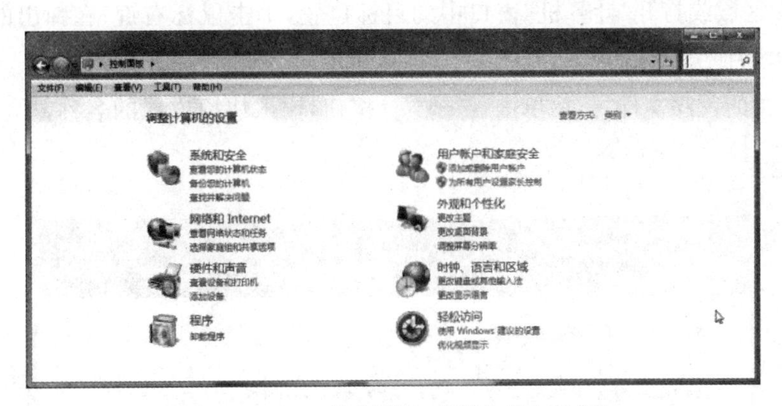

图 2-3-10　单击"添加或删除用户账户"

(3) 在打开的"管理账户"窗口中单击"创建一个新账户",如图 2-3-11 所示。

图 2-3-11　单击"创建新账户"

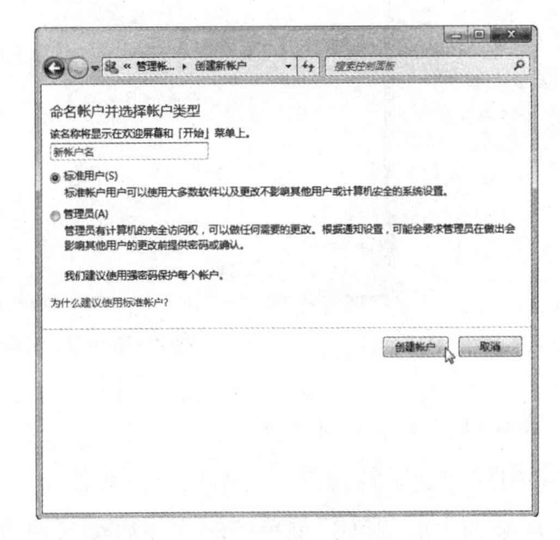

图 2-3-12　设置用户账户名称

(4) 在打开的窗口中输入账户名称"公用",然后单击按钮 创建帐户 ,如图 2-3-12 所示,完成账户的创建。

提示　图 2-3-11 中单击某一账户图标,在打开的"更改账户"窗口中单击相应的选项,也可以更改账户的图片样式,或是更改账户名称、创建或修改密码等。

2.3.4　知识链接

一、创建快捷方式的几种方法

创建快捷方式的常用方法有两种,即创建桌面快捷方式、将常用程序锁定到任务栏。

1. 桌面快捷方式

桌面快捷方式是指图片左下角带有符号 的桌面图标,双击这类图标可以快速访问或打开某个程序,因此创建桌面快捷方式可以提高办公效率。用户可以根据需要在桌面上添加应用程序、文件或文件夹的快捷方式,其方法有如下 3 种。

① 在"开始"菜单中找到程序启动项的位置,单击鼠标右键,在弹出的快捷菜单中选择"发送到"子菜单下的"桌面快捷方式"命令。

② 在"计算机"窗口中找到文件或文件夹后,单击鼠标右键,在弹出的快捷菜单中选择"发送到"子菜单下的"桌面快捷方式"命令。

③ 在桌面空白区域或打开“计算机”窗口中的目标位置，单击鼠标右键，在弹出的快捷菜单中选择“新建”子菜单下的“快捷方式”命令，打开图 2-3-13 所示的“创建快捷方式”对话框，单击 浏览(R)... 按钮，选择要创建快捷方式的程序文件，然后单击 下一步(N) 按钮，输入快捷方式的名称，单击 完成(F) 按钮，完成创建。

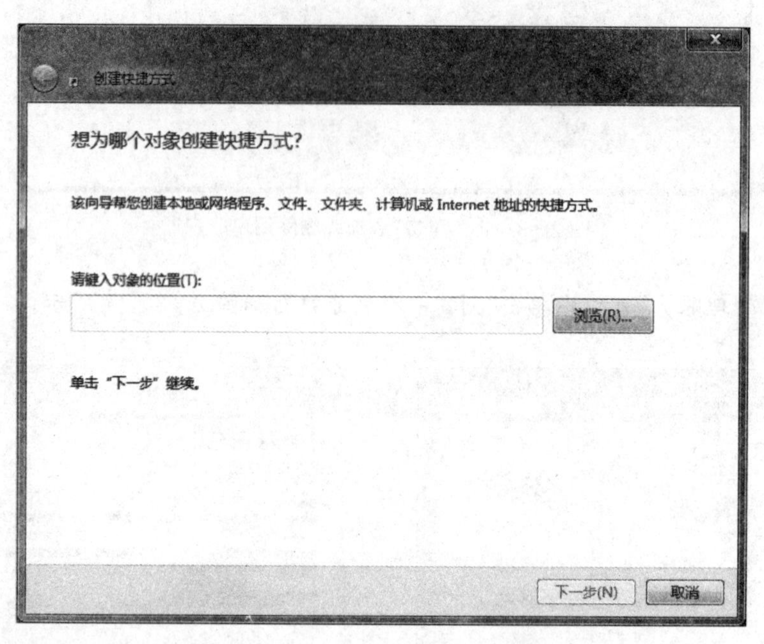

图 2-3-13 “创建快捷方式”对话框

2. 将常用程序锁定到任务栏

将常用程序锁定到任务栏的常用方法有以下两种。

① 在桌面上或“开始”菜单中的程序启动快捷方式上单击鼠标右键，在弹出的快捷菜单中选择“锁定到任务栏”命令，或直接将该快捷方式拖动至任务栏左侧的程序区中。

② 如果要将已打开的程序锁定到任务栏，可在任务栏的程序图标上单击鼠标右键，再弹出的快捷菜单中选择“将此程序锁定到任务栏”命令，如图 2-3-14 所示。

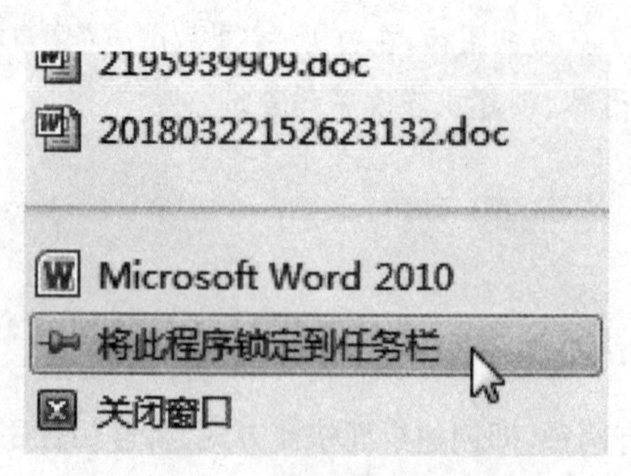

图 2-3-14 将程序锁定到任务栏

要将任务中不再使用的程序图标解锁(即取消显示)，可在要解锁的程序图标上单击鼠标右键，在弹出的快捷菜单中选择“将此程序从任务栏解锁”命令。

提示 图 2-3-14 所示的快捷菜单又称为“跳转列表”，它是 Window 7 的新增功能之一。在该菜单上方列出了用户最近使用过的程序或文件，方便用户快速打开。另外，在“开始”菜单中点击指向程序右侧的箭头，也可以弹出相对应的“跳转列表”。

二、认识"个性化"设置窗口

在桌面上的空白区域单击鼠标右键，在弹出的快捷菜单中选择"个性化"命令，将打开图 2-3-15 所示的"个性化"窗口，可以对 Windows 7 操作系统进行个性化设置。

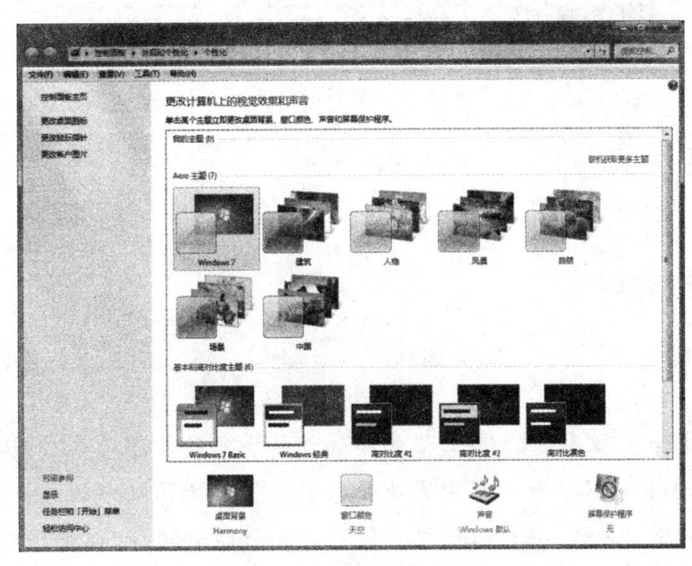

图 2-3-15 "个性化"窗口

(1) 更改桌面图标　在"个性化"窗口中单击"更改桌面图标"，在打开的"桌面图标设置"对话框中的"桌面图标"栏中可以单击选中或撤销选中要在桌面上显示或取消显示的系统图标，并可对图标的样式进行更改。

(2) 更改账户图片　在"个性化"窗口中单击"更改账户图片"，在打开的"更改图片"窗口中可以选择新的账户图标样式，选择后将在启动时的欢迎界面和"开始"菜单的用户账户区域中显示。

(3) 设置任务栏和"开始"菜单　在"个性化"窗口中单击"任务栏和「开始」菜单"超链接，在打开的"任务栏和「开始」菜单属性"对话框中分别单击各个选项卡设置。在"任务栏"选项卡中可以设置锁定任务栏(即任务栏的位置不能移动)、自动隐藏任务栏(当鼠标指向任务栏区域时才会显示)、使用小图标、任务栏的位置和是否启用 Aero Peek 预览桌面功能等；在"「开始」菜单"选项卡中主要可以设置"开始"菜单中电源按钮的用途等。

(4) 应用 Aero 主题　Aero 主题决定着整个桌面的显示风格，Windows 7 中有多个主题供用户选择，其方法是：在"个性化"窗口的中间列表框中选择一种喜欢的主题，单击即可应用。应用主题后其声音、背景和窗口颜色等都会随之改变。

(5) 设置桌面背景　单击"个性化"窗口下方的"桌面背景"链接，在打开的"桌面背景"窗口中间的图片列表中可选择一张或多张图片，选择多张图片时需按住[Ctrl]键，如需将计算机中的其他图片作为桌面背景，可以单击"图片位置(L)"下拉列表框后的按钮 浏览(B)... 来选择计算机中存放图片的文件夹。选择图片后，还可设置背景图片在桌面上的位置和图片切换的时间间隔(选择多张背景图片时才需设置)。

(6) 设置窗口颜色　在"个性化"窗口中单击"窗口颜色"链接，将打开"窗口颜色和外观"窗口，单击某种颜色可快速更改窗口边框、"开始"菜单和任务栏的颜色，并且可设置是否启用透明效果和设置颜色浓度等。

(7) 设置声音　在"个性化"窗口中单击"声音"链接，打开"声音"对话框，在"声音方案"下拉列表框中选择一种 Windows 声音方案，或选择某个程序事件后单独设置其关联的声音。

(8) 设置屏幕保护程序，在"个性化"窗口中单击"屏幕保护序"链接，打开"屏幕保护程序设置"对话框，在“屏幕保护程序”下拉列表框中选择一个程序选项，然后在“等待”数值框中输入屏幕保护等持的时间，若单击选中“在恢复时显示登录屏幕”复选框，则表示当需要从屏幕保护程序恢复正常显示时，将显示登录 Windows 屏幕，如果用户账户设置了密码，则需要输入正确的密码才能进入桌面。

任务 2.4 管理计算机中的资源

2.4.1 任务要点

（1）管理文件和文件夹资源。

（2）管理程序和硬件资源。

2.4.2 任务描述

在使用计算机的过程中，文件、文件夹、程序和硬件等资源的管理是非常重要的操作。本任务将从两个方面，介绍在 Windows 7 中如何利用资源管理器来管理计算机中的文件和文件夹，包括新建、移动、复制、重命名及删除等操作，并介绍如何安装程序和打印机硬件，以及计算器、画图程序等附件程序的使用。

一、管理文件和文件夹资源

用户常需要在计算机中存放一些工作中的日常文档。为了方便使用，还需要新建、重命名、移动、复制、删除、搜索和设置文件属性等操作。

① 在 G 盘根目录下新建“办公”文件夹和“公司简介. txt”“公司员工名单. xlsx”两个文件，再在新建的“办公”文件夹中创建“文档”和“表格”两个子文件夹。

② 将前面新建的“公司员工名单. xlsx”文件移动到“表格”子文件夹中，将“公司简介. txt”文件制到“文档”文件夹中并修改文件名为“招聘信息. txt”。

③ 删除 G 盘根目录下的“公司简介. txt”文件，然后通过回收站查看后再进行还原。

④ 搜索 E 磁盘下的所有 JPG 格式的图片文件。

⑤ 将“公司员工名单. xlsx”文件的属性修改为只读。

⑥ 新建一个“办公”库，将“表格”文件夹添加到“办公”库中。

二、管理程序和硬件资源

本任务要求掌握安装和卸载软件的方法，了解如何打开和关闭 Windows 功能，掌握如何安装打印机驱动程序，如何设置鼠标和键盘，以及使用 Windows 自带的画图、计算器和写字板等附件程序。

2.4.3 任务实施

子任务一 管理文件和文件夹资源

一、文件和文件夹基本操作

文件和文件夹的基本操作包括新建、移动、复制、删除和查找等。

1. 新建文件和文件夹

新建文件是指根据计算机中已安装的程序类别，新建一个相应类型的空白文件，新建后可以双击打开并编辑文件内容。如果需要将一些文件分类整理在一个文件夹中以便日后管理，此时就需要新建文件夹。

例1 新建"公司简介.txt"文件和"公司员工名单.xlsx"文件。

(1) 双击桌面上的"计算机"图标图，打开"计算机"窗口，双击G磁盘图标，打开G：\目录窗口。

(2) 选择"文件"→"新建"→"文本文档"命令，或在窗口的空白处单击鼠标右键，在弹出的快捷菜单中选择"新建"→"文本文档"命令。

(3) 系统将在文件夹中默认新建一个名为"新建文本文档"的文件，且文件名呈可编辑状态，切换到汉字输入法输入"公司简介"，然后单击空白处或按[Enter]键。

(4) 选择"文件"→"新建"→"新建Microsoft Excel工作表"命令，或在窗口的空白处单击鼠标右键，在弹出的快捷菜单中选择"新建"→"新建Microsoft Excel工作表"命令，此时将新建一个Excel文件，输入文件名"公司员工名单"，按[Enter]键。

(5) 选择"文件"→"新建"→"文件夹"命令，或在右侧文件显示区中的空白处单击鼠标右键，在弹出的快捷菜单中选择"新建"→"文件夹"命令，或直接单击工具栏中的【新建文件夹】按钮，双击文件夹名称使其呈可编辑状态，并在文本框中输入"办公"，然后按[Enter]键，完成文件夹的新建。

(6) 双击新建的"办公"文件夹，在打开的目录窗口中单击工具栏中的【新建文件夹】按钮，输入子文件夹名称"表格"后按[Enter]键，然后再新建一个名为"文档"的子文件夹。

(7) 单击地址栏左侧的返回按钮，返回上一级窗口。

提示 重命名文件名称时不要修改文件的扩展名部分，一旦修改可能导致文件无法正常打开，此时可将拓展名重新修改为正确模式便可打开。此外，文件名可以包含字母、数字和空格等，但不能有?、*、/、\、<、>、：等。

2. 移动、复制、重命名文件和文件夹

移动文件是将文件或文件夹移动到另一个文件夹中以便管理，复制文件相当于为文件做备份，即原文件夹下的文件或文件夹仍然存在，重命名文件即为文件更换一个新的名称。

例2 移动"公司员工名单.xlsx"文件，复制"公司简介.txt"文件，并将复制的文件重命名为"招聘信息"。

(1) 在导航窗格中单击展开"计算机"，然后在导航窗格中选择"本地磁盘(G：)"。

(2) 在右侧窗口中选择"公司员工名单.xlsx"文件，在其上单击鼠标右键，在弹出的快捷菜单中选择"剪切"命令，或选择"编辑"→"剪切"命令(可直接按[Ctrl]+[X]组合键)，将选择的文件剪切到剪贴板中，此时文件呈灰色透明显示效果。

(3) 在导航窗格中单击展开"办公"文件夹，再选择"表格"选项，在右侧打开的"表格"窗口中击鼠标右键，在弹出的快捷菜单中选择"粘贴"命令，或选择"编辑"→"粘贴"命令(可直接按[Ctrl]+[V]组合键)，即可将剪切到剪贴板中的"公司员工名单.xlsx"文件粘贴到"表格"窗口中完成文件的移动。

(4) 单击地址栏左侧的返回钮，返回上一级窗口，即可看到窗口中已没有"公司员工名单.xlsx"文件。

(5) 选择"公司简介.txt"文件，单击鼠标右键，在弹出的快捷菜单中选择"复制"命令，选择"编辑"→"复制"命令(可直接按[Ctrl]+[C]组合键)，将选择的文件复制到剪贴板中，此时窗口中的文件不会发生任何变化。

(6) 在导航窗格中选择"文档"文件夹选项，在右侧打开的"文档"窗口中单击鼠标右键，在弹出的快捷菜单中选择“粘贴”命令，或选择“编辑”→“粘贴”命令(可直接按[Ctrl]+[V]组合键)，即可将剪切到剪贴板中的“公司简介. txt”文件粘贴到该窗口中，完成文件的复制。

(7) 选择复制后的“公司简介. txt”文件，在其上单击鼠标右键，在弹出的快捷菜单中选择“重命名”命令，此时要重命名的文件名称部分呈可编辑状态，在其中输入新的名称“招聘信息”后按[Enter]键即可。

(8) 在导航窗格中选择“本地磁盘(G：)”选项，即可看到该磁盘根目录下的“公司简介. txt”文件仍然存在。

提示 将选择的文性或文件夹拖动到同一磁盘分区下的其他文件夹中或拖动到左侧导航窗格中的某个文件夹选项上，可以移动文件或文件中夹，在拖动过程中按住[Ctrl]键不放，则可实现复制文件或文件夹的操作。

3. 删除再还原文件和文件夹

删除一些没有用的文件或文件夹，可以减少磁盘上的垃圾文件，释放磁盘空间，便于管理。删除的文件或文件夹实际上是移动到“回收站”中，若误删除文件，还可以通过还原操作找回来。

例3 删除再还原删除的“公司简介. txt”文件。

(1) 在导航窗格中选择“本地磁盘(G：)”选项，然后在右侧窗口中选择“公司简介. txt”文件。

(2) 在选择的文件图标上单击鼠标右键，在弹出的快捷菜单中选择“删除”命令，或按[Delete]键，此时系统会打开图 2-4-1 所示的提示对话框，提示用户是否确定要把该文件放入回收站。

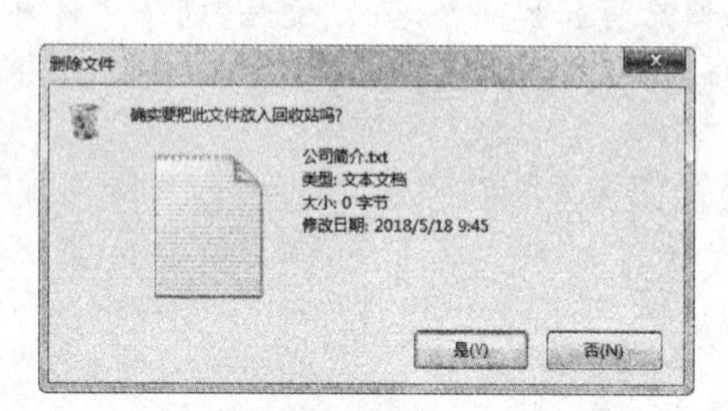

图 2-4-1 “删除文件对话框”

(3) 单击按钮 是(Y) ，即可删除选择的“公司简介. txt”文件。

(4) 单击任务栏最右侧的“显示桌面”区域，切换至桌面，双击“回收站”图标，在打开的窗口中将查看到最近删除的文件和文件夹等对象。在要还原的“公司简介. txt”文件上单击鼠标右键，在弹出的快捷菜单中选择“还原”命令，如图 2-4-2 所示，即可将其还原到被删除前的位置。

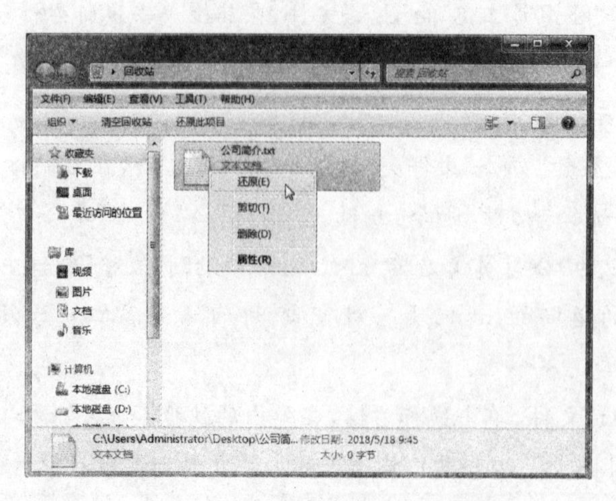

图 2-4-2 还原被删除的文件

提示　选择文件后，按[Shift]+[Delete]组合键将不通过回收站，直接将文件从计算机中删除。此外，放入回收站中的文件仍然会占用磁盘空间，在“回收站”窗口中单击工具栏中的按钮 清空回收站 才能彻底删除。

4. 搜索文件或文件夹

如果用户不知道文件或文件夹在磁盘中的位置，可以使用Windows 7的搜索功能来查找。搜索时如果不记得文件的名称，可以使用模糊搜索功能，其方法是：用通配符“*”来代替任意数量的任意字符，使用“?”来代表某一位置上的字母或数字，如“*.mp3”表示搜索当前位置下所有类型为MP3格式的文件，而“pin?.mp3”则表示搜索当前位置下前3个字母为“pin”、第四位是任意字符的MP3格式的文件。

例4　搜索E盘中的JPG图片。

(1) 在资源管理器中打开需要搜索的位置，如需在所有磁盘中查找，则打开“计算机”窗口，如需在某个磁盘分区或文件夹中查找，则打开具体的磁盘分区或文件夹窗口。这里打开E磁盘窗口。

(2) 在窗口地址栏后面的搜索框中输入要搜索的文件信息，如“*.jpg”，Windows会自动在搜索范围内搜索所有符合文件信息的对象，并在文件显示区中显示搜索结果，如图2-4-3所示。

图2-4-3　搜索文件

(3) 在“添加搜索筛选器”中选择“修改日期”或“大小”选项来设置搜索条件，以缩小搜索范围。

二、设置文件和文件夹属性

文件属性主要包括隐藏属性、只读属性和归档属性3种。用户在查看磁盘文件的名称时，系统一般不会显示具有隐藏属性的文件名，具有隐藏属性的文件不能被删除、复制和更名，以起到保护作用；对于具有只读属性的文件，可以查看和复制，不会影响它的正常使用，但不能修改和删除文件，以避免意外删除和修改；文件被创建之后，系统会自动将其设置成归档属性，即可以随时查看、编辑和保存。

例5　更改“公司员工名单.xlsx”文件的属性。

(1) 打开“计算机”窗口，再打开“G:”→“办公”→“表格”目录，在“公司员工名单.xlsx”文件上单击鼠标右键，在弹出的快捷菜单中选择“属性”命令，打开文件对应的“属性”对话框。

(2) 在“常规”选项卡下的“属性”栏中单击选中“只读”复选框，如图2-4-4所示。

(3) 单击 应用(A) 按钮，再单击 确定 按钮，完成文件属性的设置。如果是修改文件夹的属性，应用设置后还将打开图2-4-5所示的“确认属性更改”对话框，根据需要选择应用方式后单击 确定 按钮，即可设置相应的文件夹属性。

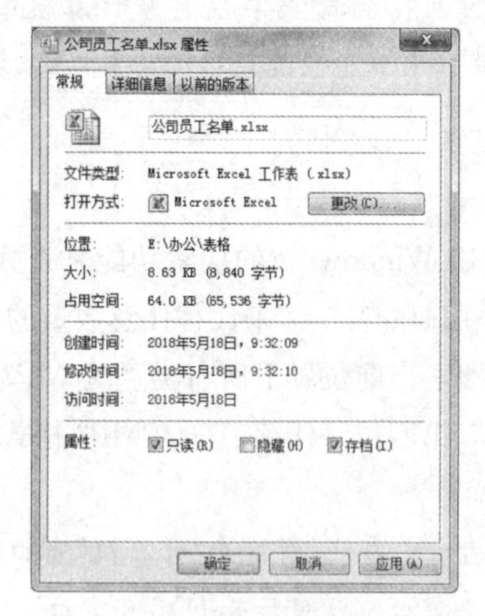

图 2-4-4　文件属性设置对话框

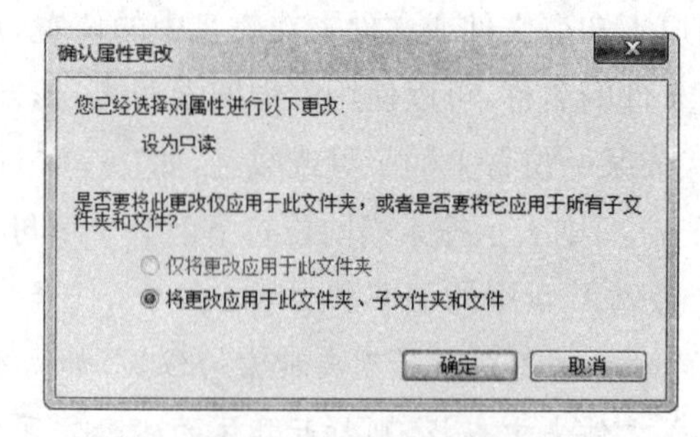

图 2-4-5　选择文件夹

提示　在图 2-4-5 中单击 高级(D)... 按钮可以开"高级属性"对话框,在其中可以设置文件或文件夹的存档和加密属性。

三、使用库

库是 Windows 7 操作系统中的一个新概念,其功能类似于文件夹,但它只是提供管理文件的索引,即用户可以通过库来直接访问,而不需要通过保存文件的位置去查找,所以文件并没有真正地被存放在库中。Windows 7 系统中自带了视频、图片、音乐和文档 4 个库,以便将这类常用文件资源添加到库中,根据需要也可以新建库文件夹。

例 6　新建"办公"库,将"表格"文件夹添加到库中。

(1) 打开"计算机"窗口,在导航栏中单击"库"图标 ,打开"库"文件夹,此时在右侧窗口中将显示所有库,双击各个库文件夹便可打开查看。

(2) 单击工具栏中的按钮 新建库 或选择"文件"→"新建"→"库"命令,输入库的名称"办公",然后按[Enter]键,即可新建一个库,如图 2-4-6 所示。

图 2-4-6　新建库

(3) 在导航栏选择“G:”→“办公”文件夹，选择要添加到库中的“表格”文件夹，然后选择“文件”→“包含到库中”→“办公”命令，即可将选择的文件夹中的文件添加到前面新建的“办公”库中，以后就可以通过“办公”库来查看文件了，效果如图 2-4-7 所示。用同样的方法还可将计算机中其他位置下的相关文件分别添加到库中。

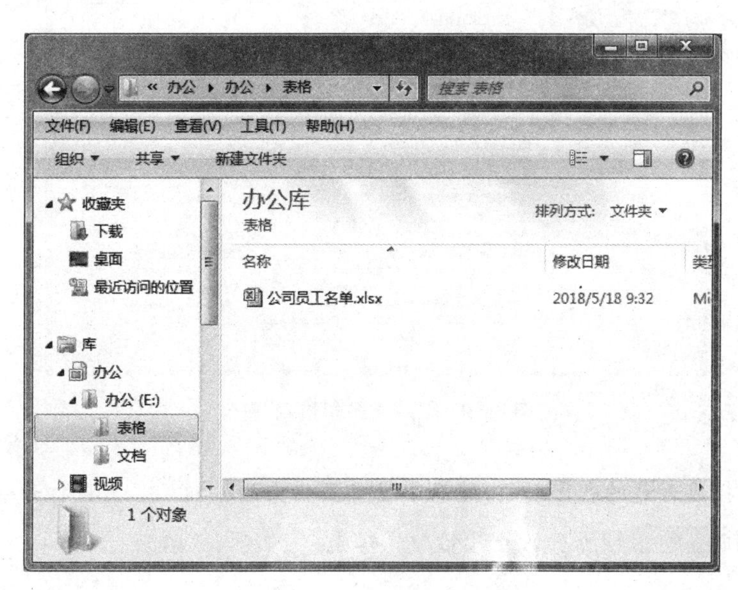

图 2-4-7　将文件添加到库中

提示　当不再使用库中的文件时，可以将其删除。方法是：在要删除的库文件夹上单击鼠标右键，在弹出的快捷菜单中选择“从库中删除位置”命令即可。

子任务二　管理程序和硬件资源

一、安装和卸载应用程序

获取或准备好软件的安装程序后便可以开始安装软件，安装后的软件将会显示在“开始”菜单中的“所有程序”列表中，部分软件还会自动在桌面上创建快捷启动图标。

例 7　安装 Office 2010，并卸载计算机中不需要的软件。

(1) 将安装光盘放入光驱中，读取光盘成功后进入到光盘中，找到并双击“setup.exe”文件。

(2) 打开“输入您的产品密钥”对话框，在光盘包装盒中找到由 25 位字符组成的产品密钥(产品密钥也称安装序列号，免费或试用软件不需要输入)，并将密钥输入到文本框中，单击【继续】按钮。

(3) 打开“许可条款”对话框，认真阅读条款内容，单击选中“我接受此协议的条款”复选框，单击【继续】。

(4) 打开“选择所需的安装”对话框，单击【自定义】按钮。若单击【立即安装】按钮，可按默认设置快速安装软件。

(5) 在打开的安装向导对话框中单击“安装选项”选项卡，单击任意组件名称前按钮，在打开的下拉列表中选择是否安装此组件。

(6) 单击“文件位置”选项卡，单击【浏览】按钮，在打开的“浏览文件夹”对话框中选择安装 Office 2010 的目标位置，单击【确定】按钮。

(7) 返回对话框，单击“用户信息”选项卡，在文本框中输入用户名和公司名称等信息，最后单击【立即安装】按钮进入“安装进度”界面中，静待数分钟后便会提示已安装完成。

(8) 打开“控制面板”窗口，在分类视图下单击“程序”，在打开的“程序”窗口中单击“程序和功能”链接,在打开窗口的"卸载或更改程序"列表框中即可查看当前计算机中已安装的所有程序,如图 2-4-8 所示。

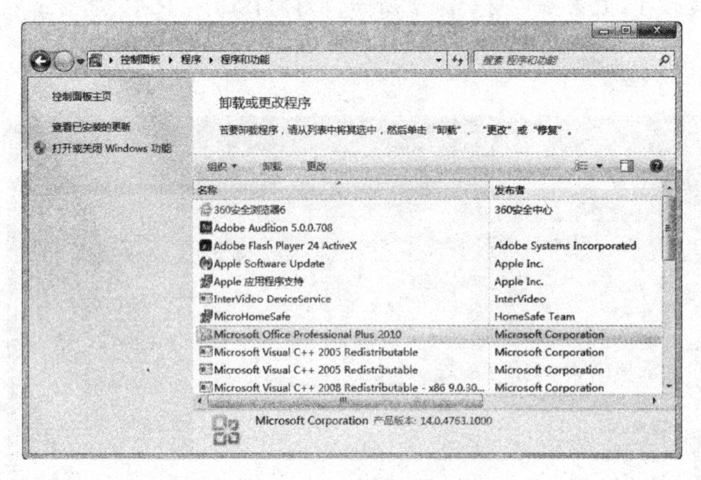

图2-4-8 "程序和功能"窗口

(9) 在列表中选择要卸载的程序选项,然后单击工具栏中的按钮 卸载 ,将打开确认是否卸载程序的提示对话框,单击按钮 是(Y) 即可确认并开始卸载程序。

提示 软件自身提供了卸载功能,可以通过"开始"菜单卸载。其方法是:选择"开始"→"所有程序"命令,在"所有程序"列表中展开程序文件夹,然后选择"卸载"等相关命令(若没有类似命令则通过控制面板卸载),再根据提示操作便可完成软件的卸载。有些软件在卸载后还会要求重启计算机以彻底删除该软件的安装文件。

二、打开和关闭 Windows 功能

Windows 7 操作系统自带了一些组件程序及功能,包括 IE 浏览器、媒体功能、游戏和打印服务等,用户可根据需要通过打开和关闭操作来决定是否启用这些功能。

例 8 打开 Windows 7 的"FTP 服务器"功能。

(1) 选择"开始"→"控制面板"命令,打开"控制面板"窗口,在分类视图下单击"程序",在打开的"程序"窗口中单击"打开或关闭 Windows 功能"链接。

(2) 系统检测 Windows 功能后,打开图 2-4-9 所示的"Windows 功能"窗口,在该窗口的列表框中显示了所有的 Windows 功能选项。

图2-4-9 "Windows 功能"窗口

(3) 单击某个功能选项前的标记“＋”，即可在展开的列表中显示该功能中的所有子功能选项，这里展开“Internet信息服务”功能选项，选中“FTP服务器”复选框，则可打开该系统功能，如图2-4-10所示。

图2-4-10 “FTP服务器”功能

(4) 单击【确定】按钮，系统将打开提示对话框显示该项功能的配置进度，完成后系统将自动关闭该对话框和“Windows功能”窗口。

三、安装打印机硬件驱动程序

在安装打印机前应先将设备与计算机主机连接，然后还需安装打印机的驱动程序。其他外部计算机设备也可参考与打印机类似的方法安装。

例9 连接打印机，然后安装打印机的驱动程序。

(1) 不同的打印机有不同类型的端口，常见的有USB、LPT和COM端口。可参见打印机的使用说明书，将数据线的一端插入到机箱后面相应的插口中，再将另一端与打印机接口相连，然后接通打印机的电源。

(2) 选择“开始”→“控制面板”命令，打开“控制面板”窗口，单击“硬件和声音”下方的“查看设备和打印机”链接，打开“设备和打印机”窗口，在其中单击按钮 添加打印机 ，如图2-4-11所示。

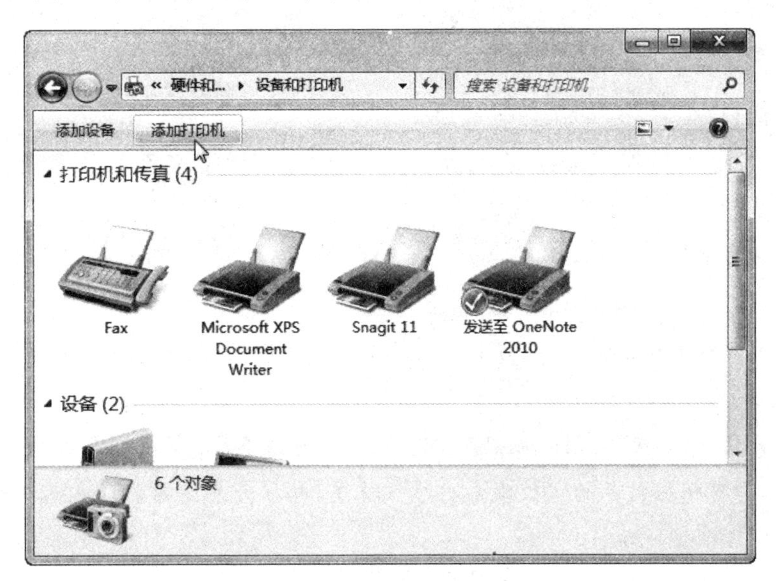

图2-4-11 “设备和打印机”窗口

(3) 在打开的“添加打印机”对话框中选择“添加本地打印机”选项，如图 2-4-12 所示。

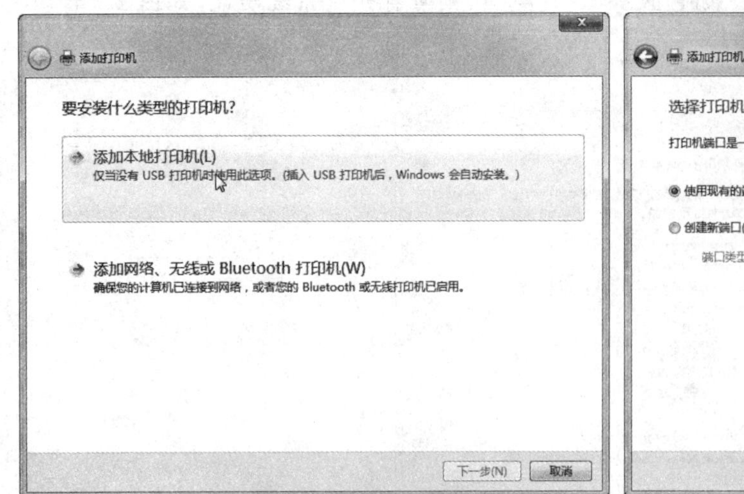

图 2-4-12　添加本地打印机

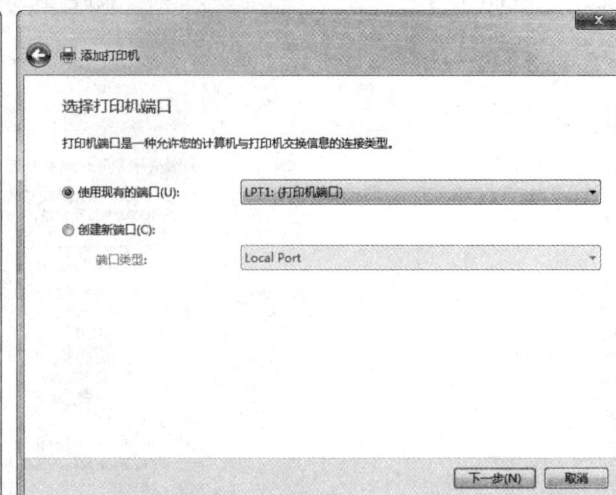

图 2-4-13　选择打印机端口

(4) 在打开的“选择打印机端口”对话框中单击选中“使用现有的端口”单选项，在其后面的下拉列表框中选择打印机连接的端口(一般使用默认端口设置)，然后单击按钮 下一步(N) ，如图 2-4-13 所示。

(5) 在打开的“安装打印机驱动程序”对话框的“厂商”列表框中选择打印机的生产厂商，在“打印机”列表框中选择安装打印机的型号，单击 下一步(N) 按钮，如图 2-4-14 所示。

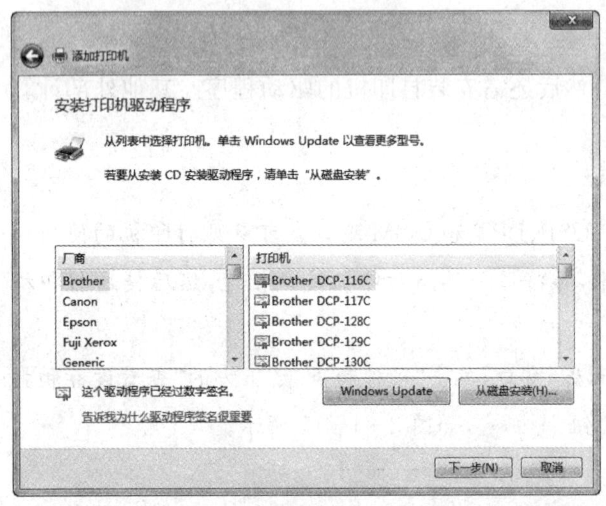

图 2-4-14　选择打印机型号

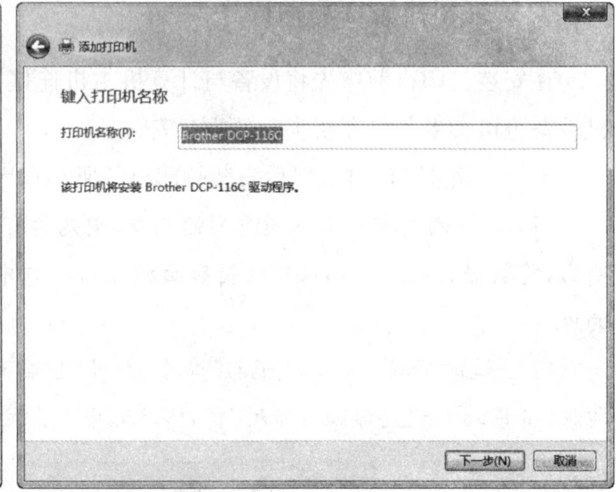

图 2-4-15　输入打印机名称

(6) 打开“键入打印机名称”对话框，在“打印机名称”文本框中输入名称，这里使用默认名称，单击按钮 下一步(N) ，如图 2-4-15 所示。

(7) 系统开始安装驱动程序。安装完成后打开“打印机共享”对话框，如果不需要共享打印机则单击选中“不共享这台打印机”单选项，单击 下一步(N) ，如图 2-4-16 所示。

(8) 在打开的对话框中单击选中“设置为默认打印机”复选框可设置其为默认的打印机，单击按钮 完成(F) 完成打印机的添加，如图 2-4-17 所示。

(9) 打印机安装完成后，在“控制面板”窗口中单击“查看设备和打印机”超链接，在打开的窗口双击安装的打印机图标，即可根据打开的窗口查看打印机状态，包括查看当前打印内容、自定义打印机、调整打印选项等，如图 2-4-18 所示。

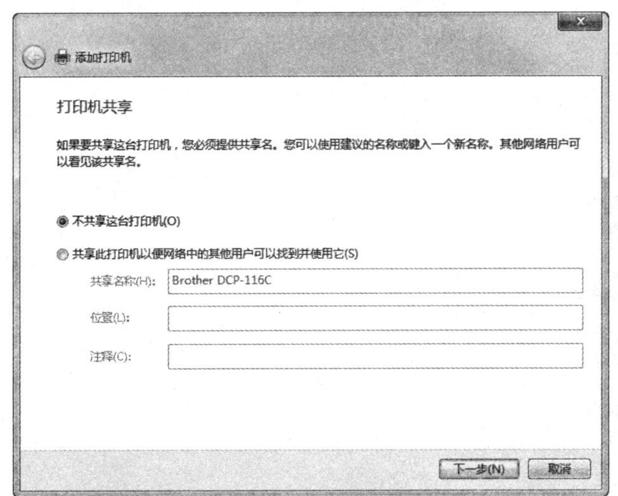

图 2-4-16　共享设置

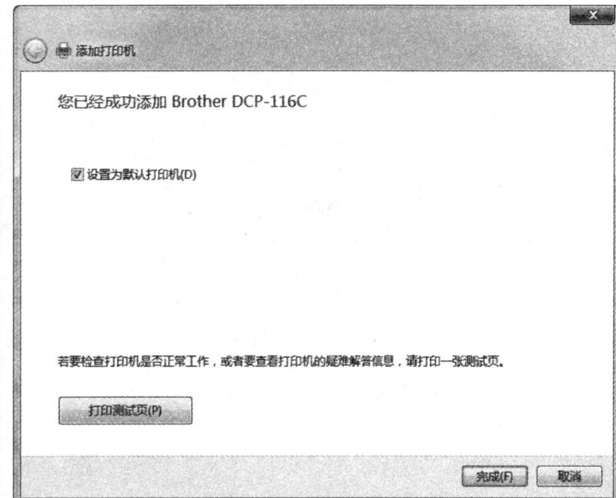

图 2-4-17　完成打印机的添加

图 2-4-18　查看安装的打印机

提示　如果要安装网络打印机，可在图所示的对话框中选择"添加网络、无线或 Bluetooth 打印机"选项，系统将自动搜索与本机联网的所有打印机设备，选择打印机型号后将自动安装驱动程序。

四、设置鼠标和键盘

1. 设置鼠标

设置鼠标主要包括调整双击鼠标的速度、更换鼠标指针样式以及设置鼠标指针选项等。

例 10　设置鼠标指针样式方案为"Windows 黑色(系统方案)"，调节鼠标的双击速度和移动速度，并设置移动鼠标指针时会产生"移动轨迹"效果。

(1) 选择"开始"→"控制面板"命令，打开"控制面板"窗口，单击"硬件和声音"链接，在打开的窗口中单击"鼠标"，如图 2-4-19 所示。

(2) 在打开的"鼠标属性"对话框中单击"鼠标键"选项卡，在"双击速度"栏中拖动"速度"滑动条中的滑动块可以调节双击速度，如图 2-4-20 所示。

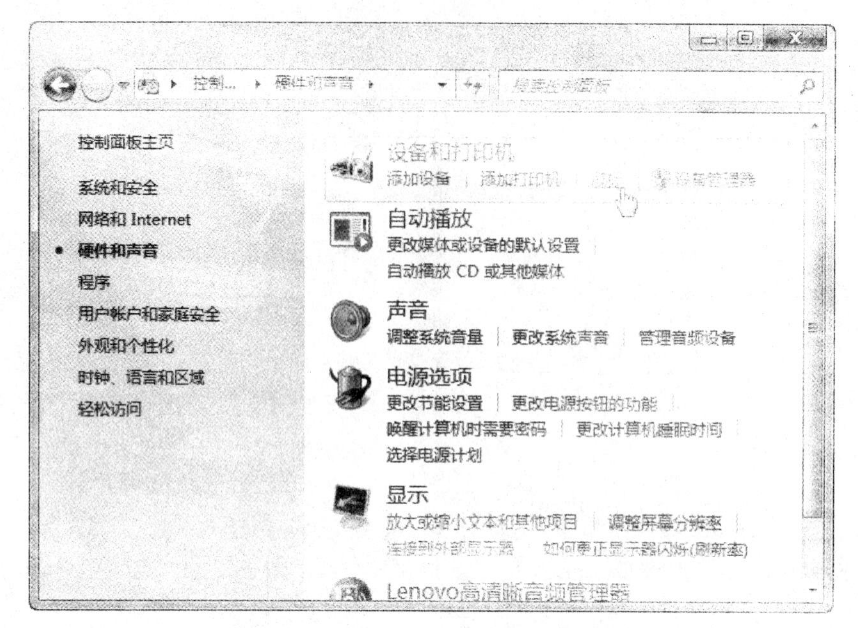

图 2-4-19　单击“鼠标”超链接

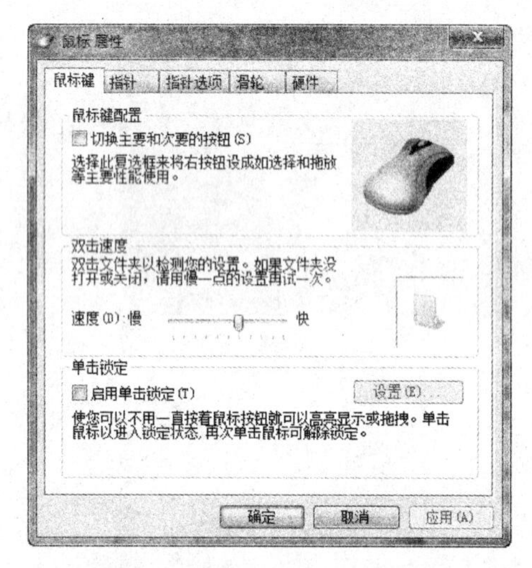

图 2-4-20　设置鼠标双击速度

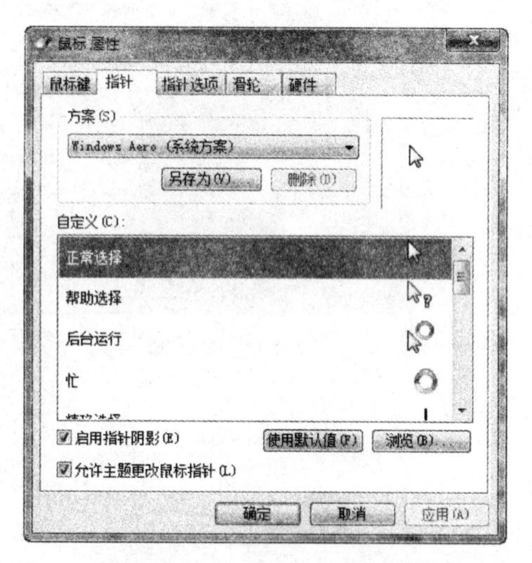

图 2-4-21　选择鼠标指针样式

(3) 单击“指针”选项卡，然后单击“方案”栏中的下拉按钮。在打开的下拉列表中选择鼠标样式方案，这里选择“Windows 黑色(系统方案)”选项，如图 2-4-21 所示。

图 2-4-22　设置指针选项

(4) 单击按钮 应用(A) ，此时鼠标指针样式变为设置后的样式。如果要自定义某个鼠标状态下的指针样式，则在“自定义”列表框中选择需单独更改样式的鼠标状态选项，然后单击按钮 浏览(B)... 选择。

(5) 单击“指针选项”选项卡，在“移动”栏中拖动滑动块可以调整鼠标指针的移动速度，单击选中示指针轨迹”复选框，如图 2-4-22 所示，移动鼠标指针时会产生“移动轨迹”效果。

(6) 单击按钮 确定 ，完成对鼠标的设置。

提示　习惯用左手操作的用户，可以在“鼠标属性”对话框的“鼠标键”选项卡中单击选中“切换主要和次要的按钮”复选框，设置交换鼠标左右键的功能，从而方便用户使用左手操作。

2. 设置键盘

在 Windows 7 中，设置键盘主要是调整键盘的响应速度以及光标的闪烁速度。

例 11 降低键盘重复输入一个字符的延迟时间，使重复输入字符的速度最快，并适当调整光标的闪烁速度。

（1）选择“开始”→“控制面板”命令，打开“控制面板”窗口，在窗口右上角的“查看方式”下拉列表框中选择“小图标”选项，如图 2-4-23 所示，切换至“小图标”视图模式。

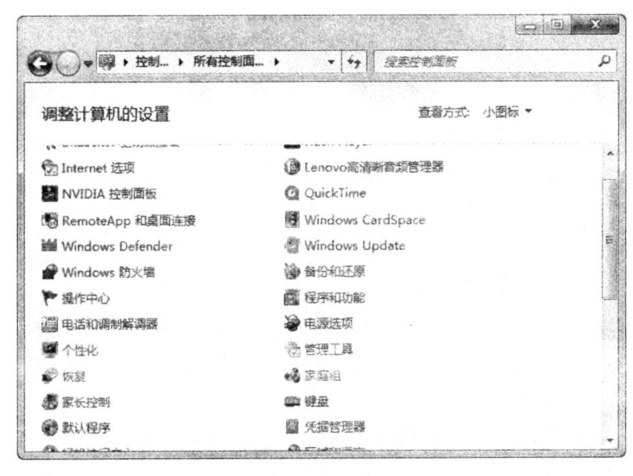

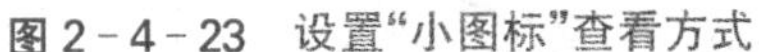
图 2-4-23 设置“小图标”查看方式

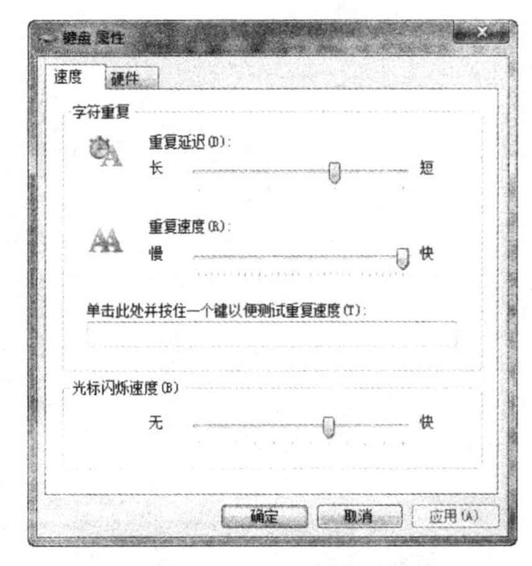

图 2-4-24 设置键盘属性

（2）单击“键盘”链接，打开图 2-4-24 所示的“键盘属性”对话框，单击“速度”选项卡，向右拖动“字符重复”栏中的“重复延迟”滑块，降低键盘重复输入一个字符的延迟时间，如向左拖动，则增长延迟时间；向右拖动“重复速度”滑块，则加快重复输入字符的速度。

（3）在“光标闪烁速度”栏中拖动滑块，改变在文本编辑软件（如记事本）中的闪烁速度，如向左拖动滑块设置为中等速度。

（4）单击【确定】按钮，完成设置。

五、使用附件程序

Windows 7 系统提供了一系列的实用工具程序，包括媒体播放器、计算器和画图程序等。

1. 使用 Windows Media Player

Windows Media Player 是 Window 7 操作系统自带的一款多媒体播放器，可以播放各种格式的音频文件和视频文件，还可以播放 VCD 和 DVD 电影。只需选择“开始”→“所有程序”→“Windows Media Player”命令，即可启动媒体播放器，其界面如图 2-4-25 所示。

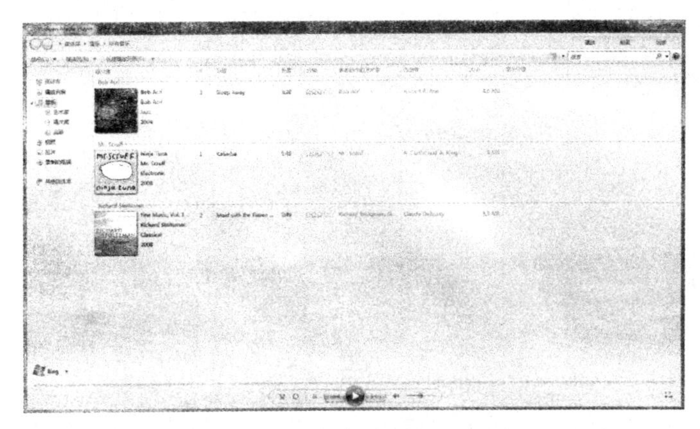

图 2-4-25 Windows Media Player 窗口界面

播放音乐或视频文件的方法主要有以下几种。

① 在工具栏上单击鼠标右键，在弹出的快捷菜单中选择“文件”→“打开”命令或按[Ctrl]+[O]键，在“打开”对话框中选择需要播放的音乐或视频文件，然后单击按钮 打开(O)，即可在 Windows Media Player 中播放这些文件，如图 2-4-26 所示。

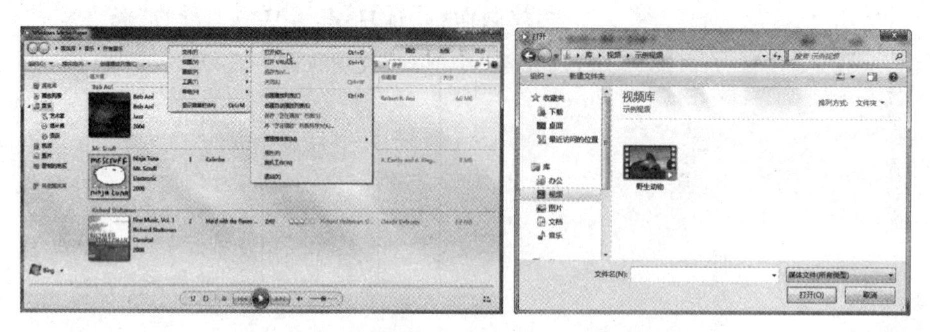

图 2-4-26 在默认视频库下打开媒体文件

② 在窗口工具栏中单击鼠标右键，在弹出的快捷菜单中选择“视图”→“外观”命令，将播放器切换到“外观”模式，然后选择“文件”→“打开”命令，即可打开并播放计算机中的媒体文件，如图 2-4-27 所示。

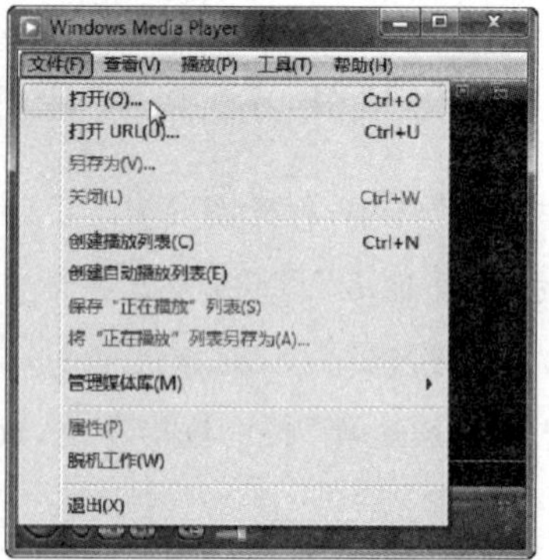

图 2-4-27 在外观视图下打开媒体文件

③ Windows Media Player 可以直接播放光盘中的多媒体文件，其方法是：将光盘放入光驱中，然后在 Windows Media Player 窗口的工具栏上单击鼠标右键，在弹出的快捷菜单中选择“播放”→“播放/DVD、VCD 或 CD 音频”命令，即可播放光盘中的多媒体文件。

④ 使用媒体库可以将存放在计算机中不同位置的媒体文件统一集合在一起，通过媒体库，用户可以快速找到并播放相应的多媒体文件。其方法是：单击工具栏中的按钮 创建播放列表(C)，在导航栏“播放列表”目录下将新建一个播放列表，输入播放列表名称后按[Enter]键确认创建，创建后选择导航窗格中的“音乐”选项，在显示区的“所有音乐”列表中拖动需要的音乐到新建的播放列表中，添加后双击该列表选项即可播放列表中的所有音乐。

提示 如果是播放视或图片文件，Windows Media Player 将自动切换到“正在播放”视图模式，如果再切换到“媒体库”模式，将只能听见声音而无法显示视频和图片。

2. 使用画图程序

选择“开始”→“所有程序”→“附件”→“画图”命令，启动画图程序，画图程序的操作界面如图 2-4-28 所示。

画图程序中所有绘制工具及编辑命令都集成在“主页”选项卡中，因此，画图所需的大部分操作都可以在功能区中完成。利用画图程序可以绘制各种简单形状的图形，也可以打开计算机中已有的图像文

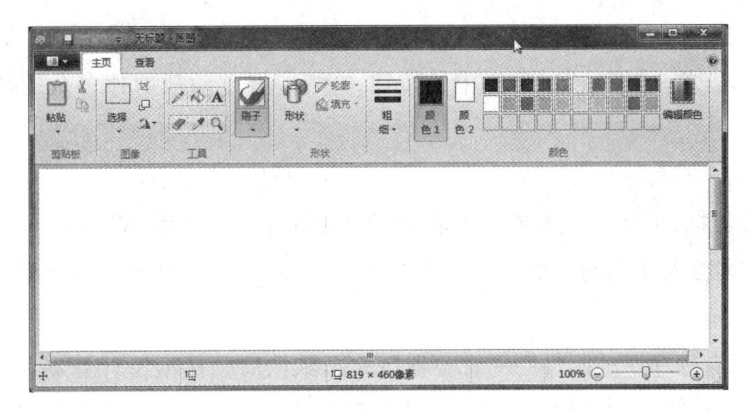

图 2－4－28　“画图”程序操作界面

件进行编辑，其方法如下。

(1) 绘制图形　单击“形状”工具栏中的各个按钮。然后在“颜色”工具栏中单击选择一种颜色，移动鼠标指针到绘图区，按住鼠标左键不放并拖动鼠标，绘制出相应形状的图形。绘制图形后单击工具栏中的“用颜色填充”按钮，然后在“颜色”工具栏中选择一种颜色，单击绘制的图形，即可填充图形，如图 2－4－29 所示。

图 2－4－29　绘制和填充图形

(2) 打开和编辑图像文件　启动画图程序后单击按钮，在打开的下拉列表中选择“打开”选项或按[Ctrl]+[O]组合键，在打开的“打开”对话框中找到并选择图像，单击按钮 打开(O) 打开图像。打开图像后单击“图像”工具栏中的按钮 旋转，在打开的下拉列表框中选择需要旋转的方向和角度，旋转图形，如图 2－4－30 所示；单击“图像”工具栏中的按钮 选择，在打开的下拉列表框中选择“矩形选择”选项，

图 2－4－30　打开并旋转图像

在图像中按住鼠标左键不放并拖动鼠标即可选择局部图像区域。选择图像后按住鼠标左键不放拖动，可以移动图像的位置，若单击“图像”工具栏中的按钮 裁剪 ，将自动裁剪掉多余的部分，留下被框选部分的图像。

3. 使用计算器

当需要计算大量数据，而周围又没有合适的计算工具时，可以使用 Windows 7 自带的“计算器”程序。它除了有适合大多数人使用的标准计算模式以外，还有适合特殊情况的科学型、程序员和统计信息等模式。

选择“开始”→“所有程序”→“附件”→“计算器”命令，默认启动标准型计算器，如图 2-4-31 所示。计算器的使用与现实中计算器的使用方法基本相同，只需使用鼠标光标单击操作界面中相应的接钮即可计算。标准型模式不能完成的计算任务可以选择“查看”菜单下其他类型的计算器命令，主要包括科学型、程序员和统计信息等几种，用于实现较复杂的数值计算。

图 2-4-31 标准型计算器

2.4.4 知识链接

一、文件管理的相关概念

在管理文件过程中，会涉及以下几个相关概念。

(1) 硬盘分区与盘符 硬盘分区是指将硬盘划分为几个独立的区域，这样可以更加方便地存储和管理数据。格式化可使分区划分成存储数据的单位，一般是在安装系统时会对硬盘分区。盘符是 Windows 系统对于磁盘存储设备的标识符，一般使用 26 个英文字符加上一个冒号来标识，如“本地磁盘(C:)”，“C”就是该盘的盘符。

(2) 文件 文件是指保存在计算机中的各种信息和数据，计算机中的文件包括的类型很多，如文档、表格、图片、音乐和应用程序等。在默认情况下，文件在计算机中是以图标形式显示的，它由文件图标、文件名称和文件扩展名 3 部分组成，如 作息时间表.docx 表示一个 Word 文件，其扩展名为“docx”。

(3) 文件夹 用于保存和管理计算机中的文件，其本身没有任何内容，却可放置多个文件和子文件夹，让用户能够快速地找到需要的文件。文件夹一般由文件夹图标和文件夹名称两部分组成。

(4) 文件路径 在对文件操作时，除了要知道文件名外，还需要指出文件所在的盘符和文件夹，即文件在计算机中的位置,称为文件路径。文件路径包括相对路径和绝对路径两种。其中,相对路径是以“.”(表示当前文件夹)、“..”(表示上级文件夹)或文件夹名称(表示当前文件夹中的子文件名)开头;绝对路径是指文件或目录在硬盘上存放的绝对位置,如“D:\图片\标志.jpg”表示“标志jpg”文件是在D盘的“图片”目录中。在Windows 7系统中单击地址栏的空白处,即可查看打开的文件夹的路径。

(5) 资源管理器　资源管理器是指“计算机”窗口左侧的导航栏,它将计算机资源分为收藏夹、库、家庭组、计算机和网络等类别,方便用户更好、更快地组织、管理及应用资源。打开资源管理器的方法为双击桌面上的“计算机”图标或单击任务栏上的“Windows资源管理器”按钮。打开“资源管理器”对话框,单击导航窗格中各类别图标左侧的图标◢,便可按层级展开文件夹,选择需要的文件夹后,其右侧将显示相应的文件内容,如图2-4-32所示。

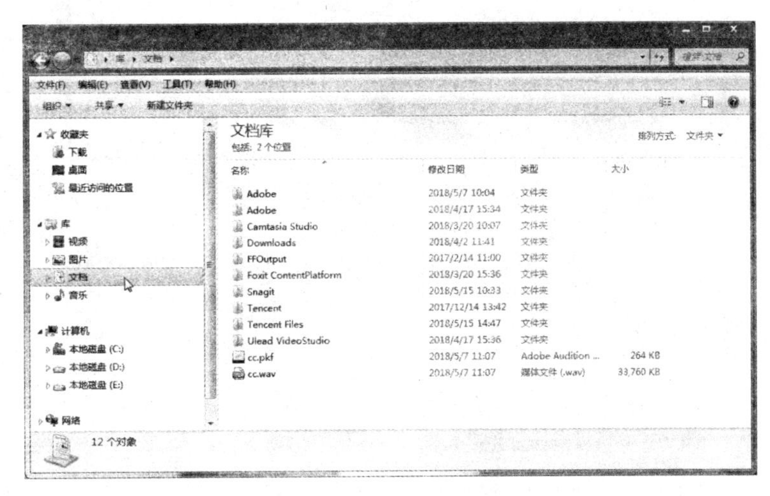

图2-4-32　资源管理器

提示　为了便于查看和管理文件,用户可根据当前窗口中文件和文件夹的多少、文件的类型更改当前窗口中文件和文件夹的视图方式。其方法是:在打开的文件夹窗口中单击工具栏右侧的按钮，在打开的下拉列表中可选择大图标、中等图标、小图标和列表等视图显示方式。

二、选择文件的几种方式

复制和移动等文件或文件夹操作前,要先选择文件或文件夹,选择的方法主要有以下5种。

(1) 选择单个文件或文件夹　单击文件或文件夹图标选择,被选择的文件或文件夹的周围将呈蓝色透明状显示。

(2) 选择多个相邻的文件和文件夹　可在窗口空白处按住鼠标左键不放,拖动鼠标框选多个对象,再释放鼠标即可。

(3) 选择多个连续的文件和文件夹　用鼠标选择第一个对象,按住[Shift]键不放,再单击最后一个对象,可选择两个对象之间的所有对象。

(4) 选择多个不连续的文件和文件夹　按住[Ctrl]键不放,再依次单击所要选择的文件或文件夹可选择多个不连续的文件和文件夹。

(5) 选择所有文件和文件夹　直接按[Ctrl]+[A]组合键,或选择“编辑”→“全选”命令,可以选择当前窗口中的所有文件或文件夹。

三、认识控制面板

控制面板中包含了不同的设置工具,用户可以通过控制面板设置Windows 7系统,包括管理安装程序和打印机等硬件资源。

在“计算机”窗口中的工具栏中单击按钮 打开控制面板 或选择“开始”→“控制面板”命令即可启动控制面板，其默认以“类别”方式显示，如图 2-4-33 所示。在“控制面板”窗口中单击不同的链接即可以进入相应的子分类设置窗口或打开参数设置对话框。单击按钮 类别▾，在打开的下拉列表中选择“大图标”选项，查看设置查看方式后的效果，如图 2-4-34 所示。

图 2-4-33 “控制面板”视图

图 2-4-34 “大图标”查看方式

四、计算机软件的安装事项

要安装软件，首先应获取软件的安装程序。获取软件有以下几种途径。

(1) 从软件销售商处购买安装光盘　光盘是存储软件和文件常用的媒体之一，用户可以从软件销售商处购买所需的软件安装光盘。

(2) 从网上下载安装程序　许多的共享软件和免费软件都将其安装程序放置在网络上，通过网络，用户可以将所需的软件程序下载下来使用。

(3) 购买软件书时赠送　一些软件方面的杂志或书籍也常会以光盘的形式为读者提供一些小的程序，这些软件大都是免费的。

安装软件的一般方法及注意事项如下：

① 将安装光盘放入光驱，然后双击其中的“setup. exe”或“install. exe”文件(某些软件也可能是软件本身的名称)，打开“安装向导”对话框，根据提示信息安装。某些安装光盘提供了智能化功能，只需将安装光盘放入光驱后，系统就会自动运行安装。

② 如果安装程序是从网上下载并存放在硬盘中，则可在资源管理器中找到该安装程序的存放位置，双击其中的“setup. exe”或“install. exe”文件运行可执行文件，再根据提示操作。

③ 软件一般安装在除系统盘之外的其他磁盘分区中，最好用一个磁盘分区来放置安装程序。杀毒软件和驱动程序等软件可安装在系统盘中。

④ 很多软件在安装时要注意取消其开机启动选项，否则会默认设置为开机启动软件，不但影响启动的速度，还会占用系统资源。

⑤ 为确保安全，在网上下载的软件应事先进行查毒处理，然后再运行安装。

五、计算机硬件的安装事项

硬件设备通常可分为即插即用型和非即插即用型两种。直接连接到计算机中使用的硬件设备称为即插即用型硬件，如 U 盘和移动硬盘等可移动存储设备，该类硬件不需要手动安装驱动程序，与计算机接口相连后系统可以自动识别。

非即插即用硬件是指连接到计算机后，需要用户安装驱动程序的计算机硬件设备，如打印机、扫描仪和摄像头等。要安装这类硬件，还需要准备与之配套的驱动程序，一般会在购买硬件设备时由厂商提供安装程序。

任务 2.5　技能拓展

一、选择题

1. 计算机操作系统的作用是(　　)。
   A. 控制和管理计算机的所有资源，为用户使用计算机提供方便
   B. 翻译源程序
   C. 管理用户数据文件
   D. 翻译汇编语言程序
2. 计算机的操作系统是(　　)。
   A. 计算机中使用最广的应用软件
   B. 计算机系统软件的核心
   C. 微机的专用软件
   D. 微机的通用软件
3. 对 Windows 7，下列叙述中错误的是(　　)。
   A. 可支持鼠标操作　　B. 可同时运行多个程序
   C. 不支持即插即用　　D. 桌面上可同时容纳多个窗口
4. 单击窗口标题栏右侧 [-] 后，会(　　)。
   A. 将窗口关闭　　B. 打开一个空白窗口
   C. 使文档窗口独占屏幕　　D. 使当前窗口缩小
5. 在 Windows 7 中，要选择多个连续的文件或文件夹，应首先选择第一个文件或文件夹，然后按住(　　)键不放，再单击最后一个文件或文件夹。
   A. Tab　　B. Alt　　C. Shift　　D. Ctrl
6. 在 Windows 7 中，放入回收站中的文件仍然占用(　　)。
   A. 硬盘空间　　B. 内存空间　　C. 软件空间　　D. 光盘空间
7. Windows 7 操作系统中用于设置系统和管理计算机硬件的应用程序是(　　)。
   A. 资源管理器　　B. 控制面板　　C. “开始”菜单　　D. “计算机”窗口

二、操作题

1. 个性化设置计算机

(1) 设置桌面背景,图片位置为"填充"。

(2) 设置使用 Aero Peek 预览桌面。

(3) 设置屏幕保护程序的等待时间为 60 分钟。

(4) 设置屏幕保护程序为"气泡"。

(5) 设置"开始"菜单属性,将"电源按钮操作"设置为"关机",设置"隐私"为"存储并显示最近在「开始」菜单中打开的程序"。

(6) 在桌面上建立 C 盘的快捷方式,快捷方式名为"C 盘"。

(7) 将输入法切换为微软拼音输入法,并在打开的记事本中输入"今天是我的生日"。

2. 管理和使用计算机

(1) 管理文件和文件夹,具体要求如下。

① 在计算机 D 盘下新建 FENG、WARM 和 SEED 等 3 个文件夹,再在 FENG 文件夹下新建 WANG 子文件夹,在该子文件夹中新建一个"JIM. txt"文件。

② 将 WANG 子文件夹下的"JIM. txt"文件复制到 WARM 文件夹中。

③ 将 WARM 文件夹中的"JIM. txt"文件设置为隐藏和只读属性。

④ 将 WARM 文件夹下的"JIM. txt"文件删除。

(2) 利用计算器计算"(355+544−45)/2"。

(3) 利用画图程序绘制一个粉红色的心形图形,最后以"心形"为名保存到桌面。

(4) 从网上下载搜狗拼音输入法的安装程序,然后安装到计算机中。

项目三

网络与 Internet

项目描述

计算机网络是计算机技术和通信技术结合的产物，它的出现是20世纪最伟大的科学成就之一。计算机网络的发展速度超过了世界上其他任何一门科学技术。以Internet(因特网)为代表的计算机网络因其高效的数据通信、广泛的软硬件和数据资源共享、强大的分布式数据处理等特点而渗透到各个领域，成为人们生活中不可缺少的一部分，使用计算机网络已成为现代人必须掌握的一个基本技能。

任务3.1 资料搜索

3.1.1 任务要点

(1) 浏览器的使用。

(2) 保存网页。

(3) 利用搜索引擎搜索信息资源。

(4) 下载文件。

3.1.2 任务描述

学校经常举行各种各样的主题教育活动，需要搜索各种各样的资料，包括文字叙述、图片、视频短片，歌曲等相关内容。

3.1.3 任务实施

(1) 启动IE浏览器。

(2) 登录到百度。

(3) 搜索资源信息。

(4) 保存下载资源。

3.1.4 知识链接

Internet中文正式译名为因特网，又叫做国际互联网。Internet的应用十分广泛，通过网络学习、查找资料、购物、聊天交友、听音乐、看电影、收看股市行情、通信、看新闻等，越来越成为人们生活中重要的组成部分。

WWW(World Wide Web,万维网)通常译成环球信息网或万维网,简称为 Web 或 3W。万维网常被当成因特网的同义词,不过其实万维网是靠因特网运行的一项服务。WWW 是集文字、图像、声音和影像为一体的超媒体,是基于客户机/服务器方式的信息发现技术和超文本技术的综合。WWW 服务器通过 HTML 超文本标记语言把信息组织成为图文并茂的超文本。WWW 浏览器则为用户提供基于 HTTP 超文本传输协议的用户界面。用户使用 WWW 浏览器通过 Internet 访问远端 WWW 服务器上的 HTML 超文本。

WWW 的应用已进入电子商务、远程教育、远程医疗、休闲娱乐与信息服务等领域,是 Internet 中的重要组成部分。

万维网使得全世界的人们以史无前例的巨大规模相互交流。科学知识、政治观点、文化习惯、表达方式、商业建议、艺术、摄影、文学都可以以人类历史上从来没有过的低投入实现数据共享。可以比查阅图书馆或者实在的书籍更容易、更高效地查询网络上的信息资源。

如果要使用 WWW 服务,需要相应的工具——浏览器。

一、浏览器的使用

IE 浏览器是 Internet Explorer 的简称,即互联网浏览器。它是 Windows 操作系统自带的浏览器。双击桌面 Internet Explorer 图标,打开 IE 浏览器,如图 3-1-1 所示。

图 3-1-1 IE 浏览器

IE 浏览器窗口第一行为地址栏,还有网页标签。标签显示当前正在浏览的网页名称或当前浏览网页的地址。当前没有打开任何网页,显示为空白(blank)。最左端是前进、后退按钮,最右端是窗口的最小化、最大化(还原)和关闭按钮,这 3 个按钮下边是主页、收藏和工具 3 个按钮。

IE 浏览器窗口第二行为菜单栏,可以点击具体的命令,进行打开、保存、收藏、编辑、设置等操作。

常见的浏览器还有谷歌浏览器 Chrome、360 浏览器、搜狗浏览器、腾讯 TT 浏览器、火狐浏览器、遨游浏览器等。

1. 访问网站

在地址栏里面输入网站的域名,然后按下[Enter]键就可以打开相应的网站。比如,要访问"百度"网站,在地址栏中输入"https://www. baidu. com/",然后按回车键,如图 3-1-2 所示。

图 3-1-2　输入域名浏览网站

2. 收藏网站

打开浏览器后，单击右上的星形的“收藏夹”按钮，如图 3-1-3 所示，会显示当前收藏夹中的内容。点击收藏夹中的网站，可以直接到达，不必再在地址栏中输入网址。

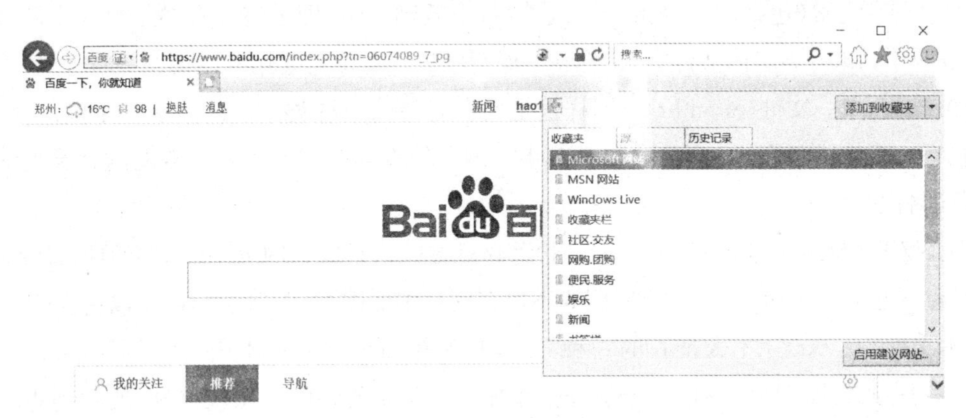

图 3-1-3　IE 浏览器收藏夹

把网站添加到收藏夹的方法如下：打开“郑州幼儿师范高等专科学校”网站，单击“菜单”栏中的“收藏夹”菜单，在相应的下拉菜单中单击“添加到收藏夹”项，就会弹出一对话窗口，如图 3-1-4 所示，在名称栏中就会出现当前所浏览网页的名称“郑州幼儿师范高等专科学校”，单击【确定】即可。

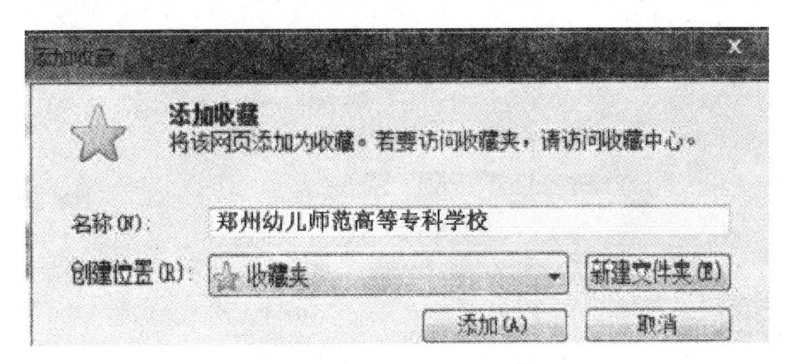

图 3-1-4　网站添加到收藏夹

3. 保存网页

(1) IE 浏览器　打开要保存的网页，点击 IE 浏览器右上角的“工具”，然后点击“文件”→“另存为”，保存网页，如图 3-1-5 所示，也可以用快捷键[Ctrl]+[S]直接保存网页。

选择要存放该网页的路径，然后点击“保存”，等待完成，这里会保存网页的图片和代码，所以保存后

图 3-1-5　IE 浏览器保存网页

会生成一个文件夹。保存文件所生成的文件夹，注意不要删除，直接打开 htm 文件即可。如果删除会链接不到文件夹的路径。

保存类型共有 4 种，默认为“网页，全部”。

① 网页，全部（ *. htm; *. html）　保存最完整的一种类型，也是最浪费时间的一种类型。该类型会将页面中的所有元素（包括图片、Flash 动画等）都下载到本地，即最终保存结果是一个网页文件和一个以“网页文件名. files”为名的文件夹，文件夹中保存的为网页中需要用到的图片等资源。

② Web 档案，单一文件（ *. mht）　同样也是保存完整的一种类型。同第一种不同的是，最终保存的结果是只有一个扩展名为. mht 的文件，但其中的图片等内容一样都不少。双击这种类型的文件同样会调用浏览器打开。

③ 网页，仅 HTML（ *. htm; *. html）　推荐这种方式。只保存网页中的文字但保留网页原有的格式。保存的结果也是一个单一网页文件，因为不保存网页中的图片等其他内容，所以速度较快。

④ 文本文件（ *. txt）　不太推荐的一种方式，只保存网页中的文本内容，保存结果为单一文本文件。虽然保存速度极快，但如果网页结构较复杂的话，保存的文件内容比较混乱，要找到想要的内容也就难了。

（2）网页保存为图片　一般截图是截取当前屏幕某部分或是当前整个屏幕。要把整个网页都要截取下来保存为图片，可以用 360 浏览器来保存网页。

启动 360 安全浏览器，在浏览器的首页打开要截图的网页，选择屏幕右上方的“打开菜单”→“保存网页”→“图片”，如图 3-1-6 所示。

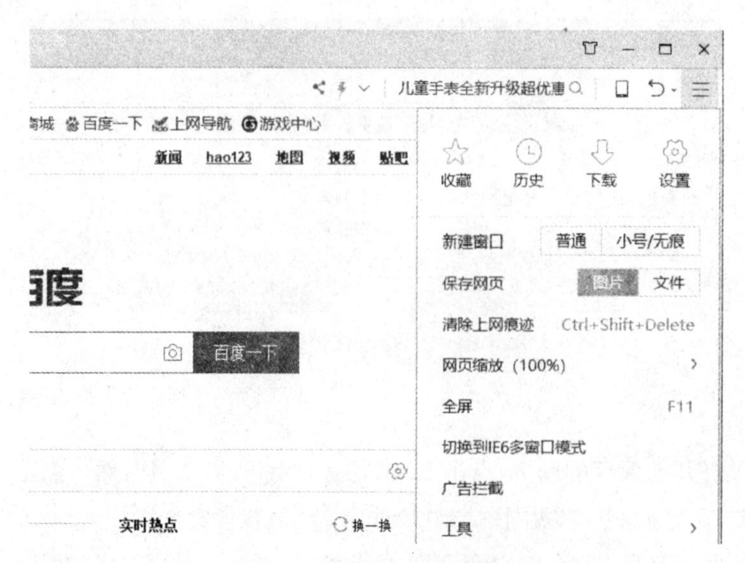

图 3-1-6　保存网页为图片

搜狗浏览器也可以同样的方法把网页保存为图片。

二、搜索信息

搜索引擎网站为用户查找信息提供了极大的方便，只需输入几个关键词，任何想要的资料都会从世界各个角落汇集到电脑前。

常见的搜索引擎网站有百度(www. baidu. com)、谷歌(www. google. com)、雅虎(cn. yahoo. com)、新浪(search. sina. com. cn)、搜狗(www. sogou. com)等。

1. 基本搜索

打开浏览器，在地址栏里面输入百度的网址 www. baidu. com，点击回车打开百度首页。在搜索栏里输入关键词，然后点击搜索栏后面的“百度一下”，就可以搜索到相应的信息。

2. 高级搜索

在搜索栏右上方“更多产品”可以选择要搜索的文件类型，如图 3-1-7 所示，如果点击“图片”后，输入搜索关键词，搜索的结果就全部是图片；选择文库，则可搜索文档资料。

图 3-1-7　百度选择类型搜索

在搜索时，经常会遇到以下两种情况：一是搜索返回的条目成千上万，二是搜索返回的条目太少或没有。

当搜索返回条目太多时，采用缩小搜索范围。常用的方法有：

(1) 改变关键词　搜索引擎严谨认真，要求一字不差。因此，如果对搜索结果不满意，应检查关键词有无错误，可换用不同的关键词。

(2) 细化搜索条件　搜索条件越具体，搜索引擎返回的结果就越精确，有时多输入一两个关键词效果就完全不同。

(3) 利用多个关键词同时搜索　当搜索没有结果或返回的条目太少时，可以采用扩大搜索范围的方法：

① 用近义词代替关键词。

② 使用其他的搜索网站。

搜索引擎不同，工作方式也不同，因而导致了信息覆盖范围方面的差异。搜索仅集中于某一家搜索引擎是不明智的，因为再好的搜索引擎也有局限性。合理的方式应该是根据具体要求选择不同的搜索引擎。

搜索技巧和其他的技术一样是在不断实践中总结出来的。通过实践，可以形成自己的一套有效的搜索习惯，这将有助于更快地完成搜索。

三、资源下载

网络信息丰富多彩，集文字、图片、声音、动画、视频于一体，不同的信息有着不同的传输协议、采用不同的下载方法，大部分资源的下载需要注册付费。

(1) 常用软件的获取　各软件官网、360软件管家、电脑管家、华军软件园等网站下载。

(2) 文本性资源的获取

① 利用搜索引擎搜索，选中网页上文本，"复制"→"粘贴"到Word。

② 百度文库、中国知网、谷歌学术搜索等下载。

(3) 图片资源的获取

① 关键词搜索→鼠标右击→"图片另存为"。

② 按下键盘上[Print Scree]键，全屏截图，或[Alt]+[Print Scree]当前窗口截屏，打开图像处理软件(如画图、PhotoShop等)，新建一个图像文件，粘贴。

③ 利用QQ、微信或者截图软件捕捉。

(4) 视频获取

① 利用下载工具(如迅雷、快车、电驴等)下载。

② 利用专业视频下载软件。

③ 利用专业录屏软件对视频录屏。

(5) 动画获取　网页中鼠标右击→"查看源文件"，找到动画真正地址，利用下载工具下载。

(6) 音频获取　例如，百度MP3下载。

3.1.5 知识拓展

一、计算机网络的概念

计算机网络就是利用通信设备和线路将地理位置不同的、功能独立的多个计算机系统连接起来，以功能完善的网络软件实现网络的硬件、软件及资源共享和信息传递的系统。简单说就是连接两台或多台计算机进行通信的系统。把计算机连接成网络的主要目的是相互通信和资源共享。

1. 计算机网络的形成和发展

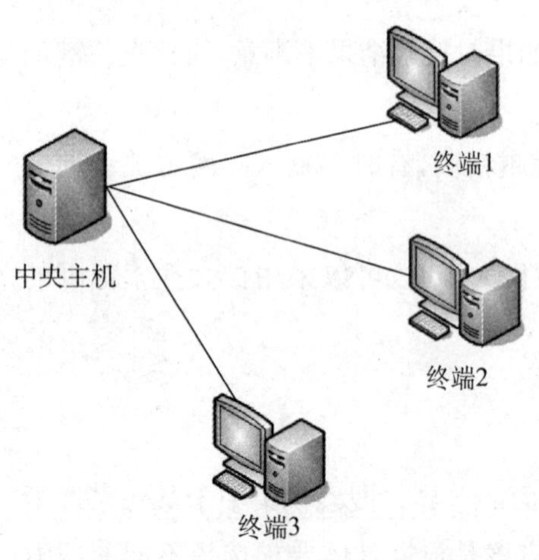

图3-1-8　面向终端的计算机网络

计算机网络从出现至今主要经历了4个发展阶段：

(1) 第一阶段　远程终端联机阶段。

第一代计算机网络始于20世纪50年代，那时人们将彼此独立发展的计算机技术与通信技术结合起来，完成了数据通信与计算机通信网络的研究，为计算机网络的出现做好了技术准备，奠定了理论基础。

如图3-1-8所示，面向终端的计算机网络就是通过通信线路将分布于不同地点的终端相互连接的远程计算机系统。终端不具备处理功能，面向终端的计算机网络提出并使用了计算机通信的许多基本技术，它已具备了计算机网络的雏形。

(2) 第二代阶段 计算机—计算机网络阶段。

美苏冷战期间,美国国防部领导的远景研究规划局 ARPA 提出要研制一种全新的网络用来对付来自前苏联的核攻击。世界上第一个远程分组交换网 ARPANet 由此建立。ARPANet 的建立标志着计算机网络的兴起,并为 Internet 的形成奠定了基础。

(3) 第三阶段 开放式标准化网络阶段。

随着 ARPANet 的建立,各个国家甚至大公司都建立了自己的网络。由于各自的网络体系结构不同,协议也不一致,导致不同体系的网络难以实现互联。因此,国际标准化组织(ISO)和国际电报电话咨询委员会(CCITT)联合制定了 OSI 模型,即开放式通信系统互联参考模型,为开放式互连信息系统提供了一种功能结构的框架。OSI 模型将网络分成 7 层,从低到高分别是物理层、数据链路层、网络层、传输层、会话层、表示层和应用层。

开放式标准化网络最为著名的例子就是 Internet,它是在 ARPANet 基础上经过改造逐步发展起来的。任何计算机,只要遵循 TCP/IP 协议并申请到 IP 地址,就可以接入 Internet。

(4) 第四阶段 国际互联网与信息高速公路阶段。

20 世纪 90 年代以来,随着计算机网络技术的迅猛发展。尤其是 1993 年美国建立国家信息基础设施(National Information Infrastructure, NII)后,全世界许多国家都纷纷制定和建立本国的 NII,从而极大地推动了计算机网络技术的发展,使计算机网络的发展进入一个崭新的阶段,这就是计算机网络互连与高速网络阶段。这个阶段的计算机网络的主要特点是综合化和高速化。

目前,全球以 Internet 为核心的高速计算机互联网络已经形成,Internet 已经成为人类最大、最重要的知识宝库。

2. 计算机网络的功能

不同的计算机网络可以有不同的功能,其主要功能有以下 4 种:

(1) 资源共享 资源共享是计算机网络最主要的功能。所谓的资源是指构成系统的所有要素,包括软、硬件资源,如计算处理能力、大容量磁盘、打印机、通信线路、数据库、文件和其他计算机上的信息。由于受经济和其他因素的制约,某资源并非所有用户都能够独立拥有。网络上的计算机不仅可以使用自身的资源,也可以使用网络上的资源,从而提高了计算机软硬件的利用率。如图 3-1-9 所示是多个用户共享一台打印机的例子。

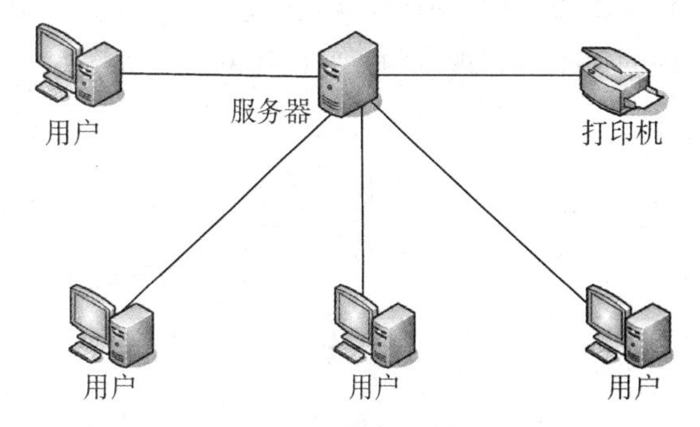

图 3-1-9 多个用户共享一台打印机

(2) 信息交换 信息交换是计算机网络最基本的功能,主要完成计算机网络中各个节点之间的系统通信。用户可以在网上发送电子邮件、发布信息、购物、远程教育等。

(3) 分布式处理与控制 分布式处理与控制就是可以将一项复杂的任务划分成许多部分,由网络内各计算机协作并行完成有关部分,使整个系统的性能大为增强,从而使负载均衡,提高效率。

(4) 提高系统可靠性 计算机连成网络后,网络中的设备可以相互备份,重要的数据可以存储在网络上不同的计算机中。当某些数据损坏或设备出现故障时可以由其他设备代替工作或在其他计算机中找到数据副本。

3. 计算机网络的特点

(1) 可靠性 在网络系统中,当某一台设备出现故障时,可由系统中的另一台设备来代替其完成所承担的任务。同样,当网络的一条链路出故障时可选择其他的链路连接。

(2) 高效性 计算机网络信息传递迅速,系统实时性强。网络系统中各相连的计算机能够相互传送数据信息,物理距离很远的用户之间能够即时、快速、高效、直接地交换数据。

(3) 独立性　计算机网络系统中各相连的计算机是相对独立的,它们之间的关系是既互相联系,又相互独立。

(4) 扩充性　在计算机网络系统中,人们能够很方便、灵活地接入新的计算机,从而扩充网络系统功能。

(5) 廉价性　计算机网络使微机用户也能够分享到大型机的功能特性,充分体现了网络系统的"群体"优势,能节省投资和降低成本。

(6) 分布性　计算机网络能将分布在不同地理位置的计算机互连,可将大型、复杂的综合性问题实行分布式处理。

(7) 易操作性　对计算机网络用户而言,掌握网络使用技术比掌握大型机使用技术简单,实用性也很强。

4. 计算机网络的分类

网络类型的划分标准各种各样,按照不同的分类标准可将计算机网络分为不同种类。

(1) 按网络覆盖范围分类　从网络覆盖范围划分是一种大家都认可的通用网络划分标准。按这种标准可以把各种网络类型划分为局域网、城域网和广域网。不过在此要说明的一点就是这里的网络划分并没有严格意义上地理范围的区分,只是定性的概念。

① 局域网(Local Area Network, LAN)。通常的 LAN 就是指局域网,是最常见、应用最广的一种网络。很明显,所谓局域网,就是在局部地区范围内的网络,它所覆盖的地区范围较小。局域网在计算机数量配置上没有太多的限制,少的可以只有两台,多的可达几百台。一般来说在企业局域网中,计算机的数量在几十到上百台。局域网地理距离上一般来说可以是几米至 10 千米以内。现在局域网随着整个计算机网络技术的发展和提高得到充分普及,几乎每个单位都有自己的局域网,有的甚至家庭中都有自己的小型局域网。局域网的特点是连接范围小、用户数少、配置容易、连接速率高。目前局域网最快的速率要算现今的万兆以太网了。如图 3-1-10 所示就是一个局域网的实例。

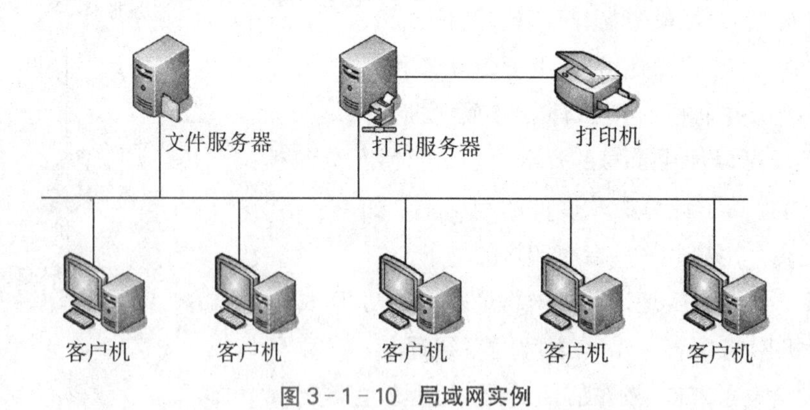

图 3-1-10　局域网实例

② 城域网(Metropolitan Area Network, MAN)。这种网络一般来说是在一个城市,但不在同一地理范围内的计算机互联,连接距离可以在 10～100 千米。城域网与局域网相比扩展的距离更长,连接的计算机数量更多。在地理范围上,可以说是局域网的延伸。在一个大型城市或都市地区,一个城域网通常连接着多个局域网,如连接政府机构的局域网、医院的局域网、电信的局域网、公司企业的局域网等。由于光纤连接的引入,使城域网中高速的局域网互连成为可能。如图 3-1-11 所示就是一个城域网的实例。

③ 广域网(Wide Area Network, WAN)。广域网又称远程网,是指在一个很大地理范围(从数百公里到数千公里,甚至上万公里)由许多局域网组成的网络。它将分布在不同地区的局域网或计算机系统

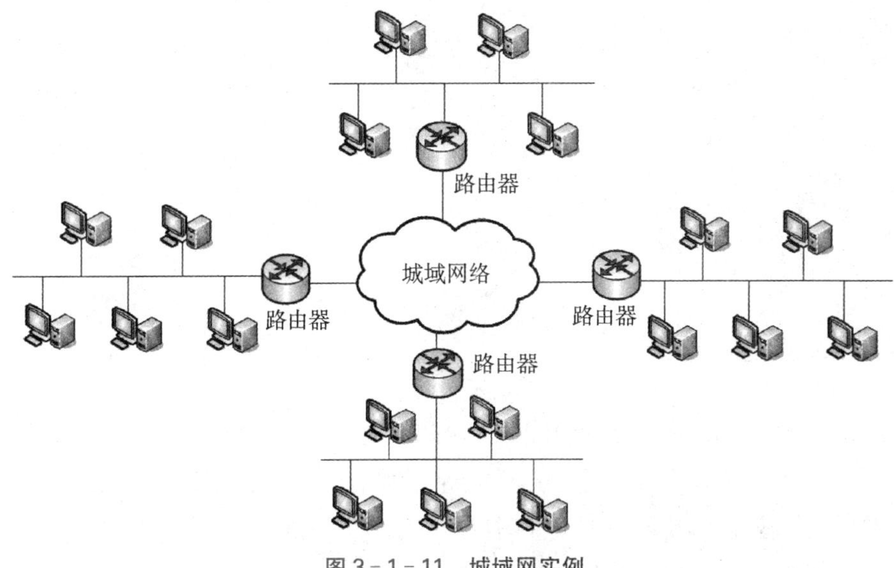

图 3-1-11　城域网实例

互连起来，达到资源共享的目的。比如因特网就是世界范围内最大的广域网。如图 3-1-12 所示就是一个广域网的实例。

(2) 按网络拓扑结构分类　根据网络的拓扑结构，可以分为星型拓扑结构、环型网络拓扑结构、总线拓扑结构、树型拓扑结构、网状拓扑结构。

① 星型拓扑结构。星型结构是最古老的一种连接方式，电话就属于这种结构。目前一般网络环境都被设计成星型拓朴结构。星型网是目前广泛而又首选的网络拓朴设计之一。

星型结构是指各工作站以星型连接成网。网络有中央节点，其他节点(工作站、服务器)都与中央节点直接相连，这种结构以中央节点为中心，因此又称为集中式网络，如图 3-1-13 所示。

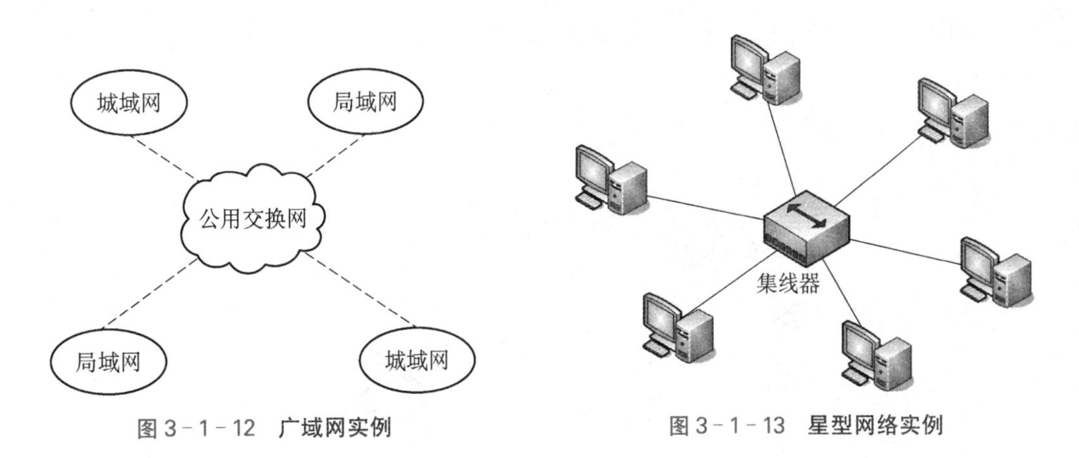

图 3-1-12　广域网实例

图 3-1-13　星型网络实例

星型拓扑结构便于集中控制，因为用户之间的通信必须经过中心站。由于这一特点，也带来了易于维护和安全等优点。用户设备因为故障而停机时也不会影响其他端用户间的通信。星型拓扑结构的网络延迟时间较小，传输误差较低。但这种结构非常不利的一点是，中心系统必须具有极高的可靠性，因为中心系统一旦损坏，整个系统便瘫痪。中心系统通常采用双机热备份，以提高系统的可靠性。

② 环型网络拓扑结构。环型结构在 LAN 中使用较多。这种结构中的传输媒体从一个端用户到另一个端用户，直到将所有的端用户连成环型。数据在环路中沿着一个方向在各个节点间传输，信息从一个节点传到另一个节点。这种结构消除了端用户通信时对中心系统的依赖，如图 3-1-14 所示。

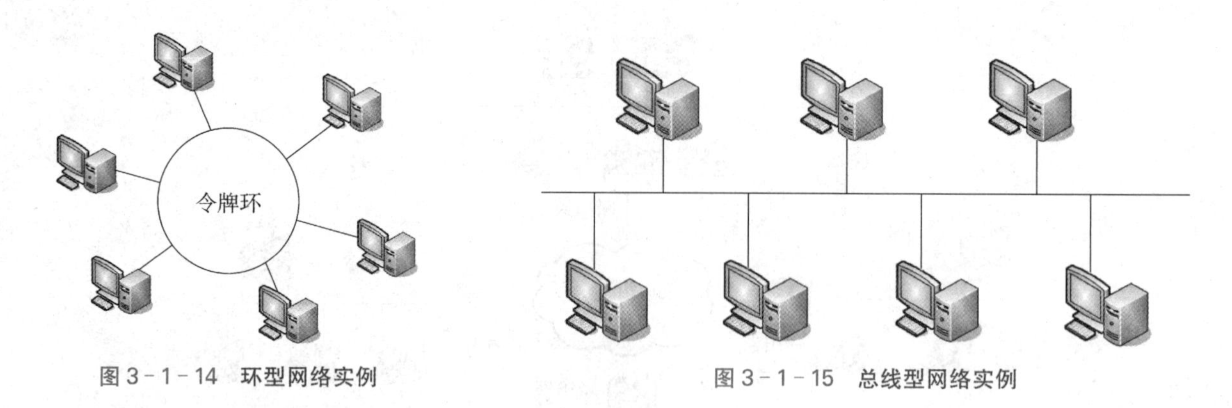

图 3-1-14 环型网络实例　　图 3-1-15 总线型网络实例

环行结构的特点是：每个用户都与两个相临的用户相连，因而存在着点到点链路，但总是以单向方式操作；信息流在网中是沿着固定方向流动的，两个节点仅有一条道路，简化了路径选择的控制；环中节点过多势必影响信息传输速率，使网络的响应时间延长；环路是封闭的，不便于扩充；可靠性低，一个节点故障，将会造成全网瘫痪；维护难，对分支节点故障定位较难。

③ 总线拓扑结构。总线结构是使用同一媒体或电缆连接所有端用户的一种方式，也就是说，连接端用户的物理媒体由所有设备共享，各工作站地位平等，无中央节点控制，其传递方向总是从发送信息的节点开始向两端扩散，如同广播电台发射信息一样，因此又称广播式计算机网络。各节点在接受信息时都检查地址，看是否与自己的工作站地址相符，相符则接收网上的信息。如图 3-1-15 所示就是一个总线型网络的实例。

总线拓扑结构费用低，数据端用户入网灵活，站点或某个端用户失效不影响其他站点或端用户通信。缺点是一次仅能一个端用户发送数据，其他端用户必须等到获得发送权；媒体访问获取机制较复杂；维护难，分支节点故障查找难。尽管有上述一些缺点，但由于布线要求简单，扩充容易，所以是 LAN 技术中使用最普遍的一种。

④ 树型拓扑结构。树型结构是分级的集中控制式网络，与星型相比，它的通信线路总长度短，成本较低，节点易于扩充，寻找路径比较方便，但除了叶节点及其相连的线路外，任一节点或其相连的线路故障都会使系统受到影响，如图 3-1-16 所示。

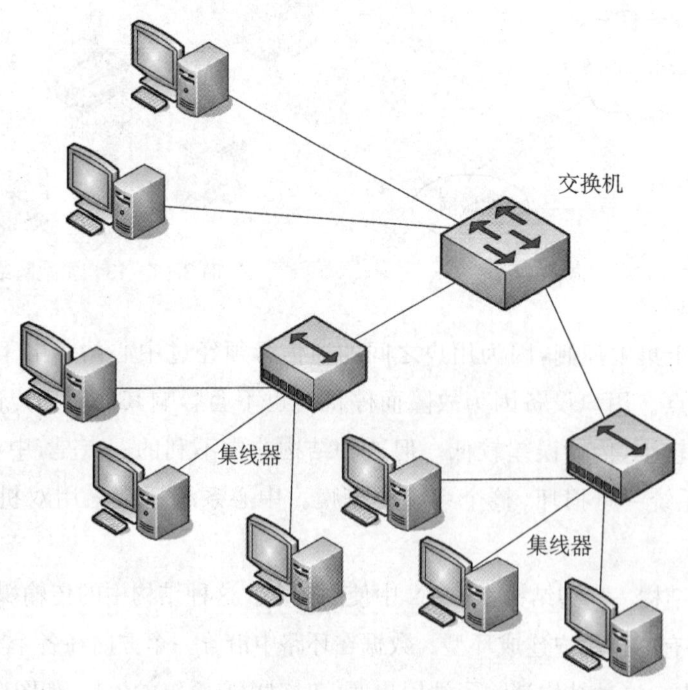

图 3-1-16 树型网络实例

⑤ 网状拓扑结构。网状拓扑结构主要指各节点通过传输线连接起来，并且每一个节点至少与其他两个节点相连。网状拓扑结构具有较高的可靠性，但其结构复杂，实现起来费用较高，不易管理和维护，不常用于局域网。如图 3-1-17 所示就是一个网状网络的实例。

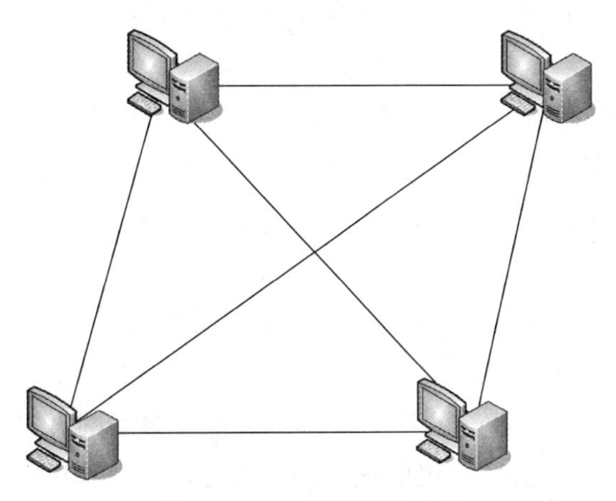

图 3-1-17　网状网络实例

二、Internet 应用技术

Internet 上有丰富的信息资源，我们可以通过 Internet 方便地搜索各种信息。而且这些信息还在不断地更新和变化中。可以说，Internet 是一个取之不尽用之不竭的大宝库。

1. Internet 的产生

1969 年，美国国防部高级研究计划管理局开始建立一个命名为 ARPANet 的网络，把美国的几个军事及研究用电脑主机连接起来。当初，ARPAnet 只连接 4 台主机，从军事要求上是置于美国国防部高级机密的保护之下，从技术上它还不具备向外推广的条件。

1976 年，ARPANet 发展到 60 多个节点，连接了 100 多台计算机主机，跨越整个美国大陆，并通过卫星连至夏威夷，并延伸至欧洲，形成了覆盖世界范围的通信网络。

1980 年，ARPANet 采用新的 TCP/IP。1985 年，美国国家科学基金会（NSF）筹建了 6 个拥有超级计算机的中心。

1986 年，NSF 组建了国家科学基金网 NSFNet，它采用三级网络结构，分为主干网、地区网、校园网，连接所有的超级计算机中心，覆盖了美国主要的大学和研究所，实现了与 ARPANet 以及美国其他主要网络的互联。

1990 年，鉴于 ARPANet 的实验任务已经完成。随后，其他发达国家也相继建立了本国的 TCP/IP 网络，并连接到 Internet 上，一个覆盖全球的国际互联网形成。

2. Internet 的发展

随着 NSFnet 的建设和开放，网络节点数和用户数迅速增长。以美国为中心的 Internet 网络互联也迅速向全球发展，世界上的许多国家纷纷接入到 Internet，使网络上的通信量急剧增大。

1992 年，Internet 上的主机超过 1 百万台。1993 年，Internet 主干网的速率提高到 45 Mbps。1996 年速率为 155 Mbps 的主干网建成。1999 年 MCI 和 WorldCom 公司将美国的 Internet 主干网提速到 2.5 Gbps。到 1999 年底，Internet 上注册的主机已超过 1 千万台。

Internet 的迅猛发展始于 20 世纪 90 年代。由欧洲原子核研究组织 CERN 开发的万维网 WWW 被广泛使用在 Internet 上，大大方便了广大非网络专业人员对网络的使用，成为 Internet 发展的指数级增长的主要驱动力。

3. Internet 在中国的发展

1986 年 Internet 引入中国，1994 年 5 月 19 日，中国科学院高能物理所接入 Internet，称为中国科技网(CSTNet)。从此，Internet 在我国开始飞速发展。1996 年以后，随着我国信息产业的发展和不断扩大，Internet 在国内得到了迅速普及。到 2011 年 12 月底，中国网民规模突破 5 亿。

4. Internet 的接入方式

用户要想使用 Internet 提供的服务，必须将自己的计算机接入到 Internet 中，从而享受 Internet 提供的各类服务与信息资源。常见的接入方式可概括为以下几种类型：

(1) PSDN　通过电话线接入 Internet，客户端需加一台调制解调器(modem)，速率最大可达 56 kb/s。这种方式由于接入速度过低的缺点，目前已基本淘汰。

(2) DDN(Digital Data Network，数字数据网)　提供半固定连接的专用电路，是面向所有专线用户或专网用户的基础电信网，可为专线用户提供高速、点到点的数字传输。

(3) ISDN(Integrated Services Digital Network，综合业务数字网，俗称"一线通")　除了可以用来上网，还可以提供诸如电话、可视电话、会议电视等多种业务，从而将电话、传真、数据、图像等多种业务综合在一个统一的数字网络中传输和处理。这也就是"综合业务数字网"名字的来历。

(4) ADSL(Asymmetric Digital Subscriber Line，非对称数字用户环路)　是一种利用双绞线高速传输数据的技术。它利用普通电话线路提供高速传输：上行(从用户到网络)的低速传输可达 640 kbps～1 Mbps，下行(从网络到用户)的高速传输可达 1～8 Mbps，有效传输距离在 3～5 千米。而且在上网的同时不影响电话的正常使用，这也意味着使用 ADSL 上网时，并不需要缴付另外的电话费。ADSL 有效地利用了电话线，只需要在用户端配置一个 ADSL Modem 和一个话音分路器就可接入宽带网。

(5) HFC(hybrid fiber-coaxial)　是光纤和同轴电缆相结合的混合网络，通常由光纤干线、同轴电缆支线和用户配线网络 3 部分组成。从有线电视台出来的节目信号先变成光信号在干线上传输；到用户区域后把光信号转换成电信号，经分配器分配后通过同轴电缆送到用户。它与早期 CATV 同轴电缆网络的不同之处主要在于，在干线上用光纤传输光信号，在前端需完成电-光转换，进入用户区后要完成光-电转换。

HFC 的主要特点是传输容量大，易实现双向传输，从理论上讲，一对光纤可同时传送 150 万路电话或 2 000 套电视节目；频率特性好，在有线电视传输带宽内无需均衡；传输损耗小，可延长有线电视的传输距离，25 千米内无需中继放大；光纤间不会有串音现象，不怕电磁干扰，能确保信号的传输质量。

利用有线电视网访问 Internet 已成为越来越受业界关注的一种高速接入方式。在目前所有实际应用的 Internet 接入技术中，此种方式几乎是最快的，高达数十兆的带宽，只有光缆才能与之相媲美。Cable Modem 采用了与 ADSL 类似的非对称传输模式，提供了高达近 40 Mbps 的下行速率和 10 Mbps 的上行速率，能够自动建立与 Internet 的高速连接，用户可以拥有独立的 IP 地址。

HFC 不仅可以连接互联网，而且可以连接到有线电视网上，可以开展电话、高速数据传递、视频广播、交互式服务、娱乐服务等。特别是非对称式传输，能最大限度地利用分离频谱，按用户需求提供带宽。

(6) 无线接入(wireless access)　是指从交换节点到用户终端之间，部分或全部采用了无线手段。常见的无线传输介质有微波、超短波、卫星通信等。无线接入可以提供终端的移动性，部署速度快，投资少，但传输的速度不如光纤等有线方式。

5. TCP/IP 协议、IP 地址和域名系统

(1) TCP/IP 协议　Internet 就是由许多小的网络构成的覆盖全球的大网络。在各个小网络内部使用不同的协议，正如不同的国家使用不同的语言。小网络之间就要靠网络上的世界语——TCP/IP 协议交换信息。

TCP/IP 协议(transmission control protocol/internet protocol)叫做传输控制协议/因特网互联协议,又叫网络通讯协议,这个协议是 Internet 国际互联网络的基础。

通俗而言,TCP 负责发现传输的问题,一有问题就发出信号,要求重新传输,直到所有数据安全正确地传输到目的地。而 IP 是给因特网的每一台电脑规定一个地址。实际上 TCP/IP 协议是一个协议集,它包含了上百种计算机通信协议,常见的有 TCP、IP、UDP、FTP、SMTP 等,其中 TCP、IP 是最重要的两个协议。

(2) IP 地址　在日常生活中,通信双方借助于彼此的地址和邮政编码传递信件。Internet 中的计算机通信与此相类似,网络中的每台计算机都有一个网络地址,发送方在要传送的信息上写上接收方计算机的网络地址信息才能通过网络传递到接收方。

在 Internet 网上,每台主机、终端、服务器都有自己的 IP 地址,这个 IP 地址是全球唯一的,用于标识该机在 Internet 网中的位置。就好像每一个住宅都有唯一的门牌一样,才不至于在传输资料时出现混乱。

在 Internet 中,一台计算机可以有一个或多个 IP 地址,就像一个人可以有多个通信地址一样,但两台或多台计算机却不能共享一个 IP 地址。如果有两台计算机的 IP 地址相同,则会引起异常现象,无论哪台计算机都将无法正常工作。

① IPv4 地址。目前 Internet 采用是 IPv4 版本的 IP 地址。IPv4 版本的 IP 地址是一个 32 位的二进制地址,为了便于记忆,一般的表示法为 4 个用小数点分开的十进制数,用点分开的每个数范围是 0～255,如 202.102.14.7,这种书写方法叫做点数表示法。

一般将 IP 地址分为 A、B、C、D、E 五类。

- A 类地址的表示范围为 1.0.0.1～126.255.255.255,默认子网掩码为 255.0.0.0;A 类地址分配给规模特别大的网络使用。A 类网络用第一组数字表示网络本身的地址,后面 3 组数字作为连接于网络上的主机的地址。分配给具有大量主机(直接个人用户)而局域网络个数较少的大型网络。

每个 A 类地址理论上可连接 16 777 214 台主机,Internet 有 126 个可用的 A 类地址。

- B 类地址的表示范围为 128.0.0.1～191.255.255.255,默认子网掩码为 255.255.0.0;B 类地址分配给一般的中型网络。B 类网络用第一、二组数字表示网络的地址,后面两组数字代表网络上的主机地址。

每个 B 类地址可连接 65 534 台主机,Internet 有 16 383 个 B 类地址。

- C 类地址的表示范围为 192.0.0.1～223.255.255.255,默认子网掩码为 255.255.255.0;C 类地址分配给小型网络,如一般的局域网,它可连接的主机数量是最少的,把所属的用户分为若干的网段进行管理。C 类网络用前 3 组数字表示网络的地址,最后一组数字作为网络上的主机地址。

每个 C 类地址可连接 254 台主机,Internet 有 2 097 152 个 C 类地址段,有 532 676 608C 类个地址。

- D 类地址是一个专门保留的地址。它并不指向特定的网络,目前这一类地址被用在多址广播(multicasting)中。
- E 类地址保留,仅作为搜索、Internet 的实验和开发之用。

② 特殊的 IP 地址。

- 主机标识为全为"0"的 IP 地址,如 202.27.170.0,不能分配给任何主机,只能用于表示某个网络的网络地址。
- 主机标识全为"1"的 IP 地址,如 202.27.170.255,不能分配给任何主机,可用作广播地址。
- 32 位全"0"的 IP 地址 0.0.0.0,表示本机地址。
- 32 位全"1"的 IP 地址 255.255.255.255,成为有限广播地址,用于本网广播。
- 127.0.0.1 称为回送地址,常用于本机测试。

③ IPv6 地址。IPv6 是替代现行版本 IP 协议 IPv4 的下一代 IP 协议。

目前我们使用的第二代互联网 IPv4 技术,核心技术属于美国。它的最大问题是网络地址资源有限。从理论上讲,编址 1 600 万个网络、40 亿台主机。但采用 A、B、C 三类编址方式后,可用的网络地址和主机地址的数目大打折扣。

2011 年 2 月 10 日,全球互联网 IP 地址相关管理组织发出正式通告,现有的互联网 IP 地址已于当天分配完毕。中国互联网络信息中心(CNNIC)方面也确认,IP 地址总库已于过年期间正式枯竭。其中北美占有 3/4,约 30 亿个,而人口最多的亚洲只有不到 4 亿个,中国截至 2010 年 6 月 IPv4 地址数量达到 2.5 亿,落后于 4.2 亿网民的需求。地址不足,严重地制约了中国及其他国家互联网的应用和发展。

IPv6 采用 128 位地址长度,几乎可以不受限制地提供地址,IPv6 的 IP 地址数量为 2^{128}。

目前基于 IPv4 的网络之所以难以实现网络实名制,一个重要原因就是因为 IP 资源的共用,因为 IP 资源不够,所以不同的人在不同的时间段共用一个 IP,IP 和上网用户无法实现一一对应。IPv6 的出现可以从技术上一劳永逸地解决实名制这个问题,因为 IP 资源将不再紧张,运营商有足够多的 IP 资源。运营商在受理入网申请的时候,可以直接给该用户分配一个固定 IP 地址,这样就实现了实名制,也就是一个真实用户和一个 IP 地址的一一对应。

(3) 域名系统(Domain Name System, DNS) 是 Internet 上解决网上机器命名的一种系统。就像拜访朋友要先知道地址一样,Internet 上当一台主机要访问另外一台主机时,必须首先获知其地址,TCP/IP 中的 IP 地址由 4 段分开的数字组成,很难记忆,为了方便记忆和使用,就采用了域名系统来管理名字和 IP 的对应关系。

Internet 域名有一定的层次结构,DNS 把 Internet 分为多个区域,称为顶级域。顶级域有不同的划分方式,如果按组织类别划分可分为 7 个域:com(商业组织)、edu(教育机构)、gov(政府部门)、net(网络服务)、org(非营利组织)、int(国际组织)、mil(军事组织);另一种是按地理划分,每个申请加入 Internet 的国家或地区都可以向 NIC(互联网信息中心)注册一个顶级域名,一般是该国家或地区的名称缩写,如我国为 cn,美国为 us,日本为 jp,英国为 uk 等。

NIC 将顶级域的管理权限分派给指定的管理机构,我国的 cn 域名的管理机构是 CNNIC(中国互联网络信息中心)。我国的二级域名按照组织类别可划分为 6 类,分别为 com(商业组织)、edu(教育机构)、gov(政府部门)、net(网络服务)、ac(科研机构)和 org(非营利组织)。

例如,www. sina. com. cn 域名中 cn 是顶级域名,代表中国;com 是二级域名,代表商业组织;sina 代表新浪;而 www 说明提供的是 www 服务。

DNS 规定,域名中的标号都由英文字母和数字组成,每一个标号不超过 63 个字符,也不区分大小写字母。标号中除连字符(-)外不能使用其他的标点符号。级别最低的域名写在最左边,而级别最高的域名写在最右边。由多个标号组成的完整域名总共不超过 255 个字符。

近年来,一些国家也纷纷开发使用采用本民族语言构成的域名,如德语、法语等。中国也开始使用中文域名,但今后相当长的时期内,以英语为基础的域名(即英文域名)仍然是主流。

任务 3.2 收发邮件

3.2.1 任务要点

(1) 注册电子邮箱(E-mail)。

(2) 编写电子邮件。

(3) 接收与发送电子邮件。

3.2.2 任务描述

在日常的工作和学习中，经常需要通过电子邮件进行公务交流和资料的传送。

3.2.3 任务实施

(1) 申请免费邮箱。

(2) 编写电子邮件。

(3) 发送电子邮件。

3.2.4 知识链接

一、E-mail 的注册与使用

使用邮箱前要注册一个帐号，常见的免费邮箱有网易、新浪、搜狐等。

1. 申请 126 免费邮箱

① 首先进入 126 邮箱的首页 mail. 126. com，如图 3-2-1 所示。

图 3-2-1 邮箱注册页

② 点击右下的【注册】按钮进入下面的页面，如图 3-2-2 所示。

图 3-2-2 注册邮箱信息

③ 填写必要信息后(加星号的为必填信息)，点击【立即注册】。如果信息符合要求即可成功注册。

④ 单击【进入邮箱】按钮，如图 3-2-3 所示。单击【设置】按钮，进入“邮箱设置”界面，设置自己邮箱，如图 3-2-4 所示。

图 3-2-3　126 免费邮箱进入后界面

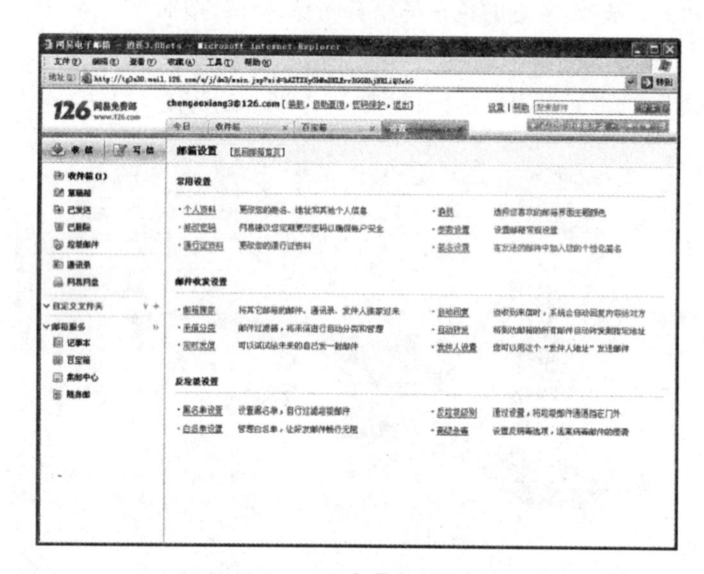

图 3-2-4　126 免费邮箱设置界面

2. 接收、发送邮件

邮箱申请成功后，登录 http://www.126.com，输入用户名和密码登录邮箱。

进入邮箱后，可以看到收件箱里有一封系统发送的邮件。单击“收件箱”后可以查看收件箱。可以单击收件箱中的邮件，查看邮件内容，如图 3-2-5 所示。

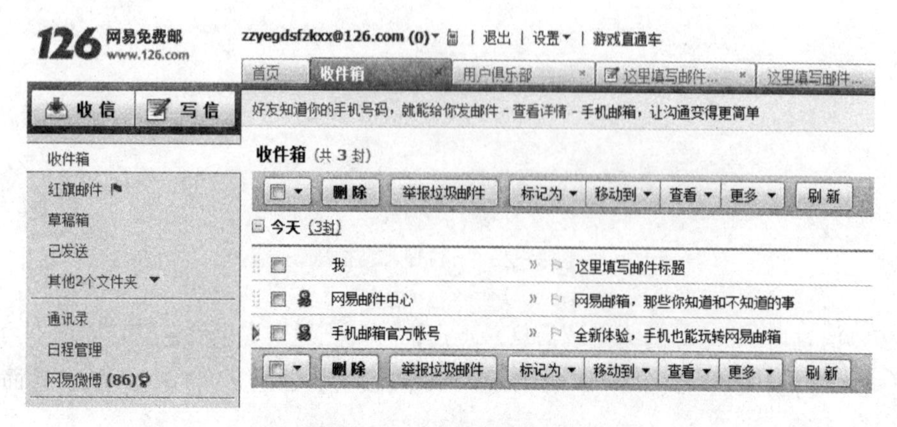

图 3-2-5　接收电子邮件

单击 返回 回复▾ 转发▾ 删除 移动 中的【返回】按钮可以回到“收件箱”页面，单击【回复】按钮便可以给发件人回复信息。

单击 发送 按钮，可以回复该邮件，发送成功后，系统会提示发送成功。

要新建一个邮件，可以直接单击【写信】按钮，如图 3－2－6 所示。在“收件人”下拉列表框中输入邮箱地址，再在“主题”文本框中输入“主题”，在正文区输入信件的内容。

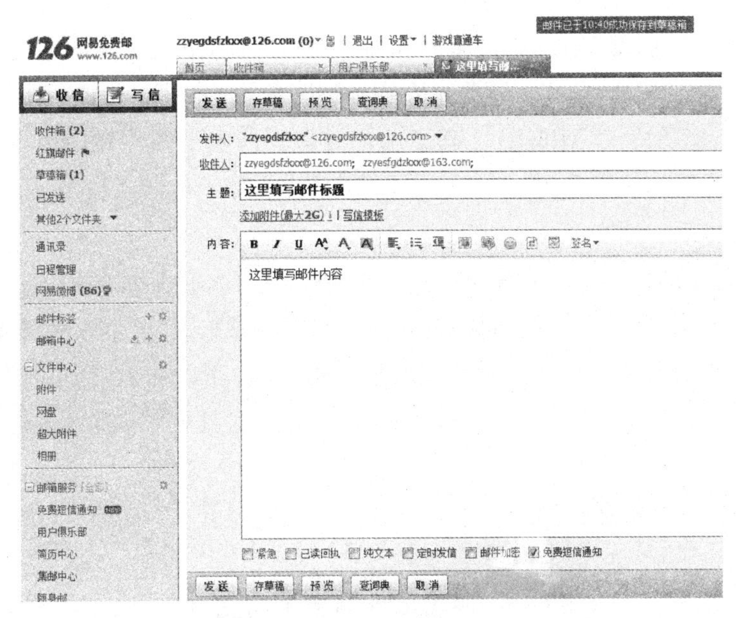

图 3－2－6 编辑电子邮件

如果希望发信的同时粘贴一些图片、文档等文件，可以单击【添加附件】按钮，粘贴后可以看到邮件中的附件，单击 ✖ 按钮删除。同时给多个收信人发信可在收信人栏里边填写多个收信人，邮件地址中间用“;”隔开。确认邮件主题和内容后，可以单击【发送】按钮发送邮件，如图 3－2－7 所示。

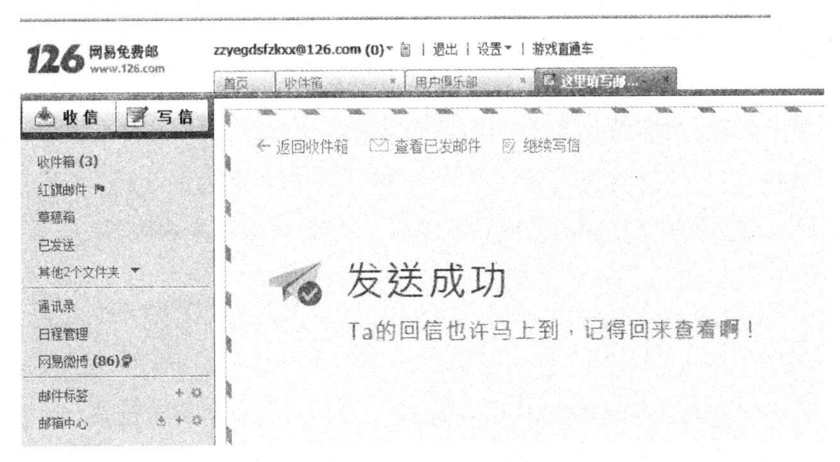

图 3－2－7 发送电子邮件

邮件发送后，“已发送”信箱会提示有一封邮件发送。

3.2.5 知识拓展

一、电子邮件服务(E-mail)

电子邮件(electronic mail，简称 E-mail)又称电子信箱，它是一种用电子手段提供信息交换的通信方式。通过电子邮件，用户可以用非常低廉的价格，以非常快速的方式，与世界上任何一个角落的网络用户联系，这些电子邮件可以是文字、图像、声音等各种方式。

1. 电子邮件服务遵循的协议

电子邮件是基于计算机网络的通信系统，因此，在接收和发送时必须遵循一些基本协议。

(1) 简单邮件传输协议(SMTP)　负责邮件服务器之间的传送，包括定义电子邮件信息格式和传输邮件标准。

(2) 邮局协议(POP)　将邮件服务器的电子邮箱中的邮件直接传送到用户本地计算机上。

(3) 交互式邮件存取协议(IMAP)　提供一个在远程服务器上管理邮件的手段。

(4) 电子邮件系统扩展协议(MIME)　满足用户对多媒体电子邮件和使用本国语言发送邮件的需求。

2. 电子邮件地址格式

电子邮件与普通的邮政信件一样也需要收信人的地址，电子邮件地址的格式由 3 部分组成。第一部分“用户名”代表用户信箱的帐号，对于同一个邮件接收服务器来说，这个帐号必须是唯一的；第二部分“@”是分隔符；第三部分是用户信箱的邮件接收服务器域名，用以标志其所在的位置。例如 zzys@zzedu. net. cn，zzys 就是用户名，@是分隔符，zzedu. net. cn 是邮件接收服务器的域名。

3. 电子邮箱的选择

在选择电子邮件服务商之前要明白使用电子邮件的目的是什么，根据不同的目的有针对性地去选择。

如果是经常和国外的客户联系，建议使用国外的电子邮箱，比如 Gmail、Hotmail、MSN mail、Yahoo mail 等。

如果是想经常存放一些图片资料等，就应该选择存储量大的邮箱，比如 Gmail、Yahoo mail、163、126。

一般来说附件都不超过 3 MB，附件大了可以通过 WinZIP、WinRAR 等软件压缩以后再发送。现在的邮箱基本上都支持 4 MB 以上的附件，部分的邮箱都已提供超过几十 MB 的附件收发空间。

4. E-mail 的优势

E-mail 与传统的通信方式相比有着巨大的优势：

(1) 发送速度快　电子邮件通常在数秒钟内即可送达全球任意位置的收件信箱中，其速度比电话通信更为高效快捷。接收双方交换一系列简短的电子邮件就像一次次简短的会话。

(2) 信息多样化　电子邮件发送的信件内容除普通文字外，还可以是软件、数据，甚至是录音、动画、电视等各类多媒体信息。

(3) 收发方便　与电话通信或邮政信件发送不同，E-mail 采取的是异步工作方式，它在高速传输的同时允许收信人自由决定在什么时候、什么地点接收和回复，发送电子邮件时不会因“占线”或接收方不在而耽误时间。收件人无需固定守候在线路另一端，可以在用户方便的任意时间、任意地点，甚至是在旅途中收取 E-mail，从而跨越了时间和空间的限制。

(4) 成本低廉　E-mail 最大的优点还在于其低廉的通信价格，用户花费极少的上网费用即可将重要的信息发送到远在地球另一端的用户手中。

(5) 更为广泛的交流对象　同一个信件可以通过网络极快地发送给网上指定的一个或多个成员，甚至召开网上会议互相讨论，这些成员可以分布在世界各地，但发送速度则与地域无关。与任何一种其他的 Internet 服务相比，使用电子邮件可以与更多的人通信。

(6) 安全可靠　E-mail 软件高效可靠，如果目的地的计算机正好关机或暂时从 Internet 断开，E-mail软件会每隔一段时间自动重发；如果电子邮件在一段时间之内无法递交，电子邮件会自动通知发信人。作为一种高质量的服务，电子邮件是安全可靠的高速信件递送机制，Internet 用户一般只通过E-mail方式发送信件。

二、文件传输服务(FTP)

1. 文件传输概念

文件传输服务是 Internet 上二进制文件的标准传输协议(FTP)应用程序提供的服务，所以又称为FTP 服务。

FTP 服务器是指提供 FTP 的计算机，负责管理一个大的文件仓库；FTP 客户机是指用户的本地计算机，FTP 使每个连网的计算机都拥有一个容量巨大的备份文件库，这是单个计算机无法比拟的。

2. 文件传输原理

FTP 是面向连接的服务，需要使用两条 TCP 连接来完成文件传输，一条链路专用于命令(端口为21)，另一条链路用于数据(端口为 20)。

3. FTP 和网页浏览器

大多数最新的网页浏览器和文件管理器都能和 FTP 服务器建立连接。在 FTP 上，通过一个接口就可以操控远程文件，如同操控本地文件一样。这个功能通过给定一个 FTP 的 URL 实现，格式为：

ftp://＜服务器地址＞

例如，ftp://zzys. net. cn 或 ftp://10. 1. 128. 49。

是否提供密码是可选择的，如果有密码，则格式为：

ftp://＜用户名＞：＜密码＞@＜服务器地址＞

例如，图 3－2－8 所示，ftp://admin：123321@zzys. net. cn 或 ftp://admin：123321@10. 1. 128. 49。

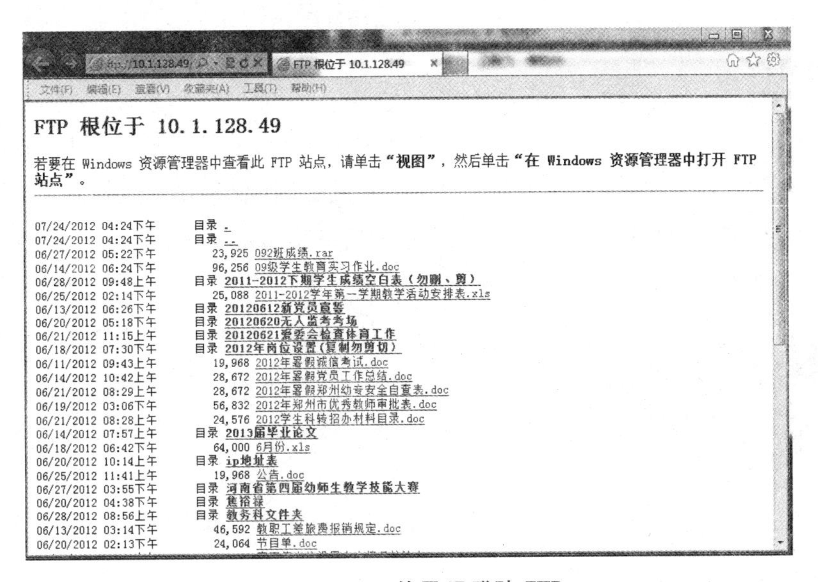

图 3－2－8　使用 IE 登陆 FTP

三、远程登录服务(Telnet)

远程登录是指在网络通信协议 Telnet 的支持下，用户本地的计算机通过 Internet 连接到某台远程计算机上，使自己的计算机暂时成为远程计算机的一个仿真终端，这样就可以在本地远程操作和控制远程计算机。

四、电子公告板系统(BBS)

电子公告板 BBS(bulletin board system,电子布告栏系统),如图 3-2-9 所示,在国内一般称作网络论坛。现在多数网站上都建立了自己的 BBS 系统,供网民通过网络来结交更多的朋友,表达想法。通过 BBS 系统可随时取得国际最新的信息,也可以通过 BBS 系统讨论各种有趣的话题,更可以利用 BBS 系统来刊登一些信息为自己或公司宣传。

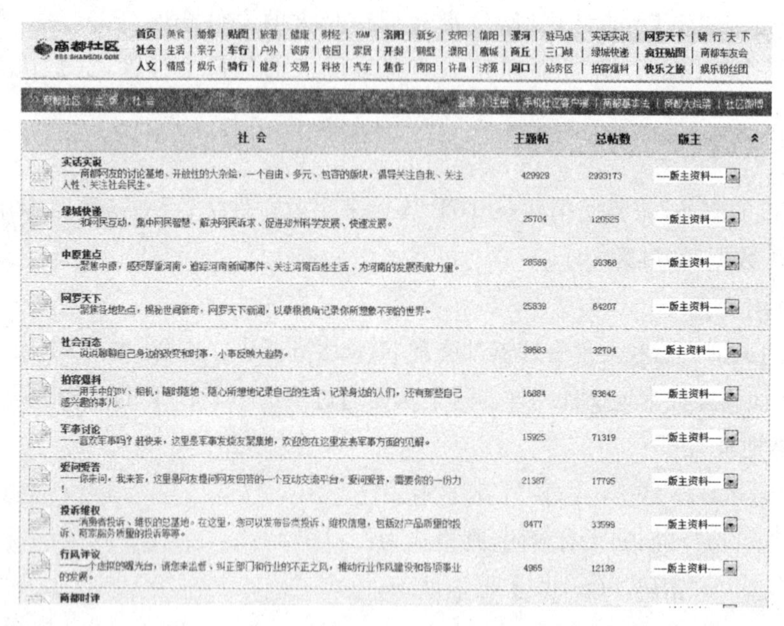

图 3-2-9　BBS

五、即时通信(IM)

即时通信(instant messenger, IM)实际上是把传呼机(BP 机)的功能搬到了 Internet 上。用户把信息告之网络上的其他网友,同时也能方便地获取其他网友的上网通知,并且能相互之间发送信息、文件、语音交谈,甚至是通过视频和语音交流,更重要的是这种信息交流是即时的。

即时通信工具的功能并不仅仅限于网络聊天,它还是人们工作中必不可少的助手。目前即时通信工具的种类数不胜数,其中国内用户最多的要数 QQ,如图 3-2-10 所示,它是由腾讯公司开发的即时通信工具,支持在线聊天、视频电话、点对点断点续传文件、共享文件、网络硬盘、自定义面板等诸多功能。而在国外使用最多的要数微软的即时通讯软件 MSN。

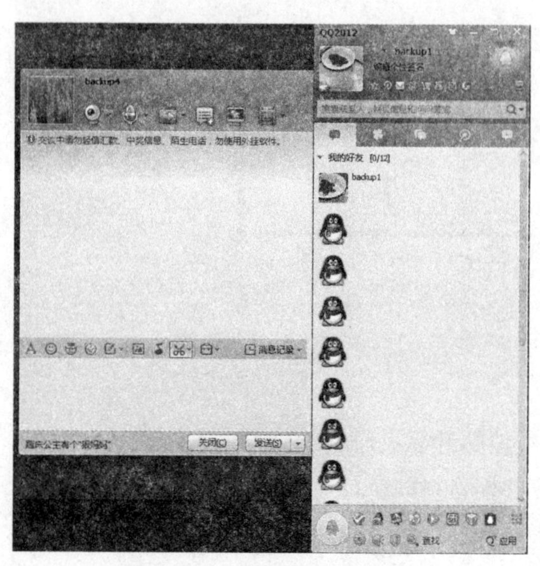

图 3-2-10　即时通信系统 QQ

六、其他互联网应用

随着互联网行业的发展,不断涌现出很多创新性的产品和应用服务,例如,以 Facebook 为代表的社交网络、以 Twitter 为代表的微博、以微信为代表的各类移动互联网应用,以及各种“云”服务、视频点播、网络购物、团购网等应用迅速崛起。总体而言,经过 20 世纪初的互联网泡沫之后,随着“社交网络”“云”“物联网”等新概念应用的迅速发展，互联网行业即将迎来又一个新的爆发性增长期。

任务 3.3 技能拓展

一、选择题

1. Internet 与 WWW 的关系是(　　)。
   A. 都表示互联网，名称不同而已
   B. WWW 是 Internet 上的一个应用功能
   C. Internet 与 WWW 没有关系
   D. WWW 是 Internet 上的一种协议
2. 计算机网络的通信传输介质中速度最快的是(　　)。
   A. 同轴电缆　　B. 光缆　　C. 双绞线　　D. 铜质电缆
3. HTTP 指的是(　　)。
   A. 超文本标记语言　　B. 超文本文件
   C. 超媒体文件　　D. 超文本传输协议
4. 以下(　　)主机在地理位置上属于中国。
   A. Microsoft. au　　B. bta. cn　　C. ibm. il　　D. news. com
5. Internet 网站域名中的 GOV 表示(　　)。
   A. 网络服务器　　B. 商业部门　　C. 政府部门　　D. 一般用户

二、填空题

1. 网络的主要拓扑结构有________、________、________、________、________。
2. TCP 是指________，IP 是指________。
3. 电子邮件地址“@”前面的部分为________，后面的部分为邮件接收服务器的域名。
4. FTP 是________________的缩写。

项目四

文字编辑处理

项目描述

优秀的文字处理软件能使用户方便自如地在计算机上编辑、修改文章、管理文档，这种便利是纸上文章所无法比拟的。

Microsoft 公司推出的 Word 2010 应用程序是基于 Windows 操作系统的文字和表格处理软件，是 Office 套装软件的成员之一。它充分利用 Windows 系统图形界面的优势，图、文、表格并茂，方便操作，易学易用，既能够制作各种简单的办公商务文档和个人文档，又能满足专业人员制作复杂的印刷版式的文档的需要，已成为众多用户处理文档的主流软件。

任务 4.1 创建个人求职信文档

4.1.1 任务要点

(1) 新建"求职信. docx"文档，保存在 E 盘自己的文件夹中。

(2) 录入求职信的具体内容。

(3) 编辑文本。

4.1.2 任务描述

求职是每个人都会经历的，为了做好求职前的准备工作，求职者需要制作一份求职信，向用人单位介绍自己。求职信指的是求职者写给用人单位的信，目的是让对方了解自己、相信自己、录用自己，它是一种私人对公并有求于公的信函，内容要求简练、明确，切忌模糊、笼统、面面俱到。

4.1.3 任务实施

启动 Word 2010 文字处理软件，将已书写好的求职信做成电子版文档。

1. 创建文档

新建"求职信. docx"文档，保存在 E 盘自己的文件夹中。

2. 录入文字

在编辑区确定插入点，录入已写好的求职信具体内容(包含标题、称谓、正文、结尾、署名和日期、附件等)。

3. 批量修改

通过“查找和替换”功能，将文档中“本人”，替换为“郑州幼儿师范高等专科学校”。

4. 保存文档

单击 Word 2010 窗口上方快速访问工具栏中的“保存”按钮，即可完成保存工作。

4.1.4 知识链接

一、Word 2010 的启动与退出

1. Word 2010 的启动

Word 2010 的启动和打开其他窗口的方法是一样的，一般有以下 3 种方式。

(1) 选择“开始”菜单→“所有程序”→“Microsoft Office”→“Microsoft Word 2010”命令，打开了 Word 2010 窗口。

(2) 双击已经建立的 Word 2010 的快捷方式，打开了 Word 2010 窗口。

(3) 选择需要编辑的 Word 文档，然后双击该文档图标，即可打开 Word 2010 应用程序窗口，同时打开该文档。

2. Word 2010 的退出

Word 2010 的退出和关闭与其他窗口的方法是一样的，一般有以下 6 种方式。

(1) 单击 Word 2010 窗口右上角的“关闭”按钮。

(2) 单击 Word 2010 窗口左上角“控制菜单”按钮，打开“控制菜单”，再单击“关闭”命令。

(3) 双击 Word 2010 窗口左上角的“控制菜单”按钮。

(4) 选择 Word 2010 窗口的“文件”菜单中“关闭”命令。

(5) 将鼠标指针指向任务栏中的该 Word 2010 窗口的图标按钮并单击右键，在弹出的快捷菜单中单击“关闭”命令。

(6) 在当前 Word 2010 窗口下按[Alt]+[F4]键。

在退出 Word 2010 时，如果正在编辑的文档还未保存过或者虽然之前保存过但又做了修改，Word 2010 会提示用户是否将更改保存到该文档中，用户可以根据需要来选择“保存”“不保存”或“取消”。

二、文档的基本操作

1. 创建新文档

Word 2010 每次启动时创建了一个基于默认模板的名称为“文档 1”的 Word 新文档，文档名称可以在用户输入文档内容后保存文档时再修改。

如果 Word 2010 已经启动，用户一般可以采用以下 4 种方法创建新文档。

(1) 利用“文件”按钮创建新文档　选择“文件”→“新建”命令，单击右边“空白文档”下面的“创建”按钮，就创建了一个基于默认模板的名为“文档 x”(x 位数字)的新文档，如图 4-1-1 所示。

如果要创建基于其他某种模板的文档，在“可用模板”中选择某种模板，然后双击即可。

(2) 利用“快速访问”工具栏创建新文档　如果用户在“快速访问”工具栏上自定义了“新建”按钮，单击“新建”按钮也就创建了一个基于默认模板的名为“文档 x”(x 位数字)的新文档。

(3) 利用[Ctrl]+[N]组合键创建文档　如果当前窗口就是 Word 2010 窗口，用户只要按[Ctrl]+[N]组合键就创建了一个基于默认模板的名为“文档 x”(x 位数字)的新文档。

(4) 在“计算机”窗口中创建新文档　在“计算机”窗口中选择新文档所在的位置，选择“文件”→“新

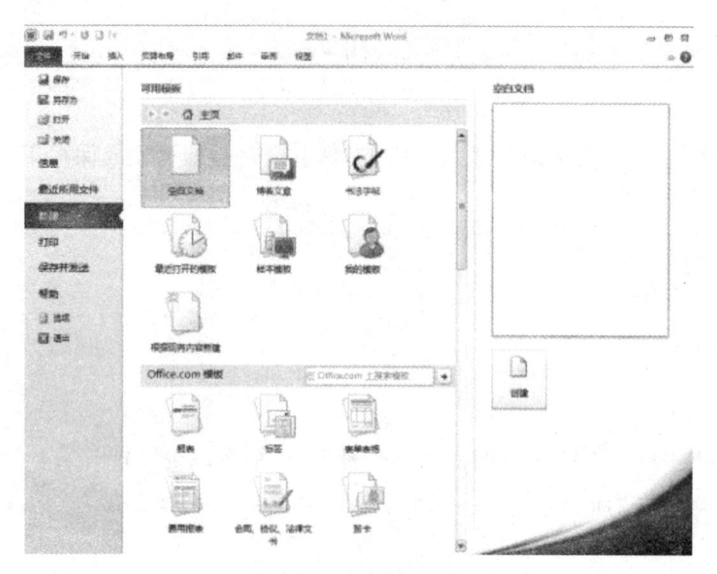

图 4-1-1　新建文档

建"→"Microsoft Word 文档"命令，或在空白处单击鼠标右键，在弹出的快捷菜单中选择"新建"→"Microsoft Word 文档"命令就创建了一个基于默认模板的名为"新建 Microsoft Word 文档"的新文档。新文档的名称可以修改。

2. 保存文档

(1) 保存新文档　对于新创建的文档，用户在"编辑区"输入的文档内容仅仅是显示在计算机的屏幕上和保存在计算机的内存当中。只有将文档保存到磁盘上，用户才可以长期使用该文档。

选择"文件"→"保存"命令，或者选择"文件"→"另存为"命令，或者单击"快速访问"工具栏上的"保存按钮"，或者按[Ctrl]+[S]、[F12]键，弹出"另存为"对话框，选择保存文档的位置、输入保存文档的名称、选择保存文档的保存类型，最后单击"保存"按钮。

在"另存为"对话框中，用户可以在保存文档位置的下拉列表框中右击创建新的文件夹来存放新文档。

Word 2010 在第一次保存新文档时会给出一个文档名，用户可以采用这个文档名，也可以另起一个文档名。

Word 2010 的默认保存类型为"Word 文档(*. docx)"，这种类型只有 Word 2007 和 Word 2010 才能打开，如果保存类型选择为"Word97 - 2013 文档(*. doc)"，则不仅 Word 2007 和 Word 2010 能打开，之前版本的 Word 应用程序也能打开。

(2) 保存已有文档　对于已有的文档，用户打开该文档后，无论是否进行了编辑，都可以再次保存。再次保存分为原名覆盖保存和换名保存两种。

① 原名覆盖保存。选择"文件"→"保存"命令，或者单击"快速访问"工具栏上的"保存按钮"，或者按[Ctrl]+[S]，则 Word 2010 不给出任何提示，直接以原名覆盖的方式保存该文档，即原文档的保存位置不变，名称不变，文档的内容变成了编辑过的新内容。

② 换名保存。选择"文件"→"另存为"命令，或者按[F12]键，弹出"另存为"对话框，选择保存文档的位置、输入保存文档的名称、选择保存文档的保存类型，最后单击"保存"按钮。这样就以新的文档名称、新的文档内容，在新的位置保存了一份文档，而原文档不变。

(3) 设置自动保存　在默认状态下，Word 2010 每隔 10 分钟为用自动保存一次文档。如果用户希望延长或缩短这个时间间隔，可以选择"文件"→"选项"命令，在弹出的"Word 选项"对话框中选择"保存"选项卡，设置"保存自动恢复信息时间间隔"为用户所需的时间。然后单击【确定】按钮。如果不勾选

“保存自动恢复信息时间间隔”左边的复选框，则不能设置时间间隔。

不论用户设置的时间间隔是多少，在编辑文档的过程中，希望用户养成随时保存文档习惯，这样就可以防止因停电、死机等意外故障造成的文档内容的损失。

(4) 保护文档　用户为了防止文档被未经授权的用户随意打开查看或修改，可以为文档设置保护措施，保护措施包括设置“打开权限的密码”和“修改权限的密码”。

选择“文件”→“另存为”命令，或者按[F12]键，弹出“另存为”对话框，单击“工具”按钮旁的下拉列表，选择“常规选项”命令，弹出“常规选项”对话框，在“打开文件时的密码”“修改文件时的密码”右边的文本框中输入密码，单击【确定】按钮后，再次确认输入的密码，最后在“另存为”对话框中单击【确定】按钮。

用户可以对文档同时设置“打开文件时的密码”和“修改文件时的密码”，也可以只设置一个。当用户对文档设置了“打开文件时的密码”，打开该文档就必须输入密码，否则不能打开。当用户对文档设置了“修改文件时的密码”，打开该文档就必须输入密码，这样才能对该文档进行修改并保存，否则不能打开该文档，也就不能对该文档进行修改并保存。

当用户对文档设置了保护措施后，也可以采用相同的操作过程来取消保护措施，用户只需要在输入密码的文本框中将原来的密码删除即可。

3. 打开 Word 文档

要编辑保存过的文档，需要先在 Word 中打开该文档。单击“文件”选项卡，在展开的菜单中选择“打开”命令，弹出“打开”对话框，定位到要打开的文档，单击“打开”按钮即可在 Word 窗口中打开选择的文档。

4. 关闭文档

暂时不再编辑的文档，可以将其关闭。在 Word 2010 中关闭当前已打开的文档有以下几种方法：

(1) 在要关闭的文档中单击“文件”选项卡，然后在弹出的菜单中选择“关闭”命令。

(2) 按组合键[Ctrl]+[F4]。

(3) 单击文档窗口右上角的 ☒ 按钮。

三、输入文本

创建 Word 文档后即可在文档中输入内容，如汉字、英文字符、数字、特殊符号以及公式等。

1. 插入点的移动

在文档编辑区中有一条闪烁的短竖线，称为插入点。插入点位置指示着将要插入的文字或图形的位置以及各种编辑修改命令将生效的位置。移动插入点有如下几种方法：

(1) 利用鼠标移动插入点。

(2) 使用键盘控制键移动插入点，见表 4-1-1。

表 4-1-1　控制键移动插入点的功能

按　键	功能说明
↑ ↓ ← →	将插入点移动到上一行、下一行、左一个字符、右一个字符
Home/End	移动插入点到行首/行尾
PageUp/PageDown	移动插入点到上一屏/下一屏
Ctrl+PageUp/Ctrl+PageDown	移动插入点到上一页窗口顶部/下一页窗口顶部
Ctrl+Home/Ctrl+End	移动插入点到文档开始处/文档结尾处

续 表

按　键	功能说明
Ctrl+←/Ctrl+→	将插入点左移一个单词(词组)/右移一个单词(词组)
Ctrl+↑/Ctrl+↓	将插入点上移一个段落/下移一个段落

(3) 利用定位对话框快速定位。

(4) 返回上次编辑位置。按下[Shift]+[F5]键,就可以将插入点移动到执行最后一个动作的位置。Word 能记住最近 3 次编辑的位置,只要一直按住[Shift]+[F5]键,插入点就会在最近 3 次修改的位置跳动。

2. 输入中英文字符

在 Word 文档中可以输入汉字和英文字符,只要切换到中文输入法状态下,就可以通过键盘输入汉字;在英文状态下可以输入英文字符。

在文档中,查找光标,即位于页面左上角的闪烁的垂直线,表示输入的内容将显示在页面上的位置,如图 4-1-2 所示。

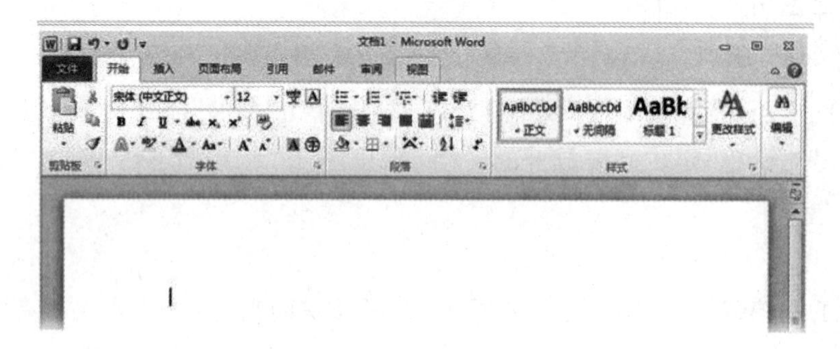

图 4-1-2　Word 工作窗口

如果要在页面的较下处而非最顶部开始输入,可以按键盘上的[Enter]键,直到光标位于要输入的位置。

在开始输入时,输入的文本会向右推动光标。如果到达行尾,继续输入,文本和插入点会自行移动到下一行。

在输入第一个段落后,按[Enter]键转到下一个段落。如果这两个段落(或任意两个段落)之间需要更大间距,再次按[Enter],然后开始输入第二个段落。

如果在输入时出现错误,只需按[Backspace]键来"擦除"错误字符或单词。

3. 插入符号和特殊符号

在文档编辑过程中经常需要输入键盘上没有的字符,这就需要通过 Word 中插入符号的功能来实现。具体操作步骤如下:

(1) 将光标定位在要插入符号的位置,切换到功能区中的"插入"选项卡,单击"符号"选项组中的"符号"按钮,在弹出的菜单中选择"其他符号"命令,如图 4-1-3 所示。

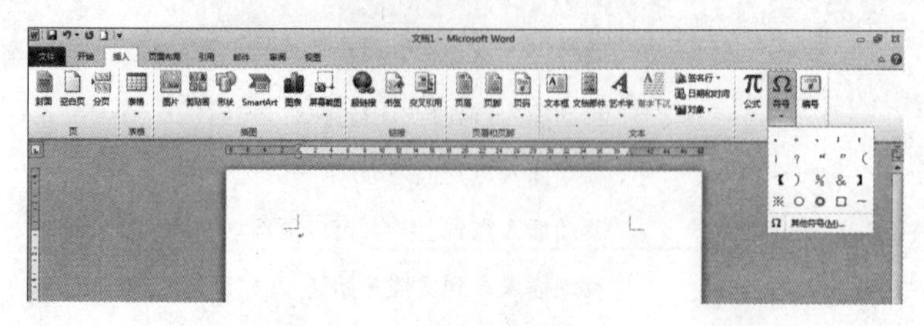

图 4-1-3　"其他符号"命令

(2) 打开“符号”对话框，在“字体”下拉列表框中选择“Wingdings”选项(不同的字体存放着不同的字符集)，在下方选择要插入的符号，如图 4－1－4 所示。

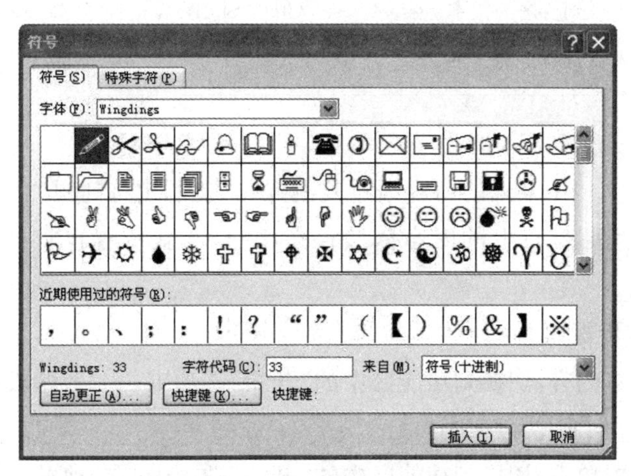

图 4－1－4　“符号”对话框

(3) 单击【插入】按钮，就可以在插入点处插入该符号。单击文档中要插入其他符号的位置，然后单击“符号”对话框中要插入的符号。如果不需要插入符号时，单击“关闭”按钮关闭“符号”对话框。

四、文本的编辑

在编辑文档时，需要修改文档中的错误，可以使用插入、删除等一些基本的操作。

1. 选择文本

根据选择范围的不同，选择文本的方法有以下几种。

(1) 使用鼠标选定文本块

① 在文本上拖动进行任意选定。

② 使用[Shift]键和鼠标连续选定。

③ 选定一个单词或一个词组。

④ 选定一个句子：在句子任意位置[Ctrl]＋单击。

⑤ 选定一行文本。

⑥ 选定一段文本：段落内 3 击，在段落最左边双击。

⑦ 多个文本块的选定：按住[Ctrl]键。

⑧ 选定一块矩形区域的文本块：先将鼠标的光标定位于要选定文本的一角，然后按住[Alt]键并拖动到文本块的对角。

⑨ 选定整个文档：文本最左边 3 击。

⑩ 取消选定。

(2) 用键盘选定文本块　用键盘选定文本块方法见表 4－1－2。

表 4－1－2　用键盘选定文本块

快捷键	文本选定操作	快捷键	文本选定操作
Shift＋→	选择插入点右边一个字符	Shift＋↓	选择插入点的下一行文本
Shift＋←	选择插入点左边一个字符	Ctrl＋Shift＋→	选择插入点右边一个单词或词组
Shift＋↑	选择插入点的上一行文本	Ctrl＋Shift＋←	选择插入点左边一个单词或词组

续 表

快捷键	文本选定操作	快捷键	文本选定操作
Shift+End	选择插入点到行尾的文本	Ctrl+Shift+↓	选择插入点到段尾的文本
Shift+Home	选择插入点到行首的文本	Ctrl+A	选定整个文档

2. 复制文本

复制文本内容是指将文档中某处的内容经过复制操作(复制也称拷贝),在指定位置获得完全相同的内容。复制后的内容,其原位置上的内容依然存在,并且在新位置也将产生与原位置完全相同的内容。

复制文本的具体操作步骤如下:

(1) 选择要复制的文本内容,切换到功能区中的"开始"选项卡,在"剪贴板"选项组中单击"复制"按钮,或直接用快捷键[Ctrl]+[C]。

(2) 在要复制到的位置单击,切换到功能区中的"开始"选项卡,在"剪贴板"选项组中单击"粘贴"按钮,或直接用快捷键[Ctrl]+[V],即可将选择的文本复制到制定位置。

3. 移动文本内容

Word 2010 提供的移动功能可以将一处文本移动到另一处,以便重新组织文档的结构。具体操作步骤如下:

(1) 将鼠标指针指向选定的文本,鼠标指针变成箭头形状。

(2) 按住鼠标左键拖动,出现一条虚线插入点,表明将要移动到的目标位置。

(3) 释放鼠标左键,选定的文本从原来的位置移到新的位置。

4. 删除文本

删除文本内容是指将制定内容从文档中清除,删除文本内容的操作方法有以下几种:

(1) 对于少量字符,可用[Backspace]键删除插入点前面的字符,用[Delete]键删除插入点后面的字符。

(2) 删除大量文本,先选定要删除的文本,然后按[Delete]键或[Backspace]键即可。

(3) 选择准备删除的文本块,切换到功能区中的"开始"选项卡,在"剪贴板"选项组中单击"剪切"按钮。

5. 撤销与恢复

"撤销"功能保留着最近执行的操作记录,用户可以按照从后向前的顺序来撤销所做的操作。如果执行了撤销操作,也可以按照从前向后的顺序恢复刚撤销的操作。

撤销操作的快捷键是[Ctrl]+[Z],恢复操作的快捷键是[Ctrl]+[Y]。

6. 查找与替换文本

在文本编辑过程中,经常需要查找某些文字,或根据特定文字定位到文档某处,或替换文档中的某些文本,这些操作可通过"查找"或"替换"命令来实现。

(1) 查找

① 基本查找。如果"导航"窗格已经打开,在搜索框中输入需要查找的文本,则需要查找的文本将在文档中高亮显示。如果"导航"窗格没有打开,单击"开始"选项卡中"编辑"工具组中的"查找"按钮,或者按[Ctrl]+[F]快捷键,则打开"导航"窗格。

② 高级查找。单击"开始"选项卡中"编辑"工具组中的"查找"按钮右侧的下拉箭头,在打开的列表中选择"高级查找命令",则打开"查找和替换"对话框,打开的选项卡为"查找"选项卡,如图 4-1-5 所示。

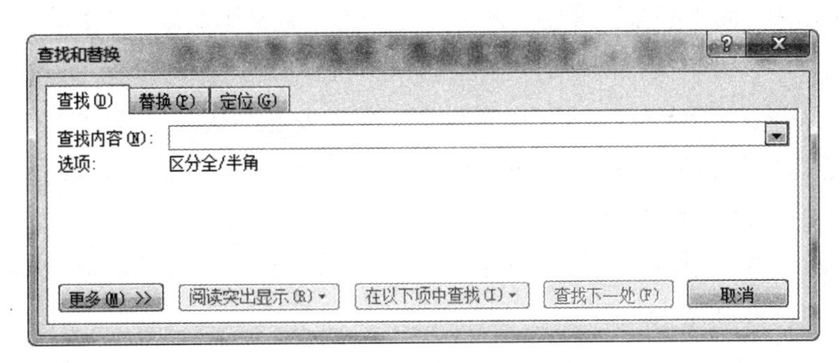

图 4-1-5 “查找和替换”对话框中的“查找”选项卡

在“查找内容”文本框中输入要查找的文本，或者单击文本框的下拉按钮，选择查找文本。

单击【查找下一处】按钮，完成第一次查找，被查找到的文本将在文档中高亮显示。如果还要查找，继续单击【查找下一处】按钮。单击其他按钮可以设置查找选项。

(2) 替换　单击“开始”选项卡中“编辑”工具组中的“替换”按钮，或者按[Ctrl]+[H]快捷键，则打开“查找和替换”对话框，打开的选项卡为“替换”选项卡，如图 4-1-6 所示。

图 4-1-6 “查找和替换”对话框中的“替换”选项卡

在“查找内容”文本框中输入将要被替换的文本，或者单击文本框的下拉按钮，选择将要被替换的文本。在“替换为”文本框中输入用来替换的文本，或者单击文本框的下拉按钮，选择用来替换的文本。

如果要有选择地替换，则单击【查找下一处】按钮，找到将要被替换的文本，则其被蓝色覆盖，需要替换就单击【替换】按钮，不需要替换，继续单击【查找下一处】按钮。如果要全部替换，则单击【全部替换】按钮。单击其他按钮可以设置替换选项。

4.1.5 知识拓展

一、认识 Word 2010

Word 2010 是 Microsoft 公司开发的 Microsoft Office 2010 办公组件之一。Microsoft Word 主要用于文字处理工作，制作各种文档，例如书稿、论文、信函、传真、公文、报刊、表格、图表、图形、简历等。Word 2010 提供了最出色的功能，其增强后的功能可创建专业水准的文档，用户可以更加轻松地与他人协同工作并可在任何地点访问自己的文件。

1. Word 2010 新特点

(1) 改进的搜索与导航体验　在 Word 2010 中，可以更加迅速、轻松地查找所需的信息。利用改进的新“查找”体验，可以在单个窗格中查看搜索结果的摘要，并单击以访问任何单独的结果。改进的导航窗格会提供文档的直观大纲，以便于用户对所需的内容进行快速浏览、排序和查找。

（2）与他人协同工作，而不必排队等候　Word 2010 重新定义了对某个文档协同工作的方式。利用共同创作功能，用户可以在编辑文档的同时，与他人分享自己的观点。用户也可以查看正与自己一起创作文档的他人的状态，并在不退出 Word 2010 的情况下轻松发起会话。

（3）几乎可从任何位置访问和共享文档　用户可以在线发布文档，然后通过任何一台计算机或 Windows 电话访问、查看和编辑文档。

① Microsoft Word Web App：当用户离开办公室、出门在外或离开学校时，可利用 Web 浏览器来编辑文档，不影响查看体验的质量。

② Microsoft Word Mobile 2010：利用专门适合于用户的 Windows 电话的移动版本的增强型 Word，保持更新并在必要时立即采取行动。

（4）向文本添加视觉效果　利用 Word 2010，用户可以像应用粗体和下划线那样，将诸如阴影、凹凸效果、发光、映像等格式效果轻松应用到文档的文本中。可以对使用了可视化效果的文本执行拼写检查，并将文本效果添加到段落样式中。可将很多用于图像的效果同时用于文本和形状中，从而使用户能够无缝地协调全部内容。

（5）将文本转换为醒目的图表　Word 2010 提供用了为文档增加视觉效果的更多选项。从众多的附加 SmartArt 图形中选择，只需键入项目符号列表，即可构建精彩的图表。使用 SmartArt 可将基本的要点句文本转换为视觉画面，以更好地阐释自己的观点。

（6）为用户的文档增加视觉冲击力　利用 Word 2010 中提供的新型图片编辑工具，可在不使用其他照片编辑软件的情况下，添加特殊的图片效果。可以利用色彩饱和度和色温控件调整图片，还可以利用改进工具更轻松、精确地对图像进行裁剪和更正，有助于将一个简单的文档转化为一件艺术作品。

（7）恢复用户已丢失的工作　在某个文档上工作片刻之后，在未保存该文档的情况下意外地将其关闭了，利用 Word 2010，可以像打开任何文件那样轻松恢复最近所编辑文件的草稿版本。即使从未保存过该文档也是如此。

（8）跨越沟通障碍　Word 2010 有助于用户跨不同语言工作和交流，比以往更轻松地翻译某个单词、词组或文档。针对屏幕提示、帮助内容和显示，分别对语言进行不同的设置。利用英语文本到语音转换播放功能，为以英语为第二语言的用户提供额外的帮助。

（9）将屏幕截图插入到文档　直接从 Word 2010 中捕获和插入屏幕截图，快速、轻松地将插图纳入到工作中。如果使用已启用 Tablet 的设备（如 Tablet PC 或 Wacom Tablet），则经过改进的工具使设置墨迹格式与设置形状格式一样轻松。

（10）利用增强的用户体验完成更多工作　Word 2010 可简化功能的访问方式。Microsoft Office Backstage 视图替代传统的“文件”菜单，只需单击几次鼠标即可保存、共享、打印和发布文档。利用改进的功能区，可以更快速地访问用户的常用命令，方法为：自定义选项卡或创建选项卡，使工作风格体现出自己的个性化。

2. Word 2010 工作界面

Word 2010 的工作界面中有标题栏、选项卡、功能区、标尺、状态栏和工作区等，如图 4-1-7 所示。在操作过程中还可能出现快捷菜单等元素。选用的视图不同，显示的屏幕元素也不同。用户也可以控制某些屏幕元素的显示或隐藏。

（1）标题栏　标题栏中包括：

① Office 按钮：Word 2010 中保留的唯一一个下拉菜单，相当于老版本的“文件”菜单。

② 快速访问工具栏：可以在“快速访问工具栏”上放置一些最常用的命令按钮。该工具栏中的命令按钮不会动态变换。可以增加、删除“快速访问工具栏”中的命令项。其方法是：单击“快速访问工具栏”右边

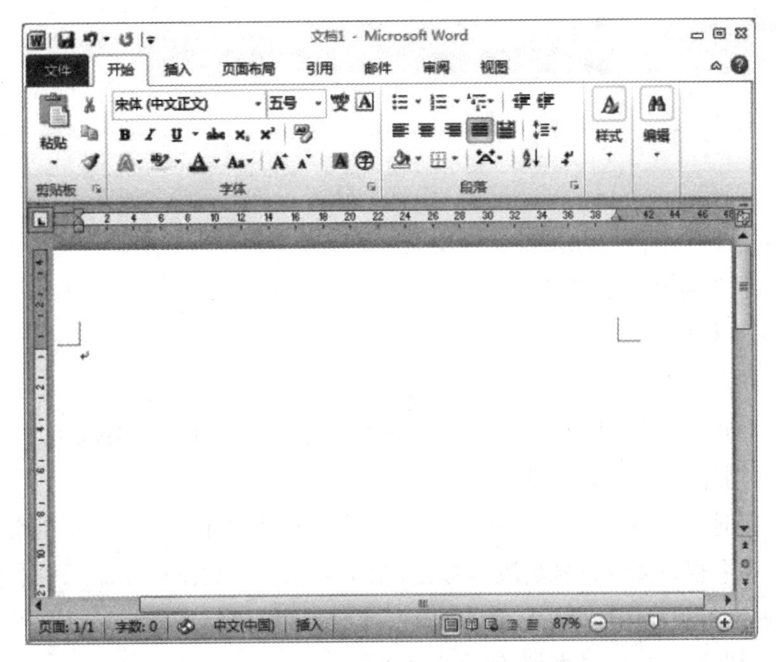

图 4-1-7 Word 2010 的工作界面

向下箭头按钮，在弹出的下拉菜单中选中或者取消相应的复选框，如图 4-1-8所示。

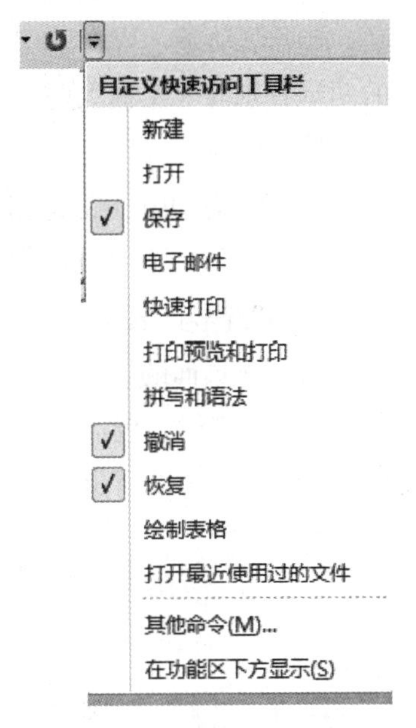

图 4-1-8 自定义快速访问工具栏

如果选择“在功能区下方显示”选项，快速访问工具栏就会出现在功能区的下方，而不是上方。

③ 标题部分：显示了当前编辑的文档名称。

④ 窗口控制按钮：包含“最小化”“最大化/还原”和“关闭”按钮。按[Alt]+[Spacebar]打开控制菜单，通过该菜单也可以进行移动、最小化、最大化窗口和关闭程序等操作。

(2) 功能区　在 Word 2010 中，功能区取代了传统的菜单和工具栏。功能区包含选项卡、组和按钮。选项卡位于标题栏下方，每一个选项卡都包含若干个组。组是由代表各种命令的按钮组成的集合。Word 2010 的命令是以面向对象的思想组织的，同一组按钮的功能相近。

功能区中每个按钮都是图形化的，可以一眼分辨它的功能。而且，当鼠标指向功能区中的按钮时，会出现一个浮动窗口，显示该按钮的功能。在选项卡的某些组的右下角有一个“对话框启动器”按钮，单击该按钮可弹出相应的对话框。

除了可以直接用鼠标单击功能区中的按钮来使用各种命令外，用户也可以使用键盘按键来操作。用户只要按下键盘的[Alt]键或[F10]键，功能区就会出现下一步操作的按键提示。

Word 2010 会根据用户当前操作对象自动显示一个动态选项卡，该选项卡中的所有命令都和当前操作对象相关。例如，当用户选择了文档中的一个剪贴画时，在功能区中就会自动产生一个粉色高亮显示的“图片工具”动态选项卡，如图 4-1-9 所示。

如果用户在浏览、操作文档过程中需要增大显示文档的空间，可以只显示选项卡，而不显示组和按钮。具体操作方法是：单击“快速访问工具栏”右边向下箭头按钮，在弹出的下拉菜单中选择“最小化功能区”命令，这时功能区中只显示选项卡名字，隐藏了组和按钮。

如想恢复组和按钮的显示，只需在下拉菜单中撤消对它的选择即可。

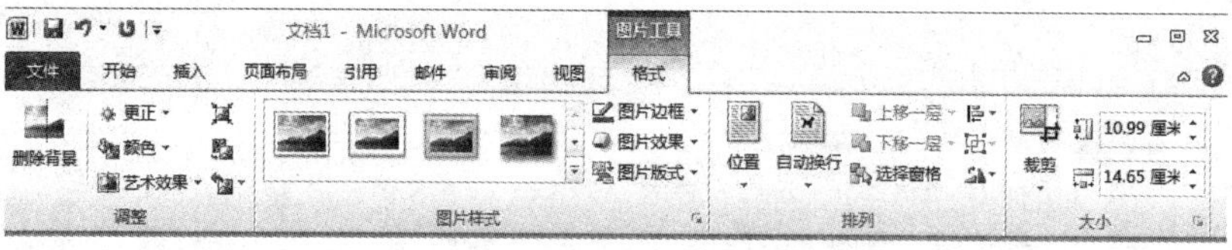

图 4-1-9 “图片工具”功能区

用户也可以通过[Ctrl]+[F1]快捷键实现功能区的最小化操作或还原功能区的正常显示。

(3) 标尺　默认情况标尺是隐藏的，单击窗口右边框上角的“显示标尺”按钮来显示标尺。标尺包括水平标尺和垂直标尺。可以通过水平标尺查看文档的宽度，查看和设置段落缩进的位置，查看和设置文档的左右边距，查看和设置制表符的位置；可以通过垂直标尺设置文档上下边距。

(4) 工作区　Word 2010 窗口中间最大的白色区域就是工作区即文档编辑区。在工作区，用户可以输入文字，插入图形、图片，设置和编辑格式等操作。

在工作区，无论何时，都会有插入点(一条竖线)不停闪烁，它指示下一个输入文字的位置。

在工作区，另外一个很重要的符号是段落标记，用来表示一个段落的结束，同时还包含了该段落所使用的格式信息。如果不想显示段落标记，可以单击“Office”按钮后选择“Word 选项”，在“Word 选项”对话框左侧选择“显示”选项，然后在右侧的“始终在屏幕上显示这些格式标记”组中取消“段落标记”的选中状态。

(5) 滚动条　Word 2010 提供了水平和垂直两种滚动条，使用滚动条可以快速移动文档。在滚动条的两端分别有一个向上(左)、向下(向右)的箭头按钮，在它们之间有一个矩形块，称为滚动块。

① 单击向上(向左)、向下(向右)按钮，屏幕可以向相应方向滚动一行(或一列)。

② 单击滚动块上部(左部)或下部(右部)的空白区域时，屏幕将分别向上(左)或向下(右)滚动一屏(相当于使用键盘上的[PageUp]键、[PageDown]键)。以上操作当屏幕滚动时，文字插入点光标位置不变。

③ 单击垂直滚动条的“上一页”或“下一页”按钮时，屏幕跳到前一页或下一页，同时文字插入点光标也移动到该页面的第一个字符前面。

(6) 状态栏　包括“页面信息”区、“文档字数统计”区、“拼写检查”区、“编辑模式”区及“视图模式”区，如图 4-1-10 所示。

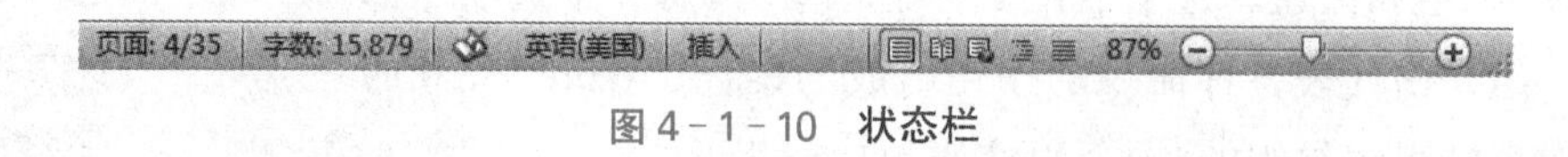

图 4-1-10　状态栏

3. Word 2010 的视图方式

(1) 页面视图　页面视图是默认视图。在页面视图中，可以看到对象在实际打印的页面效果，即所见即所得。各文档页的完整形态，包括正文、页眉、页脚、自选图形、分栏等都按先后顺序、实际的打印格式精确显示出来。

(2) 阅读版式视图　在阅读版式视图模式下，Word 将不显示选项卡、按钮组、状态栏、滚动条等，而在整个屏幕显示文档的内容。这种视图是为用户浏览文档而准备的功能，通常不允许用户再对文档进行编辑，除非用户单击“视图选项”按钮，在弹出的下拉菜单中选择“允许键入”命令。

(3) Web 版式视图　Web 版式视图比普通视图优越之处在于它显示所有文本、文本框、图片和图形对象；它比页面视图优越之处在于它不显示与 Web 页无关的信息，如不显示文档分页，亦不显示页眉页脚，但可以看到背景和为适应窗口而换行的文本，而且图形的位置与所在浏览器中的位置一致。

(4) 大纲视图　大纲是文档的组织结构，只有对文档中不同层次的内容用正文样式和不同层次的标题样式后，大纲视图的功能才能充分显露出来。

在大纲视图中，可以查看文档的结构，可以拖动标题来移动、复制和重新组织文本。此外，还可以折叠文档来查看主要标题，或者展开文档查看所有标题和正文的内容。进入大纲视图时，会在选项卡添加一个“大纲”选项卡。

二、Word 的校对检查

1. 拼写检查

在默认情况下，Word 会对输入的文本进行拼写检查。用红色波形下划线标示可能的拼写问题，比如输入的错误词语或不可识别的词语，用绿色波形线标示可能的语法问题。

编辑文档时，如果要对输入文本的拼写错误和句子的语法错误进行检查，则可使用 Word 提供的拼写与语法检查功能。单击“审阅”选项卡中“校对”工具组的“拼写和语法”按钮，打开“拼写和语法”对话框，可以根据对话框中的建议进行更改，也可以忽略。

2. 自动更正

如果要自动检测和更正输入的文本错误、错误拼写的词语和不正确的大写，可以使用 Word 提供的自动“自动更正”功能。

单击“拼写和语法”对话框中的“选项”按钮可以设置“自动更正选项”，或者单击“文件”→“选项”→“校对”也可以设置“自动更正选项”。

用户可以利用自动更正功能输入一些较长且容易出错的词语，如果将这些词条添加到自动更正词条，输入这些词条时就很方便。

三、打印预览与输出

完成文档的排版操作后，就可以将文档打印输出到纸张上了。在打印之前，最好先预览效果，如果满意再打印。

1. 打印预览文档

为了保证打印输出的品质及准确性，一般在正式打印前都需要先进入预览状态，检查文档整体板式布局是否还存在问题。确认无误后才会进入下一步的打印设置及打印输出。

(1) 单击“文件”选项卡，在展开的菜单中单击“打印”命令，此时在文档窗口中将显示所有与文档打印有关的命令，在最右侧的窗格中能够预览打印效果，如图 4-1-11 所示。

(2) 拖动“显示比例”滚动条上的滑块能够调整文档的显示大小，如果文档有多页，单击【下一页】按钮和【上一页】按钮，能够进行预览的翻页操作。

2. 打印文档

对打印的预览效果满意后，即可对文档进行打印。在 Word 2010 中，为打印进行页面、页数和份数等设置，可以直接在“打印”命令列表中选择操作。

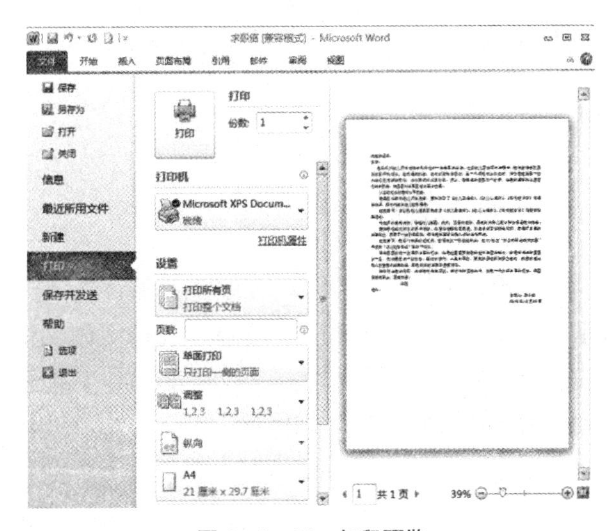

图 4-1-11　打印预览

任务 4.2 编辑“求职信”

4.2.1 任务要点

(1) 设置文本格式。

(2) 设置段落格式。

(3) 页面设置。

4.2.2 任务描述

完成求职信文档的基本编辑后就可以对文档进行排版了,即对文档的外观进行设置。Word 对文档的排版主要包括设置字符格式、设置段落格式和设置页面格式。

4.2.3 任务实施

1. 字体设置

“标题”为宋体,字体二号,加粗,字符间距加宽 5 磅;“称谓”“正文”“结尾”用楷体,字体五号;署名和日期用楷体,字体小四;个人荣誉部分使用项目符号或编号。

2. 段落设置

“标题”段落设置为单倍行距,居中对齐,段后 1 行;“称谓”段落设置为左对齐,行距为最小值 21 磅;署名和日期设置为右对齐行距为固定值 21 磅,其余部分设置为两端对齐,1.5 倍行距,首行缩进 2 字符;个人荣誉部分使用项目符号或编号。

3. 页面设置

设置纸张大小为 A4,纸张方向纵向;添加页眉为“某某某的求职信”,居中;页面底端处添加页码,格式为 X/Y。

4.2.4 知识链接

一、设置字符格式

字符是指作为文本输入的文字、标点符号、数字以及各种符号。设置字符格式是指对字符的屏幕显示和打印机输出形式的设定,包括字符的字体、字号和字形,字符的颜色、下划线、着重号、上下标、删除线、间距等。Word 在创建新文档时,默认中文是宋体、五号,英文是 Times New Roman 字体、五号。可根据需要重新设置字符的格式。

1. 设置字符格式

(1) 使用“开始”选项卡中的“字体”组按钮设置字符格式　如图 4-2-1 所示,“字体”组中的按钮可

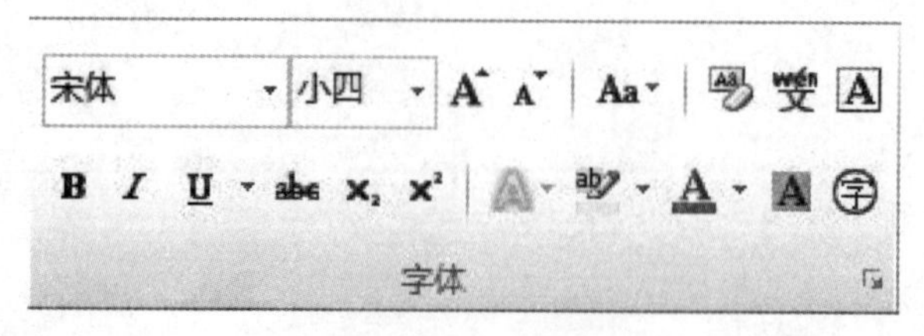

图 4-2-1 “字体”组选项卡

以对字符进行字体、字号、加粗、倾斜、下划线、删除线、上标、下标、字体颜色、字符边框及字符底纹设置。各按钮的功能说明如下：

① “字体”框：字体就是指字符的形体。Word 2010 提供了宋体、隶书、黑体等中文字体，也提供了 Calibri、Times New Roman 等英文字体。“字体”框中显示的字体名是用户正在使用的字体，如果选定文本包含两种以上字体，该框将呈现空白。单击“字体”下拉列表按钮，会弹出字体列表，从中可以选择需要的字体。

② “字号”框：用于设置字号。字号是指字符的大小。在 Word 中，字号有两种表示方法：一种是中文数字表示，称为几号字，如四号字、五号字，此时数字越小，实际的字符越大；另一种是用阿拉伯数字来表示，称为磅或点，如 12 点、16 磅等，此时数字越小，字符也就越小。

③ “B”和“I”按钮：用于设置字形。其中“B”按钮表示加粗，其快捷键为[Ctrl]+[B]；“I”按钮表示倾斜，其快捷键为[Ctrl]+[I]。它们都是开关按钮，单击一次用于设置，再次单击则取消设置。

④ “U”按钮：用于设置下划线，其快捷键为[Ctrl]+[U]。单击该按钮右边的下拉箭头按钮，可以打开下拉列表，选择下划线类型及下划线颜色。

⑤ “abc”按钮：用于设置删除线。

⑥ “X_2”和“X^2”按钮：分别用于设置上标和下标，其中“X_2”按钮用于设置下标，其快捷键是[Ctrl]+[=]；“X^2”按钮用于设置上标，其快捷键是[Ctrl]+[Shift]+[=]。除了将选定的字符直接设置为上下标外，用户还可以用提升字符位置的方法自定义上下标。

⑦ A 按钮：用于设置字体颜色。单击该按钮，可将选定字符颜色设置为该按钮“A”下面的颜色；如果设置为其他颜色，可单击该按钮右侧的下拉箭头按钮，从中选择合适的颜色。

⑧ A 按钮：用于设置字符边框。

(2) 通过浮动工具栏设置字符格式　用鼠标选中文本后，会弹出一个半透明的浮动工具栏，把鼠标移动到它上面，就可以显示出完整的屏幕提示，如图 4-2-2 所示。通过浮动工具栏可以设置字符的字体、字号、加粗、倾斜、字体颜色、突出显示等。该工具栏按钮功能参见“字体”组按钮功能说明。

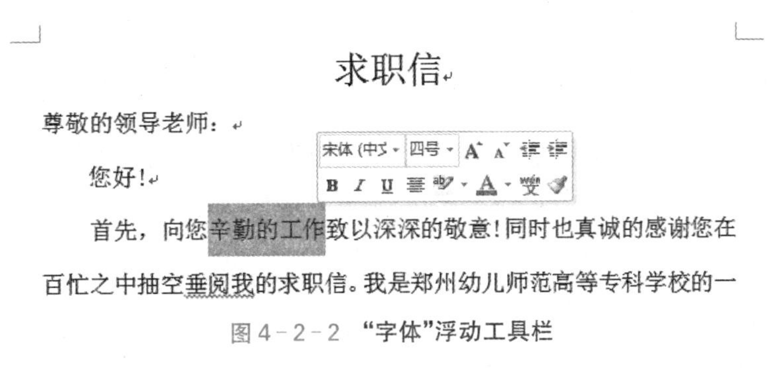

图 4-2-2 “字体”浮动工具栏

(3) 通过“字体”对话框设置字体格式　在“字体”对话框中可以更细致、更复杂地设置字符格式。打开该对话框的方法有 3 种：

① 在功能区选择“开始”选项卡，单击“字体”组右下角的“对话框启动器”按钮；

② 在 Word 的编辑窗口右击，在弹出的快捷菜单中选择“字体”命令；

③ 按[Ctrl]+[D]快捷键。

“字体”对话框有“字体”和“字符间距”两个选项卡。

① “字体”选项卡。在该选项卡中可以对字符进行字体、字号、字形、字体颜色、下划线样式及其颜色、着重号、特殊效果，包括删除线、双删除线、上标、下标、阴影、空心、阳文、阴文、小型大写字母、全部大写字母、隐藏等的设置，如图 4-2-3 所示。

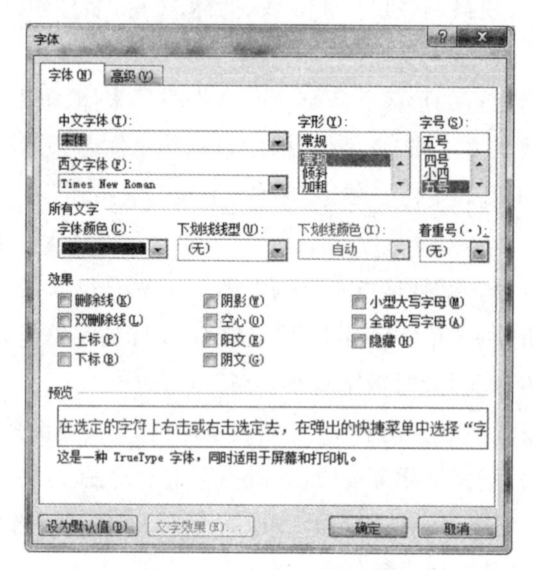

图 4-2-3 “字体”对话框

② “高级”选项卡。可以设置字符缩放比例、字符之间的距离和字符的位置等，如图 4-2-4 所示。

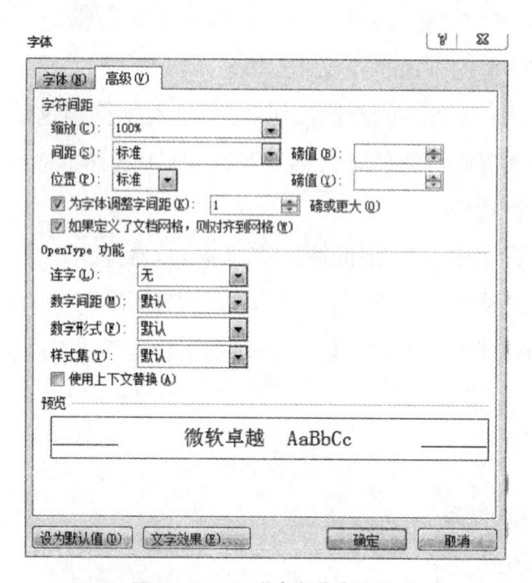

图 4-2-4 “高级”选项卡

- “缩放”框：用于设置字符的“胖瘦”。大于 100%的比例会使字符变“胖”，小于 100%的比例会使字符变“瘦”。
- “间距”框：用于设置字符间距。
- “位置”框：用于设置字符的垂直位置，有标准、提升和降低 3 种格式。

2. 复制字符格式

使用格式刷功能可以选定文本的字符格式复制给其他文本，从而快速对字符格式化。其具体操作方法是：选定文本或将插入点置于该文本的任意位置，在“开始”选项卡“剪贴板”组中单击“格式刷”按钮，此时指针呈刷子形状，用鼠标拖过要应用格式的文本即可快速应用已设置好的格式；双击“格式刷”按钮则可以一直应用格式刷功能，直到按[Esc]键或再次单击“格式刷”按钮取消。

3. 清除字符格式

在“开始”选项卡“字体”组中单击 按钮可以将选定文本的所有格式清除，只留下纯文本内容。

4. 添加项目符号或编号

项目符号是指在文档中具有并列或层次结构的段落前添加统一的符号，编号是指在这些段落前添加号码，号码通常是连续的。给文档添加项目符号和编码可以使文档的结构更加清晰、层次更加分明。

为了使文本更容易编辑和修改，文本中的项目符号或编号建议由 Word 自动设置，而不是由用户手工输入。这样，在文本中增加、删除或重排已编号的列表项目时，Word 会自动重新编号。

(1) 项目符号　主要包括以下符号项目：

① 创建项目符号。选定需要创建项目符号的段落，单击“开始”选项卡“段落”组中“项目符号”按钮即可创建默认的项目符号。单击“项目符号”按钮可旁边的下拉按钮，打开“项目符号”下拉列表，其中可选择不同的项目符号样式。

② 自定义项目符号。在“项目符号”下拉列表中，选择“定义新项目符号”命令，弹出“定义新项目符号”对话框，如图 4-2-5 所示。在该对话框中可自定义项目符号。

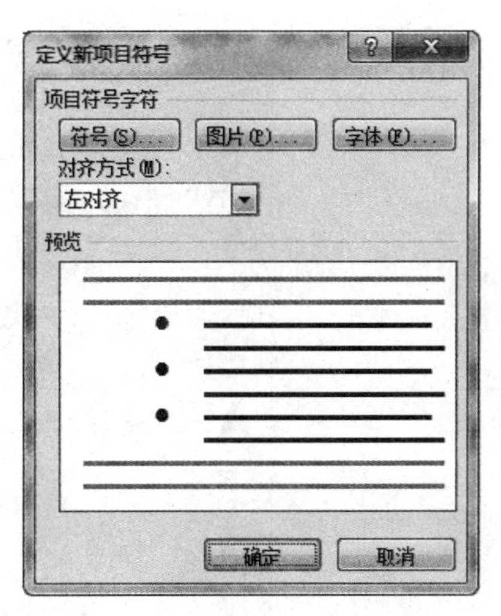

图 4-2-5　定义新项目符号

(2) 编号　编号的设置包括：

① 创建编号。选定需要创建编号的段落，在“开始”选项卡的“段落”组中，单击“编号”按钮即可创建默认的编号。单击“编号”按钮旁边的下拉按钮，打开“编号”下拉列表，在其中可选择不同的编号样式。

② 自定义编号。在“编号”下拉列表中，选择“定义新编号格式”命令，弹出“定义新编号格式”对话框，如图 4-2-6 所示。在该对话框中可自定义编号格式。

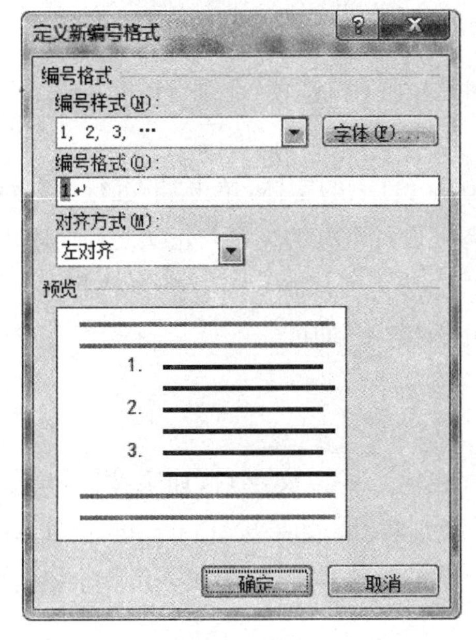

图 4-2-6　定义新编号格式

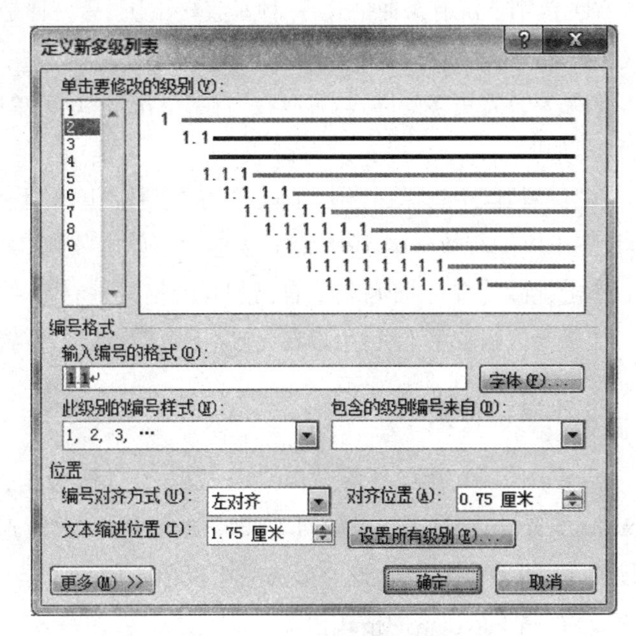

图 4-2-7　定义新多级列表

(3) 多级列表　多级列表设置包括：

① 创建多级列表。选定需要创建多级编号的段落，在“开始”选项卡的“段落”组中，单击“多级编号”下拉按钮，打开“多级编号”的下拉列表，在其中选择不同的多级编号样式。

② 自定义多级列表。在“多级编号”下拉列表中，选择“定义新多级列表”命令，弹出“定义新多级列表”对话框，如图 4-2-7 所示。在该对话框中可自定义多级列表格式。

5. 首字下沉

首字下沉是指段落形状的第一个字母或第一个汉字变为大号字，这样可以突出段落，更能引起读者的注意。在报纸和书刊上经常看到这种格式。

(1) 把插入点定位于需要设置首字下沉的段落中。如果是段落前几个字符都需要设置首字下沉效果，则需要把这几个字符选中。

(2) 在功能区中单击“插入”选项卡“文本”组中的“首字下沉”按钮，打开一个如图 4-2-8 所示的下拉菜单。

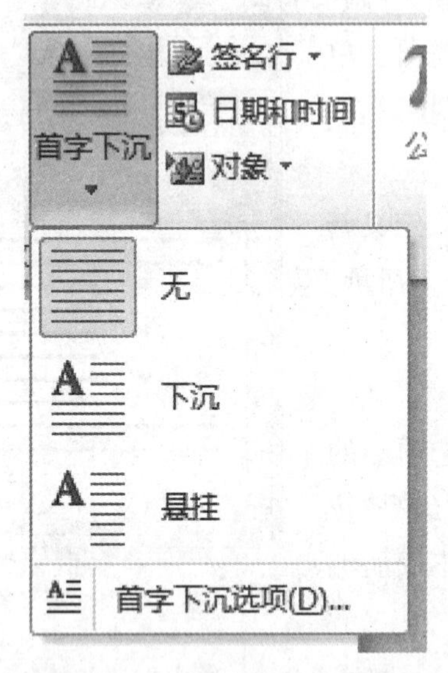

图 4-2-8 “首字下沉”下拉菜单

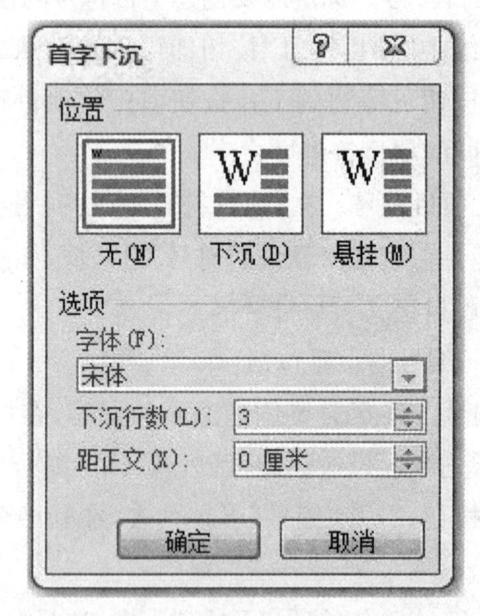

图 4-2-9 “首字下沉”对话框

(3) 首字下沉有两种格式，一种是直接下沉，另一种是悬挂下沉，在下拉菜单中根据需要选择其中一种适当的格式。

如果要设置更多的样式，可以在“首字下沉”下拉菜单中单击“首字下沉选项”命令，打开“首字下沉”对话框，如图 4-2-9 所示。

在“位置”区中选择一种下沉方式，在“字体”下拉列表设置下沉首字的字体，单击“下沉行数”微调框，设置下沉的行数(行数越大则字号越大)，单击“距正文”微调框设置下沉的文字与正文之间的距离，最后单击【确定】按钮，即可得到自己想要的格式。

如果要取消首字下沉，可以在“首字下沉”对话框“位置”区中选择“无”即可。

二、设置段落格式

在 Word 2010 中，段落是由一个或几个自然段组成的。在输入一段文字后，如果按[Shift]+[Enter]组合键，会插入一个软回车，即自动换行符，此时形成一个自然段。如果按[Enter]键，会插入一个硬回车，即手动换行符，此时形成一个段落。硬回车是一个段落的段落标记，它不仅表示一个段落的结束，还存储了该段落的格式信息。

通常，一篇文档中会设置不同的段落格式，这取决于文档的用途以及用户所希望的外观。当在文档中按[Enter]键插入段落标记以结束一个段落而开始另一个段落时，生成的新段落具有与前一段落相同的段落格式。

设置段落格式包括对齐方式、行距和段间距、缩进方式、边框和底纹等的设置。

1. 设置段落缩进

缩进方式是指文本与页面边界的距离。Word 为段落提供了首行缩进、悬挂缩进、和左右缩进共 3

种缩进方式。首行缩进是指段落的第一行相对于段落的左边界缩进，而其他行不缩进。悬挂缩进是指段落的第一行不缩进，而其他行则相对缩进。左右缩进是指段落的左右边界相对于页面边界缩进。

(1) 利用“开始”选项卡中“段落”工具组内的按钮设置　选定要缩进的段落或将插入点移动到该段落内，单击“开始”选项卡“段落”工具组内的“增加缩进量”按钮或“减少缩进量”按钮，每单击一次，选定的段落或当前段落的左边界就向右或向左缩进一个字符或缩进到默认或自定义的制表位位置。

该方法缩进的尺寸是固定的，而且只能改变缩进段落的左边界位置，不能改变其右边界的位置。

(2) 利用“标尺”设置　水平标尺上有 4 个设置段落缩进的滑块，分别是“首行缩进”“悬挂缩进”“左缩进”“右缩进”。

① 首行缩进：将段落的第一行向右进行段落缩进，其余行不进行段落缩进。

② 悬挂缩进：段落首行不缩进，其余各行缩进。

③ 左缩进：将段落的左边界向右缩进。

④ 右缩进：将段落的右边界向左缩进。

选定要缩进的段落或将插入点移动到该段落内。拖动这些滑块到所需要的缩进起始位置，可设置相应的缩进。如果要精确缩进，可在拖动滑块的的同时按住[Alt]键，此时标尺上会出现刻度。

(3) 利用“段落”对话框设置　选定要缩进的段落或将插入点移动到该段落内。单击“开始”选项卡“段落”工具组内右下角的“段落”对话框启动按钮，或者在选定的段落上右击或右击选定区，在弹出的快捷菜单中选择“段落”命令，打开“段落”对话框，如图 4-2-10 所示。

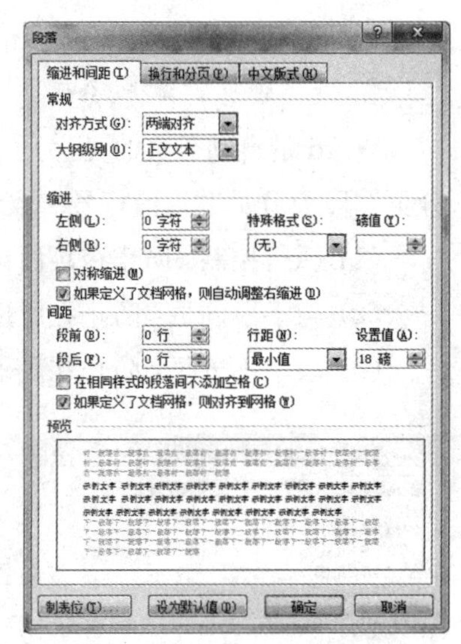

图 4-2-10　“段落”对话框

在“缩进”项目下的“左侧”“右侧”微调框中输入左、右缩进值；在“缩进”项目下的“特殊格式”下拉列表框中选择“首行缩进”或“悬挂缩进”，在“磅值”微调框中输入缩进值；最后单击“段落”对话框的【确定】按钮。

2. 设置段落对齐方式

段落对齐方式是指段落在文档的左右边界之间的横向排列方式。Word 提供了 5 种段落对齐方式，分别是左对齐、居中、右对齐、两端对齐、分散对齐。

① 左对齐：使段落的左边对齐。这种对齐方式不调整文字的间距，所以段落的右边可能产生锯齿。

② 居中：使段落的每一行文字都居中显示。

③ 右对齐：使段落的右边对齐，包括最后一行。这种对齐方式不调整文字的间距，所以段落的左边可能产生锯齿。

④ 两端对齐：使段落的左右两端都对齐。这种对齐方式会自动调整文字的间距，使段落的每一行均匀分布在段落的左右边界之中，但段落的最后一行是左对齐的。

⑤ 分散对齐：使段落的每一行都在段落的左右边界之中均匀分布，包括最后一行。

设置段落对齐方式主要有：

(1) 利用“开始”选项卡中“段落”工具组内的按钮设置　选定要对齐的段落或将插入点移动到该段落内。单击“开始”选项卡“段落”工具组内的“左对齐”“居中”“右对齐”“两端对齐”或“分散对齐”按钮即可实现相应的对齐方式。

(2) 利用“段落”对话框设置　选定要对齐的段落或将插入点移动到该段落内。单击“开始”选项卡“段落”工具组内右下角的“段落”对话框启动按钮，或者在选定的段落上右击或右击选定区，打开“段落”对话框，如图 4-2-10 所示。在“常规”项目下的“对齐方式”下拉框列表框中选择“左对齐”“居中”“对齐”“两端对齐”或“分散对齐”选项。最后单击“段落”对话框的【确定】按钮。

3. 设置段落间距和行距

段落间距是指各段落之间的距离。段落行距是指段落中各行之间的距离。

选定要设置段落间距和行距的段落或将插入点移动到该段落内。单击“开始”选项卡中“段落”工具组内右下角的“段落”对话框启动按钮，或者在选定的段落上右击或右击选定区，在弹出的快捷菜单中选择“段落”命令，打开“段落”对话框，在“间距”项目下的“段前”和“段后”微调框中输入要设置的段前和段后值。在“行距”下拉列表框中选择行距选项。最后单击“段落”对话框的【确定】按钮。

如果在“行距”下拉列表框中选择的行距为“固定值”或“最小值”，需要在“设置值”微调框中输入所需的行间隔值。如果选择了“多倍行距”，需要在“设置值”微调框中输入所需的行数。

4. 设置段落的换行、分页

Word 是自动分页的，但为了排版的需要，Word 为段落也提供了“孤行控制”“与下段同页”“段中不分页”“段前分页”“取消行号”“取消断字”等功能。

(1) 孤行控制：防止在页面顶部打印段落末行或者在页面底部打印段落首行。

(2) 与下段同页：防止在所选定段落与后一段落之间出现分页符。

(3) 段中不分页：防止在段落中出现分页符，即所选段落打印在一页上。

(4) 段前分页：使选定段落直接打印在新的一页上。

(5) 取消行号：防止选定段落旁边出现行号。此设置对未设置行号的文档或节无效。

(6) 取消断字：防止段落自动断字。自动断字是 Word 为了保持文档页面的整齐，在行尾的单词由于太长而无法完全放下时，会在适当的位置将该单词分成两部分，并在行尾使用连接符连接的功能。

选定要换行或分页的段落或将插入点移动到该段落内，单击“开始”选项卡中“段落”工具组内右下角的“段落”对话框启动按钮，或者在选定的段落上右击或右击选定区，在弹出的快捷菜单中选择“段落”命令，打开“段落”对话框，如图 4-2-11 所示。单击“换行和分页”选项卡，在“分页”项目下根据需要勾选“孤行控制”“与下段同页”“段中不分页”“段前分页”等复选框，在“格式例外设置”项目下根据需要勾选“取消行号”“取消断字”等复选框。最后单击“段落”对话框的【确定】按钮。

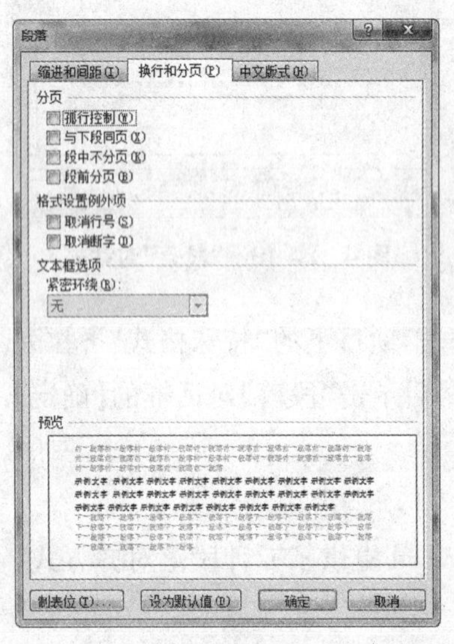

图4-2-11 “段落”对话框的“换行和分页”

三、页面布局

设置页面格式包括设置纸张大小、页面边距、文字排列方向、页码、页眉页脚等。这些设置是打印文档之前必须要做的工作，用户可以使用 Word 默认的设置，也可以根据需要重新设置。既可以在输入文档内容之前设置页面格式，也可以在输入的过程中或之后进行。

1. 设置纸张大小

在“页面布局”选项卡的“页面设置”工具组中，单击“纸张大小”下拉按钮，弹出“纸张大小”下拉列表框，选择需要设置的纸张大小。选择“其他页面大小”命令或者单击“页面布局”选项卡中“页面设置”工具组内右下角的“页面设置”对话框启动按钮，可以打开“页面设置”对话框，选择“纸张”选项卡，如图 4-2-12所示。在“纸张大小”下拉列表框中选择需要设置的纸张大小类型，最后单击【确定】按钮。

还可以微调标准纸张大小或自定义纸张大小。在“页面设置”对话框中，在“纸张大小”下拉列表框中选择需要设置的纸张大小类型，在“宽度”和“高度”微调框中输入或微调纸张的宽度和高度值。

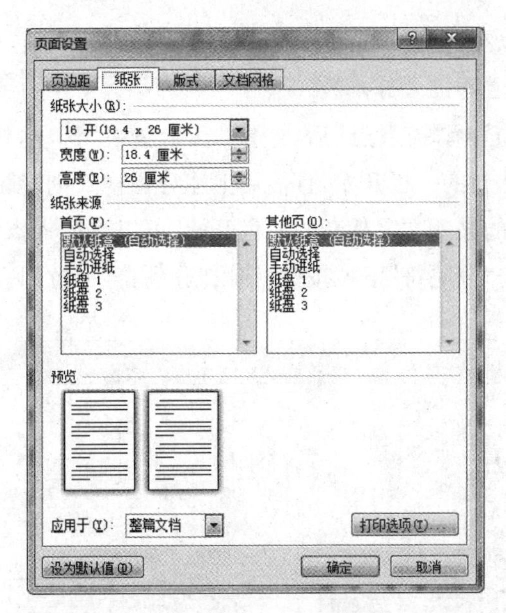

图 4-2-12 “页面设置”对话框的“纸张”选项卡

2. 设置页边距

页边距是指页面四周的空白区域的尺寸。通常情况下，文档的文本和图形等内容放置在页边距以内的区域中，但也可以将“页眉”“页脚”“页码”等内容放置在页边距以外的区域。

在“页面布局”选项卡的“页面设置”工具组中，单击“页边距”下拉按钮，弹出“页边距”下拉列表框，选择需要设置的页边距类型。

或者在“页面设置”对话框中，选择“页边距”选项卡，如图 4-2-13所示。在“页边距”项目下的“上”“下”“左”“右”“装订线”微调框中输入或微调要设置的值，在“装订线”下拉列表框中选择装订线的位置，最后单击【确定】按钮。

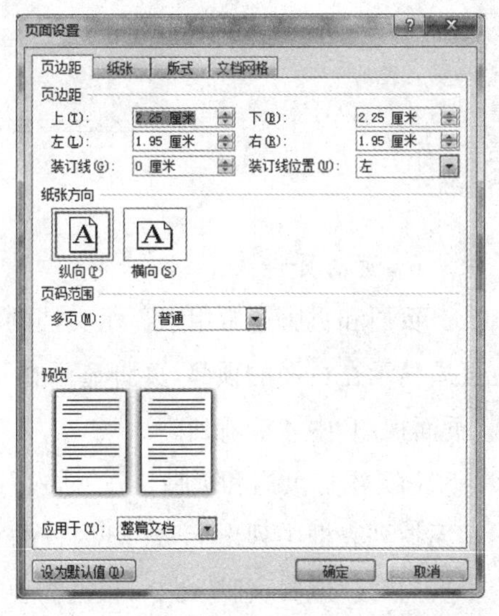

图 4-2-13 “页面设置”对话框的“页边距”选项卡

3. 设置纸张方向

Word 默认的纸张方向是纵向，用户可以选择横向。在“页面布局”选项卡的“页面设置”工具组中，单击“纸张方向”下拉按钮，弹出“纸张方向”下拉列表框，选择需要设置的纸张方向。

或者在“页面设置”对话框中，选择“页边距”选项卡。在“纸张方向”项目下选择“横向”或“纵向”按钮，最后单击【确定】按钮。

4. 分栏排版

分栏是将文档中的一段或多段文字内容分成多列显示。分栏后的文字内容在文档中是单独的一节，而且每一栏也可以单独设置格式。

设置分栏时，首先要选定需要分栏的文字内容，否则，分栏将应用于整个文档。分栏的效果只有在“页面视图”中才能看到。

如果要设置 Word 预设的的分栏，在“页面布局”选项卡的“页面设置”工具组中，单击“分栏”下拉按钮，弹出“分栏”下拉列表框，选择需要的分栏数即可。

如果要自定义分栏，在“分栏”下拉列表框中选择“更多分栏”命令，弹出的“分栏”对话框，如图 4-2-14所示。在“分栏”对话框中，根据需要在“栏数”微调框中微调或输入值，在“应用于”下拉列表框中选择作用范围。

取消“栏宽相等”选项，可以在“宽度”“间距”数值框中微调或输入值，以设置不同的栏宽和栏间距；选定“分隔符”选项可以在各栏之间加入分割线。

在“应用于”下拉列表框中选择“插入点”后，选定“开始新栏”选项，则在当前插入点处插入“分栏符”。插入点后的文字内容将从新的一栏开始，且使用上述分栏格式创建新栏。

如果要将分栏后的内容中的某些文字从新的一栏开始，可以将插入点移到该处，在“页面布局”选项卡的“页面设置”工具组中，单击“分隔符”下拉按钮，弹出“分隔符”下拉列表框，选择“分栏符”即可。

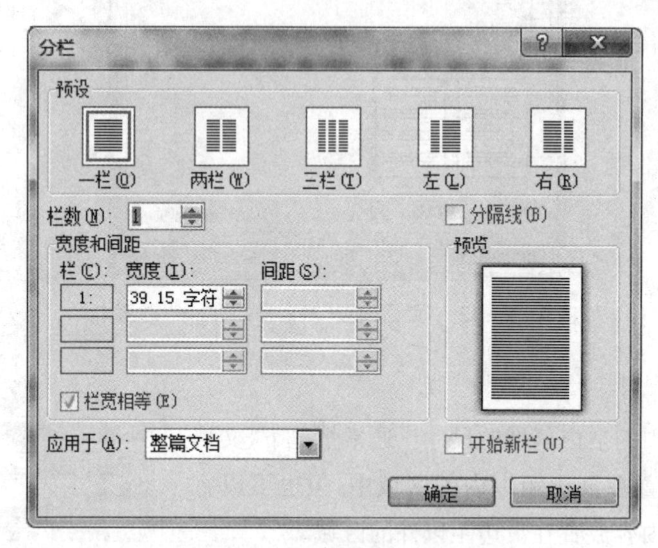

图 4-2-14 “分栏”对话框

5. 页眉页脚

页眉和页脚通常用于显示文档的附加信息，比如日期、时间、章节名、文档的总页数及当前页码等。页眉显示在页面的顶部，页脚显示在页面的底部。每个节都可以单独设计页眉和页脚，其效果只有在“页面视图”中才能看到。

(1) 添加页眉和页脚　在“插入”选项卡上的“页眉和页脚”组中，单击“页眉”或“页脚”下拉按钮，在其下拉列表框中列出了 Word 内置的页眉或页脚模板，可以选择适合的页眉或页脚样式，也可以选择“编辑页眉”或“编辑页脚”命令，根据需要编辑。此时，页面的顶部和底部将各出现一条虚线，顶部的虚线处为页眉区，底部的虚线处为页脚区。同时，打开“页眉和页脚工具”的“设计”选项卡，如图 4-2-15 所示。可在页眉或页脚区输入页眉或页脚内容，也可通过“插入”组中的各种命令按钮插入相应的内容。

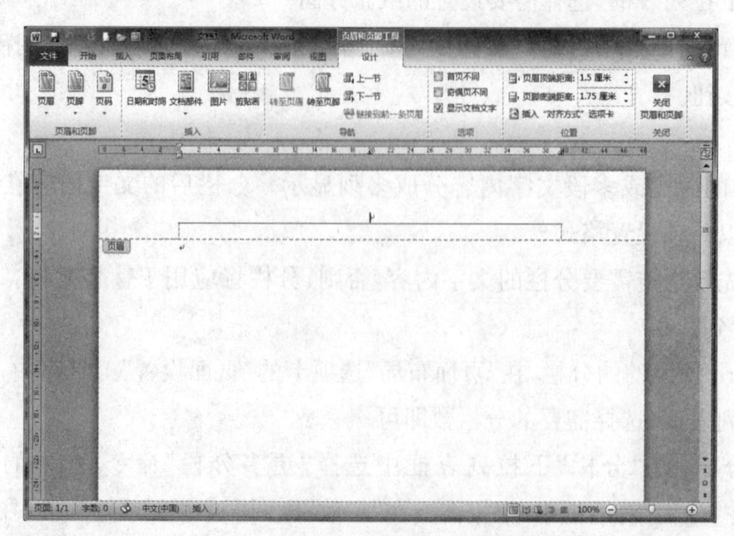

图 4-2-15 “页眉和页脚工具”的“设计”选项卡

（2）删除页眉和页脚　单击“插入”选项卡→“页眉和页脚”组中的“页眉”或“页脚”下拉按钮，在弹出的下拉列表中选择“删除页眉”或“删除页脚”命令。

（3）设置页眉和页脚格式　可以设置以下格式：

① 设置对齐方式。如果要设置页眉和页脚的对齐方式，可在“页眉和页脚工具”的“设计”选项卡中，单击“位置”工具组中的“插入‘对齐方式’选项卡”按钮，弹出“对齐制表位”对话框，如图 4-2-16 所示。可根据需要设置页眉和页脚的对齐方式、对齐基准、前导符。

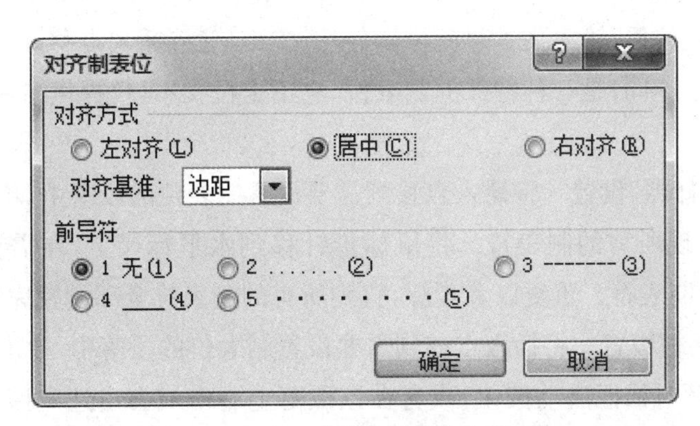

图 4-2-16　“对齐制表位”对话框

② 设置多个不同的页眉和页脚。用户可以根据需要为文档的不同页面设置不同的页眉和页脚。

在“页眉和页脚工具”的“设计”选项卡中，如果在“选项”工具组中选择“首页不同”复选框，在文档的首页就会出现“首页页眉”“首页页脚”编辑区；如果选择“奇偶页不同”复选框，在文档的奇数页和偶数页上就会出现“奇数页页眉”“奇数页页脚”“偶数页页眉”“偶数页页脚”编辑区。单击这些编辑区即可创建不同的页眉和页脚。

（4）关闭“页眉和页脚工具”　在添加和设置页眉和页脚时，文档的正文处于不可编辑状态。添加和设置页眉和页脚完毕，可单击“页眉和页脚工具”的“设计”选项卡中的“关闭页眉和页脚”按钮或双击文档的编辑区返回文档的编辑状态。

6. 页码

如果文档中包含多个页面，一般需要插入页码。在“插入”选项卡的“页眉和页脚”组中，单击“页码”下拉按钮，打开“插入页码”菜单，如图 4-2-17所示。指针移到页码的位置选项，在其右侧弹出下拉列表框选择需要的页码样式。

如果要设置页码的格式，单击“插入页码”菜单中的“设置页码格式”命令，打开“页码格式”对话框，如图 4-2-18 所示。在该对话框中，可以设置页码的编号格式、是否包含章节号、是否续前节以及起始编号等。

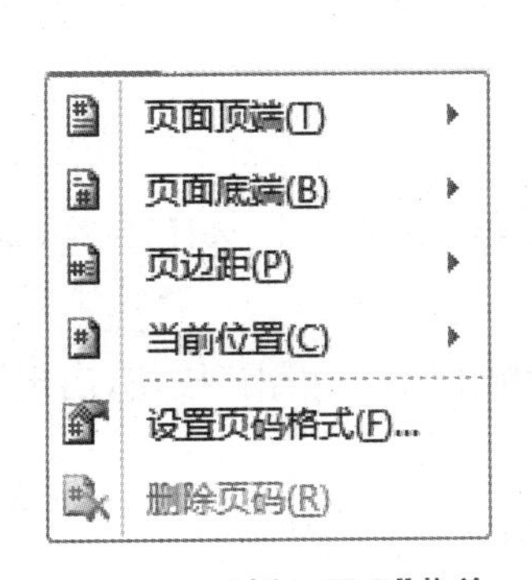

图 4-2-17　“插入页码”菜单

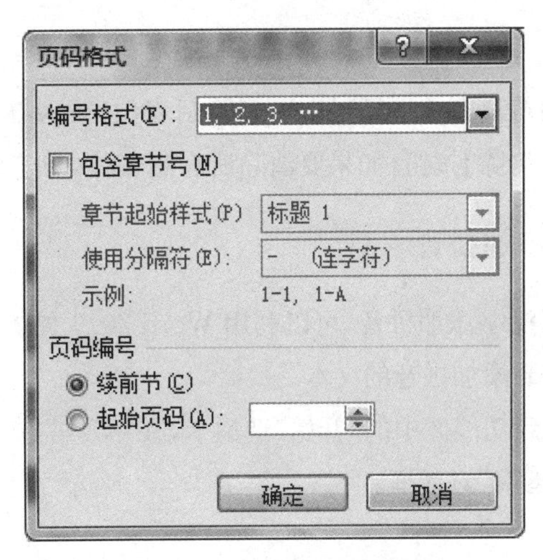

图 4-2-18　“页码格式”对话框

4.2.5 知识拓展

一、设置制表位

在一个段落中可以设置多个制表位，实现一个段落中存在多种对齐方式，也能使一列数据对齐。制表位共有5种类型：左对齐式、居中式、右对齐式、小数点对齐式、竖线对齐式。

在段落中设置了制表位后，输入文本时就可以使用[Tab]键将插入点移动到下一个制表位的位置。竖线制表位与其他制表位不同，是一种特殊的制表位，它不定位文本，仅提供参考线。

1. 设置制表位

(1) 利用“制表位选择器”设置　将插入点移到需要设置制表位的段落中，单击“水平标尺”最左端的“制表位选择器”，直到出现所需的制表符。将鼠标指针移到水平标尺上，在需要设置制表位的位置单击，水平标尺上出现一个制表符。重复以上步骤，直到所有的制表位全部设置完毕。

(2) 利用“段落”对话框设置　将插入点移到需要设置制表位的段落中，单击“开始”选项卡中“段落”工具组内右下角的“段落”对话框启动按钮，或者在该段落上右击或右击选定区，打开“段落”对话框，如图4-2-10所示。单击“段落”对话框左下角的“制表位”按钮，打开“制表位”对话框，如图4-2-19所示。选择对齐方式、前导符，输入制表位位置值，单击“设置”按钮。重复，直到所有的制表位全部设置完毕。最后单击【确定】按钮。

图4-2-19 “制表位”对话框

2. 清除制表位

拖动制表符离开水平标尺即可删除制表位；或者在“制表位”对话框的“制表位位置”列表框中选择制表位，单击【清除】按钮，如果要清除所有制表位，单击【全部清除】按钮。

二、为汉字添加拼音

如果要给汉字添加拼音，可以利用Word 2010提供的“拼音指南”功能。具体操作步骤如下：

(1) 选定要添加拼音的文本。

(2) 切换到功能区中的“开始”选项卡，在“字体”选项组中单击“拼音指南”按钮，出现如图4-2-20所示的“拼音指南”对话框。

图 4-2-20 "拼音指南"对话框

(3) 在"基准文字"框中显示了选定的文字,在"拼音文字"框中列出了对应的拼音。还可以根据需要选择"对齐方式""字体"和"字号"。

(4) 单击【确定】按钮后所选文本上方就添加了拼音,效果如图 4-2-21 所示。

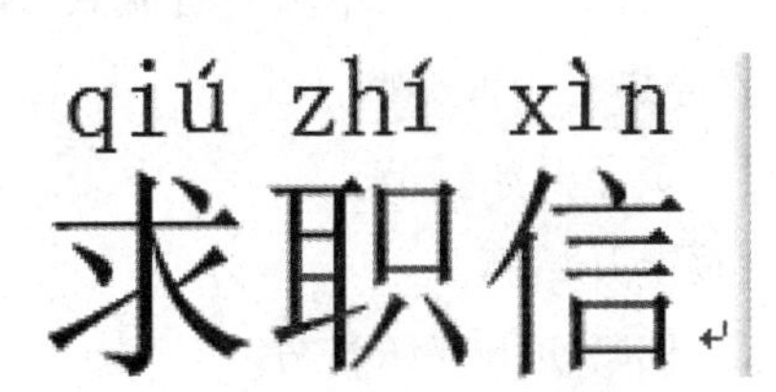

图 4-2-21 为文字添加拼音

三、设置带圈字符

要为某个字符添加圆圈或者菱形,可以使用"带圈字符"功能。具体操作步骤如下:

(1) 切换到功能区中的"开始"选项卡,在"字体"选项组中单击"带圈字符"按钮㊈,出现如图 4-2-22 所示的"带圈字符"对话框。

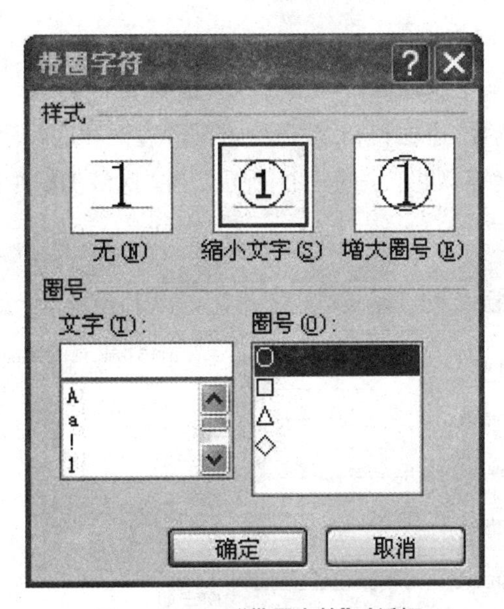

图 4-2-22 "带圈字符"对话框

(2) 在"样式"框中选择"缩小文字"或"增大圈号"选项。

(3) 在“文字”框中键入要带圈的字符；在“圈号”框中选择圈号的形状。

(4) 单击【确定】按钮，即可给输入的字符添加圈号。

四、分隔符

根据需要可以在文档中插入特定的分隔符，包括分页符、分栏符、自动换行符、分节符等。将插入点移到需要插入分隔符的位置，在“页面布局”选项卡的“页面设置”工具组中，单击“分隔符”下拉按钮，弹出“分隔符”下拉列表框，选择需要插入的的分隔符。分页符、自动换行符、分节符等分隔符都可以像普通字符一样删除。

1. 分页符

分页符是标记一页终止并开始下一页的点。分页符包括自动分页符和手动分页符，当输入文档内容到达页面末尾时，Word 会插入自动分页符。如果想要在其他位置分页，可以插入分页符。

2. 分栏符

分栏符指示分栏符后面的文字将从下一栏开始。

3. 分节符

分节符可以将整个文档分为若干节，每一节可以单独设置版式，例如页眉、页脚、行号、页边距等，从而使文档的排版更加丰富多彩。分节符共有 4 种类型：

(1) 下一页：插入分节符并在下一页上开始新节。

(2) 连续：插入分节符并在同一页上开始新节。

(3) 偶数页：插入分节符并在下一偶数页上开始新节。

(4) 奇数页：插入分节符并在下一奇数页上开始新节。

五、文字或段落的边框和底纹

1. 利用“开始”选项卡中“段落”工具组内的按钮设置

选定要添加边框和底纹的文字或段落。单击“开始”选项卡中“段落”工具组内的“边框”下拉列表框旁的下拉按钮，在下拉列表中选择需要的边框。单击“开始”选项卡中“段落”工具组内的“底纹”下拉列表框旁的下拉按钮，在下拉列表中选择需要的底纹。

2. 利用“边框和底纹”对话框设置

选定要添加边框和底纹的文字或段落。单击“开始”选项卡中“段落”工具组内的“边框”下拉列表框旁的下拉按钮，在下拉列表中选择“边框和底纹”命令，打开“边框和底纹”对话框。在“边框”选项卡中设置边框的形式、样式、颜色、宽度等，如图 4-2-23 所示。在“底纹”选项卡中设置边框的形式、线形、颜

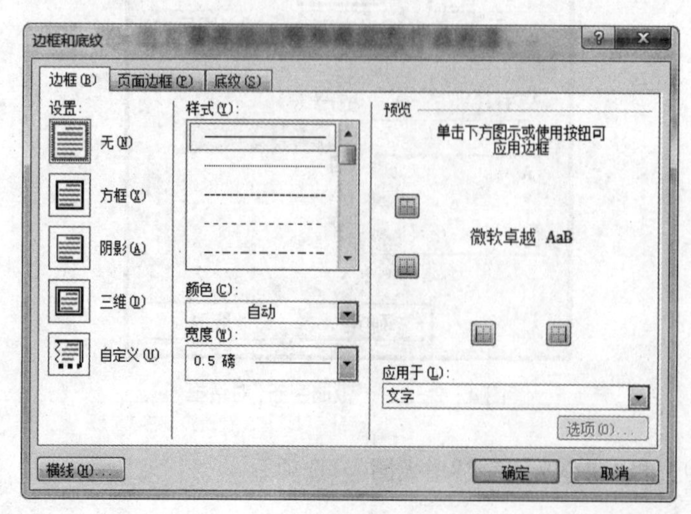

图 4-2-23 “边框和底纹”对话框

色、宽度等。在“应用于”下拉列表框中选择应用范围。最后单击【确定】按钮。

利用“边框和底纹”对话框可以设置比“开始”选项卡中“段落”工具组内的“边框”和“底纹”按钮所提供的更加多样的边框和底纹。

六、页面边框

在“边框和底纹”对话框的“页面边框”选项卡中,可以设置页面边框的形式、样式、颜色、宽度、艺术型等,在“应用于”下拉列表框中选择应用范围,最后单击【确定】按钮。

任务 4.3 制作“个人简历表”

4.3.1 任务要点

(1) 创建表格。

(2) 表格的编辑与修饰。

4.3.2 任务描述

完成了求职信的编辑,小明还需要一份个人简历。个人简历也称为个人履历,是指求职者在求取或是转换工作岗位时,向用人单位证明自己工作经历、条件,对自己职业学历爱好情况比较直观详细的介绍,如图 4-3-1 所示。

个人简历

<table>
<tr><td>学院</td><td colspan="5"></td><td rowspan="5">照片</td></tr>
<tr><td>专业</td><td colspan="5"></td></tr>
<tr><td>姓名</td><td></td><td>性别</td><td></td><td>民族</td><td></td></tr>
<tr><td>出生年月</td><td></td><td>籍贯</td><td></td><td>身高</td><td></td></tr>
<tr><td>学历</td><td></td><td>政治面貌</td><td colspan="3"></td></tr>
<tr><td>就业意向</td><td colspan="6"></td></tr>
<tr><td>兴趣爱好</td><td colspan="6"></td></tr>
<tr><td>个人说明</td><td colspan="6"></td></tr>
<tr><td>家庭地址</td><td colspan="6"></td></tr>
<tr><td>住址</td><td colspan="2"></td><td>联系电话</td><td></td><td>手机</td><td></td></tr>
<tr><td rowspan="4">本人简历</td><td colspan="2">时间</td><td colspan="2">学校</td><td colspan="2">任职</td></tr>
<tr><td colspan="2"></td><td colspan="2"></td><td colspan="2"></td></tr>
<tr><td colspan="2"></td><td colspan="2"></td><td colspan="2"></td></tr>
<tr><td colspan="2"></td><td colspan="2"></td><td colspan="2"></td></tr>
</table>

续 表

奖惩情况	

图 4-3-1 个人简历

4.3.3 任务实施

(1) 在“求职信”后另起一页,输入“个人简历表”;

(2) 在“个人简历表”下方插入表格 7×12,依照图 4-3-1,分别进行相应单元格合并、拆分;

(3) 分别输入相应内容;

(4) 设置对齐方式、文字方向、字体格式等设置。

4.3.4 知识链接

表格由若干水平的行和垂直的列组成,行和列的交叉区域称为单元格。在单元格中可以输入文字、数字、图形等,甚至可以嵌套一个表格。Word 提供了丰富的表格功能,可以很方便地在文档中插入、处理表格,以及将表格转换成各类统计图表。

一、创建、删除表格

1. 创建表格

(1) 创建简单表格　将插入点移动到需要插入表格的位置。单击“插入”选项卡→“表格”组→“表格”下拉按钮,在弹出的下拉列表的网格上移动指针,直到突出显示合适数目的行和列数,如图 4-3-2 所示,然后单击鼠标左键即可;或者在弹出的下拉列表中选择“插入表格”命令,打开“插入表格”对话框,如图 4-3-3 所示,在该对话框中设置表格的行数、列数以及“自动调整”操作等,最后单击【确定】按钮。

图 4-3-2 “插入表格”下拉列表

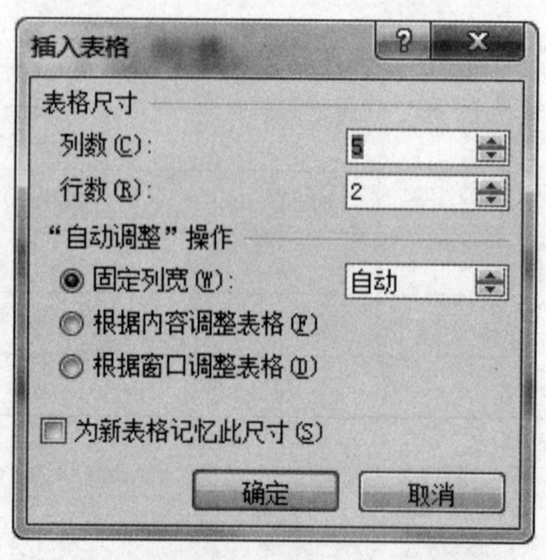

图 4-3-3 “插入表格”对话框

(2) 创建复杂表格　将插入点移动到需要插入表格的位置。单击“插入”选项卡→“表格”组→“表格”下拉按钮，在弹出的下拉列表中选择“绘制表格”命令，此时指针变成绘制表格的铅笔形状。首先，拖动鼠标形成一个表格的外部边框；然后，根据需要拖动鼠标在表格中绘制横线、竖线或斜线。表格绘制完成后，按[Esc]键或单击“表格工具”→“设计”→“绘图边框”→“绘制表格”按钮结束绘制。

在绘制表格的过程中，单击“表格工具”→“设计”→“绘图边框”→“擦除”按钮可以删除行或列。按[Esc]键或再次单击“表格工具”→“设计”→“绘图边框”→“擦除”按钮可以结束擦除操作。

利用绘制表格功能也可以再次绘制已有的表格。

(3) 快速表格　利用快速表格功能可以在文档中插入大量的 Word 预定格式的表格。

将插入点移动到需要插入表格的位置。单击“插入”选项卡→“表格”组→“表格”下拉按钮，在弹出的下拉列表中单击“快速表格”命令，弹出“内置”下拉列表，如图 4-3-4所示。选择需要的表格样式，即可插入该表格。表格插入后，再根据需要修改表格的内容和样式。

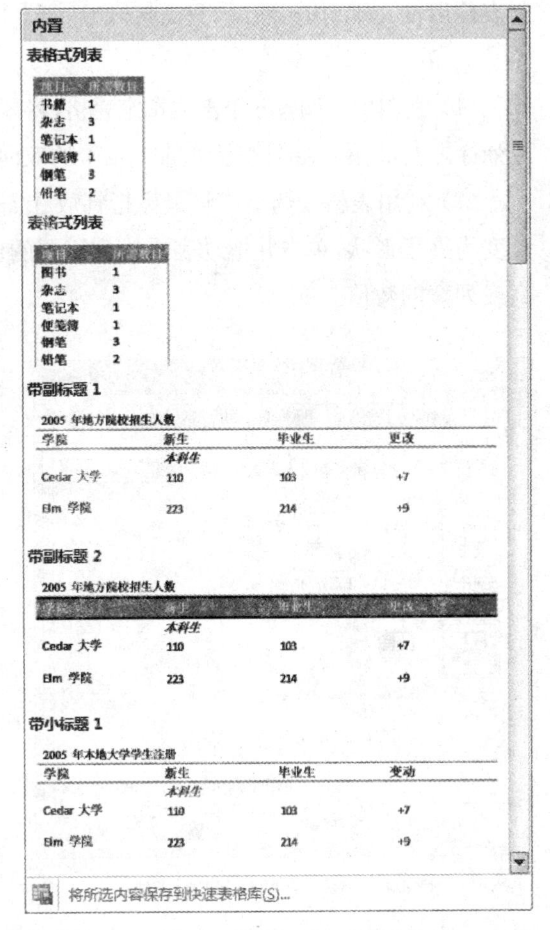

图 4-3-4 “快速表格”内置列表

2. 删除表格

单击表格，再单击“表格工具”选项卡→“布局”选项卡→“行和列”组→“删除”下拉按钮，选择“删除表格”命令；或者选定表格，再在表格上右击，在弹出的快捷菜单中选择“删除表格”命令。

二、编辑表格

插入表格后，Word 会出现“表格工具”选项卡，其中包含“设计”和“布局”两个子选项卡，用于设置不同的颜色、表格样式、边框、底纹等，也可以在表格中添加、删除行或列。

1. 选定单元格、行、列或表格

(1) 选定单元格　分为以下 3 种：

① 选定一个单元格。将指针移动到需要某单元格的左侧，当指针变为指向右上方的实心箭头时单击。

② 选定连续单元格区域。拖动选定连续单元格区区域。

③ 选定不连续单元格区域。选定一个单元格后，按住[Ctrl]键，再选定其他单元格。

(2) 选定行　分为以下两种：

① 选定一行。将指针移动到需要选定行的左侧选定区，当指针变为指向右上方的空心箭头时单击。

② 选定连续多行。拖动选定连续多行。

③ 选定不连续多行。选定一行后，按住[Ctrl]键，再选定其他行。

(3) 选定列　分为以下 3 种：

① 选定一列。将指针移动到需要选定列的顶部选定区，当指针变为指向下方的实心箭头时单击。

② 选定连续多列。拖动选定连续多列。

③ 选定不连续多列。选定一列后，按住[Ctrl]键，再选定其他列。

(4) 选定表格　将指针移动到表格的左上角，单击“表格的移动控制点”图标 ⊞ 即可。

2. 输入表格内容

创建表格后，可在表格中输入内容。单击需要输入内容的单元格，将插入点定位在该单元格中，这时可以在该单元格中输入文本、图形等各种内容。

按[Tab]键或[Shift]+[Tab]组合键可以在上一单元格和下一单元格之间移动插入点，按[Tab]键向上一单元格移动，按[Shift]+[Tab]组合键向下一单元格移动。当插入点移动到表格的最后一个单元格时，再按[Tab]键，会在该表格最后增加一行。

在表格中文本的格式化方法与前述文本的格式化方法相同。在表格中也可以像段落中一样来设置制表位以使文本对齐，然后，只需按[Ctrl]+[Tab]键便可将插入点移动到下一个制表位的位置。

3. 调整行高或列宽

(1) 利用标尺调整　单击或选定表格，将鼠标指针指向需要改变行高或列宽的垂直或水平标尺中的行或列标志上，当鼠标指针变为垂直或水平的双向箭头时，单击并拖动行或列标志到需要的行高或列宽位置。

(2) 利用表格线调整　将鼠标指针放在需要调整调整行高或列宽的行或列的表格线上，直到鼠标指针变为夹子形状，单击并拖动表格线到需要的位置即可。拖动表格线时按住[Alt]键则在标尺上显示行高或列宽的数值。

图 4-3-5 "表格属性"对话框

在拖动表格线调整行高或列宽时，如果增加(或减少)了某行的高度或某列的宽度，其相邻的行的高度或列的宽度会随着减少(或增加)，而表格的总高度或总宽度不会变化。如果要使其他行的高度或列的宽度保持不变而表格的总高度或总宽度变化，拖动表格线时按住[Shift]键即可。

(3) 利用"表格属性"调整　选定表格中需要调整行高或列宽的行或列，在其上右击，弹出快捷菜单，选择"表格属性"命令，或者单击"表格工具"选项卡→"布局"选项卡→"表"组→"属性"按钮，打开"表格属性"对话框，如图 4-3-5 所示，在"行"或"列"选项卡中指定行高或列宽。

(4) 利用"自动调整"命令调整　Word 提供了 3 种自动调整表格的方式：根据内容调整表格、根据窗口调整表格、固定列宽。

单击或选定表格，在其上右击，弹出快捷菜单，指针指向"自动调整"命令，在弹出的列表框中选择"根据内容调整表格""根据窗口调整表格"或"固定列宽"命令。

也可以在单击或选定表格后单击"表格工具"选项卡→"布局"选项卡→"单元格大小"组→"自动调整"下拉按钮，在下拉列表框中选择"根据内容调整表格""根据窗口调整表格"或"固定列宽"。

4. 插入、删除单元格、行或列

(1) 插入单元格　将插入点定位到需要插入单元格的位置后右击，在弹出的快捷菜单中将指针移动到"插入"选项上，在弹出的列表框中选择"插入单元格"命令，打开"插入单元格"对话框，如图 4-3-6 所示，选择一种单元格的插入方式。

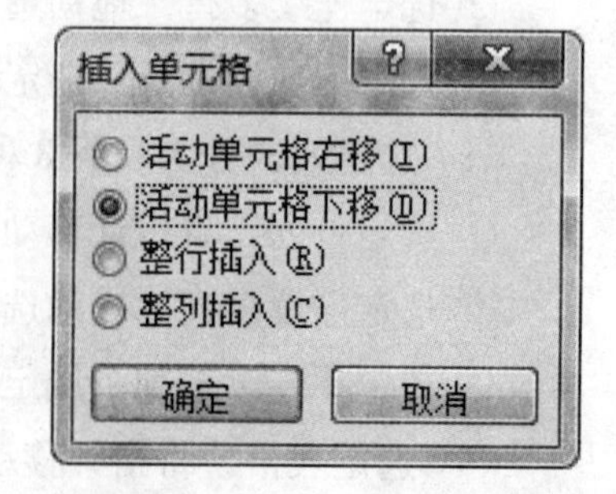

图 4-3-6 "插入单元格"对话框

也可以在将插入点定位到需要插入单元格的位置后单击"表格工具"选项卡→"布局"选项卡→"行和列"组→"插入单元格启动器"按钮，打开"插入单元"对话框。

(2) 插入行或列 首先在需要插入行或列的位置选定 n 行或 n 列，然后在其上右击，在弹出的快捷菜单中将指针移动到“插入”选项，在弹出的列表框中根据需要选择“在左侧插入列”“在右侧插入列”“在上方插入行”“在下方插入行”命令，这样就在相应位置插入 n 行或 n 列。

也可以在需要插入行或列的位置选定 n 行或 n 列后，根据需要单击“表格工具”选项卡→“布局”选项卡→“行和列”组→“在上方插入”“在下方插入”“在左侧插入”“在右侧插入”按钮来插入 n 行或 n 列。

要在表格的某一行下方插入一行，将插入点置于该行的最右边单元格的外侧，按[Enter]键。将插入点置于最后一行最右边单元内，按[Enter]键也可以在最后一行下方插入一行。

(3) 删除单元格、行或列 单击或选定需要删除的单元格、行或列后右击，在弹出的快捷菜单中选择“删除单元格”命令，打开“删除单元格”对话框，如图 4-3-7 所示，根据需要选择“右侧单元格左移”“下方单元格上移”“删除整行”“删除整列”选项，最后单击【确定】按钮。

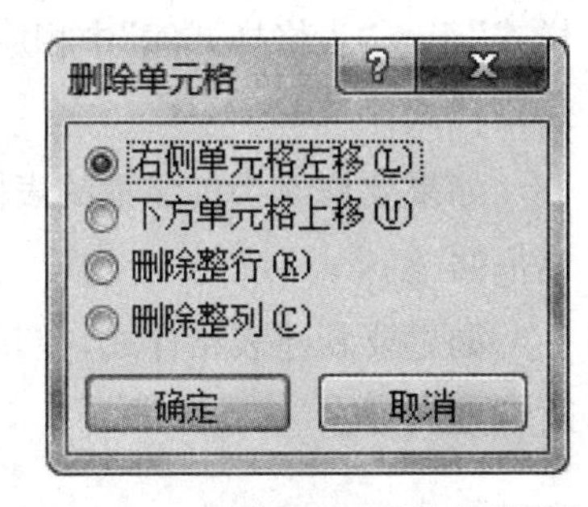

图 4-3-7 “删除单元格”对话框

也可在单击或选定需要删除的单元格、行或列后右击后，单击“表格工具”选项卡→“布局”选项卡→“行和列”组→“删除”下拉按钮，在弹出的“下拉列表框中”根据需要选择“删除单元格”“删除行”“删除列”命令。

5. 拆分、合并单元格

拆分单元格是指把一个单元格拆分成多个单元格。合并单元格是指把多个单元格合并为一个单元格。

(1) 拆分单元格 单击需要拆分的单元格后右击，在弹出的快捷菜单中选择“拆分单元格”命令，打开“拆分单元格”对话框，如图 4-3-8 所示，根据需要选择需要拆分成的“列数”“行数”，最后单击【确定】按钮。

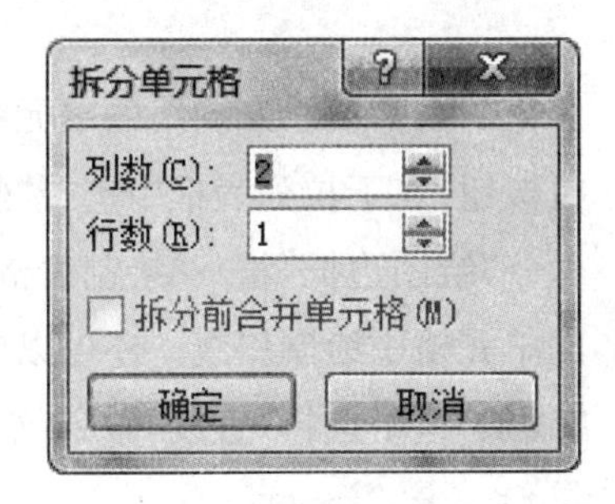

图 4-3-8 “拆分单元格”对话框

也可以在单击需要拆分的单元格后，单击“表格工具”选项卡→“布局”选项卡→“合并”组→“拆分单元格”按钮，打开“拆分单元格”对话框。

(2) 合并单元格 选定需要合并的单元格后，在其上右击，在弹出的快捷菜单中选择“合并单元格”命令。也可以在选定需要合并的单元格后单击“表格工具”选项卡→“布局”选项卡→“合并”组→“合并单元格”按钮。

三、拆分、合并表格

拆分表格是指将一个表格拆分成两个独立的表格。将插入点置于需要拆分出的部分的第一行，单击“表格工具”选项卡→“布局”选项卡→“合并”组→“拆分表格”按钮即可。也可以按[Ctrl]+[Shift]+[Enter]键来拆分表格。

合并表格是指将两个独立的表格合并为一个表格。合并表格只需要将两个需要合并的表格之间的行删除即可。

四、表格的排版

1. 设置单元格中文本的对齐方式

Word 为单元格中文本的对齐提供了 9 种方式：靠上两端对齐、靠上居中对齐、靠上右对齐、中部两端对齐、水平居中、中部右对齐、靠下两端对齐、靠下居中对齐、靠下右对齐。

单击或选定需要设置文本对齐方式的单元格后右击，在弹出的快捷菜单中将指针移动到“单元格对齐方式”选项上，在弹出的列表框中选择相应的对齐方式命令。也可以在单击或选定需要设置文本对齐方式的单元格后，单击“表格工具”选项卡→“布局”选项卡→“对齐方式”组中相应的对齐方式按钮。

2. 表格的边框和底纹

给表格添加边框和底纹的方法与给文字或段落添加边框和底纹的方法相同。也可以单击“表格工具”选项卡→“设计”选项卡→“表格样式”组中的“边框”和“底纹”按钮来给表格添加边框和底纹。

3. 自动套用格式

Word 提供了很多种预定义的表格样式，每种格式都包含有表格的边框、底纹、字体、颜色等格式化设置，用户可以在表格格式化时直接套用。

单击或选定需要自动套用格式的表格，再根据需要单击“表格工具”选项卡→“设计”选项卡→“表格样式”组→“表格样式库”中相应按钮，或者单击其下拉按钮，在弹出的下拉列表中根据需要选择预定义表格样式。

如果要修改当前显示的表格样式，在其下拉列表框中选择“修改表格样式”命令，打开“修改样式”对话框修改。

如果要新建表格样式，在其下拉列表框中选择“新建表样式”命令，打开“根据格式设置创建新样式”对话框新建。

4.3.5 知识拓展

一、表格编辑

1. 绘制斜线

单击需要绘制斜线的单元格，单击“表格工具”选项卡→“设计”选项卡→“表格样式”组→“边框”下拉按钮，在下拉列表框中选择“斜下框线”或“斜上框线”。也可以单击“表格工具”选项卡→“设计”选项卡→“绘图边框”组→“绘制表格”按钮，在下拉列表框中选择“斜下框线”或“斜上框线”，在需要绘制斜线的单元格中绘制斜线。还可以单击“插入”选项卡→“插图”组→“形状”下拉按钮，在弹出的下拉列表的“线条”组中选择“直线”命令，给表格绘制各种斜线。

2. 重复标题行

Word 中表格的行数没有限制，当表格行数超过一页时，会自动添加分页符，但后续页面上不会重复表格的标题。如果需要在后续页面上重复表格的标题，首先单击表格的标题，然后单击“表格工具”选项卡→“布局”选项卡→“数据”组→“重复标题行”按钮即可。

重复标题行的表格必须是连续的，即一页放不下自动转到下一页，中间不能有空行。

3. 文本与表格的转换

(1) 文本转换成表格　Word 可以将具有某种排列规则的文本转换成表格形式，转换时必须先指定文本中的逗号、制表符、段落标记或其他字符作为文本的分隔符。

选定需要转换成表格的文本，单击“插入”选项卡→“表格”组→“表格”下拉按钮，在下拉列表中选择“文本转换成表格”命令，打开“将文字转换成表格”对话框，如图 4-3-9 所示，根据需要设置“表格尺寸”“‘自动调整’操作”“文字分隔位置”，最后单击【确定】按钮。

(2) 表格转换成文本　Word 可以将表格转换成文本形式，转换时必须指定逗号、制表符、段落标记或其他字符作为转换后的文本中分隔文本的字符。

选定需要转换成文本的行或表格，单击“表格工具”选项卡→“布局”选项卡→“数据”组→“转换为文本”按钮，打开“表格转换成文本”对话框，如图 4-3-10 所示，根据需要选择“文字分隔符”，最后单击【确定】按钮。

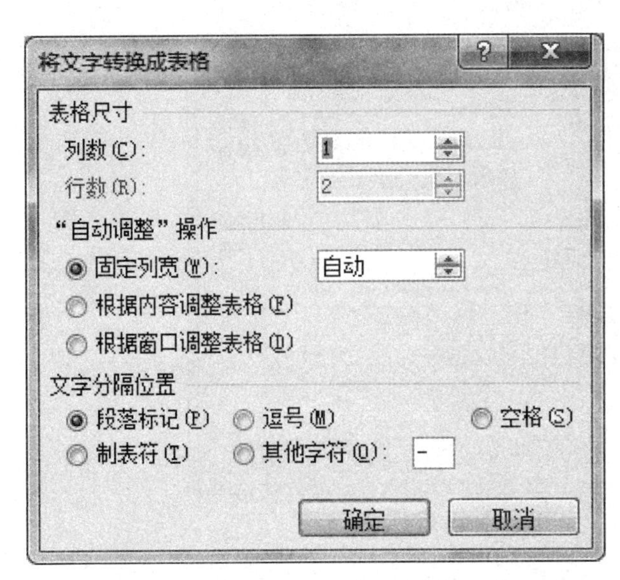

图 4-3-9　“将文字转换成表格”对话框

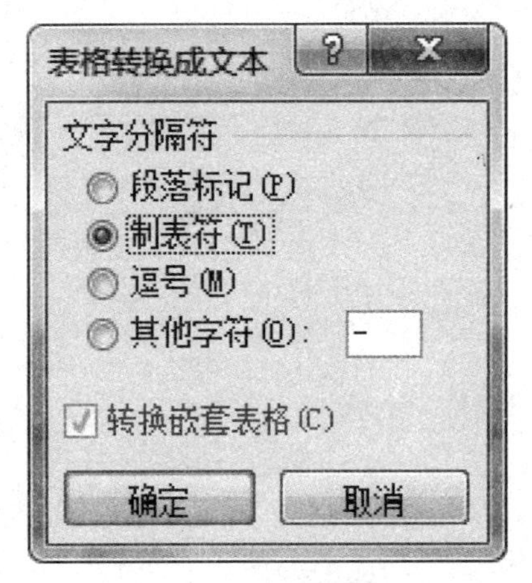

图 4-3-10　“表格转换成文本”对话框

二、表格的数据操作

1. 表格计算

Word 表格提供了加、减、乘、除等算术计算功能，还提供了常用的统计函数功能，比如求和、求平均值、求最大值、求最小值、统计个数等函数。

单击需要存放计算结果的单元格，再单击“表格工具”选项卡→“布局”选项卡→“数据”组→“公式”按钮，打开公式对话框，如图 4-3-11 所示，在“公式”框中输入计算公式或在“粘贴函数”框中选择需要的函数，在“编号格式”下拉列表框中选择计算结果的输出格式，最后单击【确定】按钮。输入公式时，必须以“＝”开始，后跟计算式子。

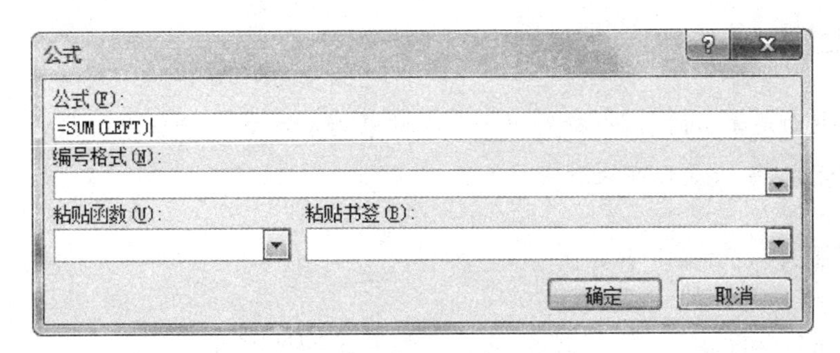

图 4-3-11　“公式”对话框

在表格中，列号用 A、B、C、……等表示，行号用 1、2、3、……等表示。公式中引用单元格可以用字母＋数字来表示，比如“A2”“C5”等。连续的单元格区域可以用“A1:D1”、“B2:C4”、left、above 等表示。

2. 表格排序

Word 可以对表格按列依数据的数字、笔画、拼音、日期等方式以升序或降序进行排序。排序时最多可以选择 3 个关键字，表格可以有标题行，也可以没有标题行。

需要说明的是排序的表格不能有合并的单元格。

单击或选定表格后，单击“表格工具”选项卡→“布局”选项卡→“数据”组→“排序”按钮，打开“排序”对话框，如图 4-3-12 所示。在该对话框中，根据需要设置排序的关键字、类型、方式以及有无标题行。设置完毕，单击【确定】按钮。

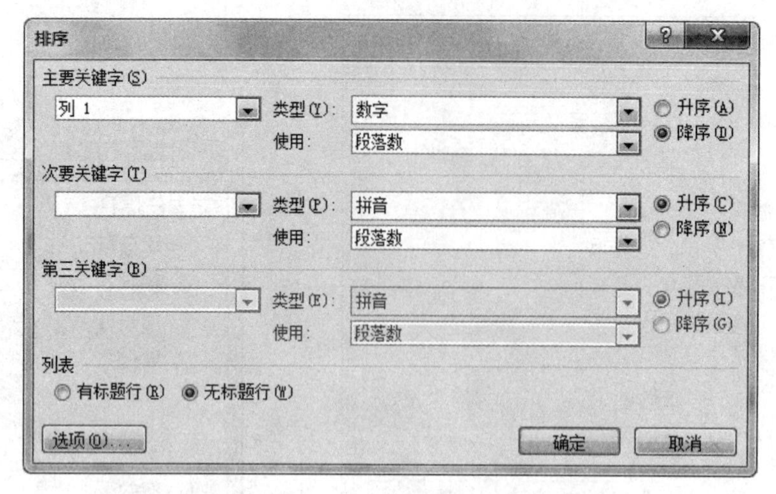

图 4-3-12 "排序"对话框

任务 4.4 制作"求职简历封面"

4.4.1 任务要点

(1) 插入图片并设置图片格式。

(2) 插入文本框并设置文本框格式。

(3) 绘制自选图形。

(4) 插入艺术字。

4.4.2 任务描述

大学生求职信封面是简历的门面,折射出一个人的喜好和素养。一份精心设计的简历封面起着吸引招聘者眼球的作用,从而大大提高求职成功率。

4.4.3 任务实施

求职信封面通常包含标题、校徽、风景照、求职者姓名、邮箱和电话等信息。

(1) 在"求职信"前插入分隔符,另起一页。

(2) 左上方插入校徽,并调整图片高度为 2 cm。

(3) 插入艺术字"求职信",设置艺术字格式,文字大小为 60 磅,居中显示。

(4) 可在"求职信"标题下方插入学校风景图片,将图片的大小设置为高 8 cm;图片样式设置为映像圆角矩形;将图片位置设置为四周型环绕。

(5) 在学院风景图下方插入文本框,添加 4 行文字,分别为姓名、专业、毕业院校、联系方式。设置文本框格式和字体格式。

4.4.4 知识链接

图文混排是 Word 的特色功能之一,用户可以在文档的任意位置插入图片、图形、艺术字、文本框等对象，从而设计并制作出图文并茂、内容丰富的文档。

一、插入图片和剪贴画

1. 插入剪贴画

Word 提供了多种剪贴画，并分类，用户可以由剪辑库中选取图片插入到文档中。默认情况下，Word 中的剪贴画不会全部显示出来，而需要使用相关的关键字搜索。用户可以在本地磁盘和Office. com网站中搜索。Office. com 提供了大量剪贴画，用户可以在联网状态下搜索并使用这些剪贴画。将插入点置于需要插入剪贴画的位置。

单击“插入”选项卡→“插图”组→“剪贴画”按钮，打开“剪贴画”任务窗格，在“搜索文字”文本框中输入需要插入剪贴画的一种主题，比如“运动”，单击【搜索】按钮，则系统中有关“运动”主题的剪贴画都以缩略图的方式显示出来，如图 4-4-1所示。单击需要插入的剪贴画。

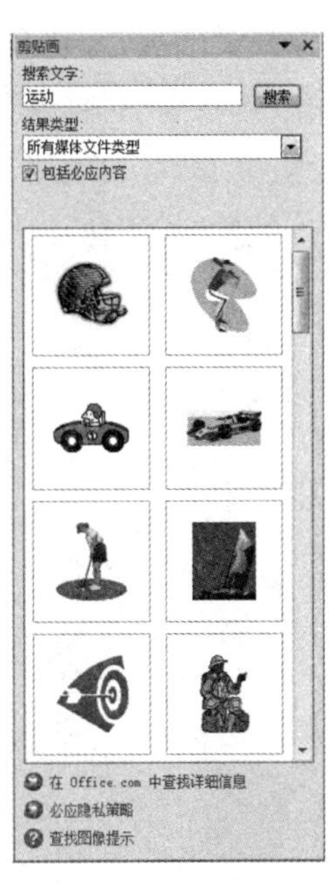

图 4-4-1 “剪贴画”任务窗格

2. 插入图片文件

将插入点置于需要插入图片文件的位置。单击“插入”选项卡→“插图”组→“图片”按钮，打开“插入图片”对话框，如图 4-4-2 所示。选择所需图片文件，然后双击或单击【插入】按钮，或者单击“插入”按钮右侧的下拉按钮，在弹出的下拉列表中选择“链接到文件”或“插入和链接”命令。

图 4-4-2 “插入图片”对话框

采用双击或单击“插入”按钮插入图片，是将图片文件以嵌入的方式插入到文档中。当原始图片文件发生变化时，比如改变位置、修改文件名、图片内容变化或文件被删除，文档中的图片依然显示原图片内容。

采用“链接到文件”命令插入图片，是将图片文件以链接的方式插入到文档中，文档仅与原始图片文件建立链接，图片不会被插入到文档中。当原始图片文件内容发生变化时，文档中的图片会跟着变化；但当原始图片文件改变位置、修改文件名或文件被删除，文档中的图片将不再显示。

采用“插入和链接”命令插入图片，是将图片文件以插入和链接的方式插入到文档中，图片将会被插入到文档中，且与原始图片文件建立链接。当原始图片文件内容发生变化时，文档中的图片会跟着变化；但当原始图片文件改变位置、修改文件名或文件被删除，文档中的图片将依然显示原图片内容，保持

不变。

3. 编辑图片

(1) 缩放、旋转图片　单击图片,图片的四周会出现 8 个缩放控制点和和 1 个旋转控制点,拖动缩放控制点可放大或缩小图片,拖动旋转控制点可旋转图片。也可以单击图片后,在"图片工具"选项卡→"格式"选项卡→"大小"组的"高度"或"宽度"微调框中输入高度或宽度值,单击"图片工具"选项卡→"格式"选项卡→"排列"组→"旋转"下拉按钮,在弹出的下拉列表中选择旋转选项;或者单击"大小"组右下角的"布局"启动器,打开"布局"对话框,如图 4-4-3 所示,在"大小"选项卡中根据需要设置图片的高度、宽度或旋转。

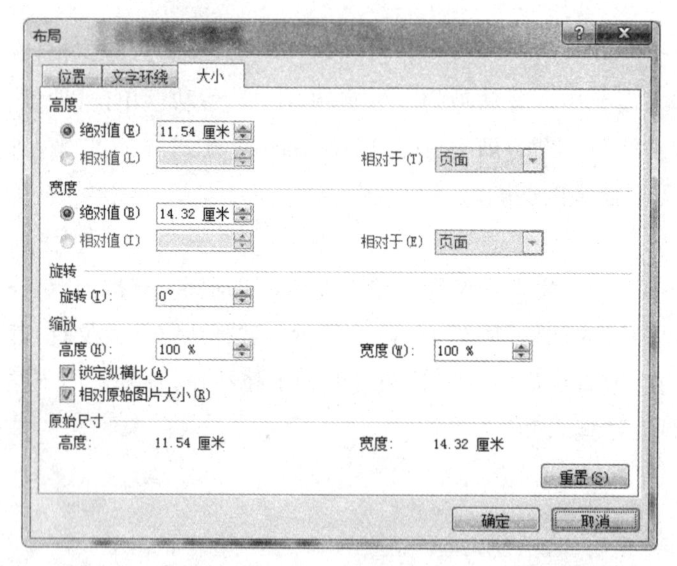

图 4-4-3　"布局"对话框

(2) 设置图片格式　单击图片,再单击"图片工具"选项卡→"格式"选项卡→"图片样式"组→"快速样式"中的图片样式可以快速设置图片格式;也可以单击"图片边框""图片效果""图片版式"等下拉按钮进行图片边框、效果、版式的设置;还可以单击右下角的"设置图片格式"启动器,打开"设置图片格式"对话框对图片进行各种设置,如图 4-4-4 所示。

图 4-4-4　"设置图片格式"对话框

(3) 裁剪图片　选中图片，单击“图片工具”选项卡→“格式”选项卡→“大小”组→“裁剪”按钮，此时图片的四周会出现8个裁剪控制点，拖动裁剪控制点至需要的位置，裁剪完毕按[Esc]键或双击其他位置。

图片被裁剪后，裁剪掉的部分只是被隐藏了，它仍然作为图片文件部分被保留。如果需要删除裁剪掉的部分，可以单击“图片工具”选项卡→“格式”选项卡→“调整”组→“压缩图片”按钮，打开“压缩图片”对话框，如图4－4－5所示，选中“删除图片的裁剪区域”复选框，然后单击【确定】按钮。

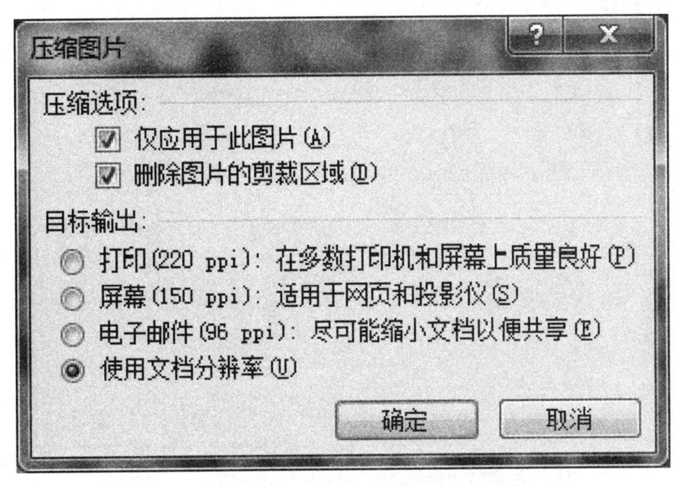

图4－4－5　“压缩图片”对话框

删除图片的裁剪部分后，可以减小文档的文件大小，但此操作是不可撤销的，因此，只有在确定所有的裁剪和更改后才执行删除操作。

(4) 设置图片的位置和文字环绕方式　图片的位置是指图片在文档中的存放方式，包括嵌入式和浮动式。嵌入式是指图片位于文本中，可随文本一起移动及设定格式，但图片本身不能自由移动。浮动式是指文字环绕在图片的四周、图片浮于文字上方或衬于文字下方，图片在页面上可以自由移动，文字会随着图片的移动在其周围变化。

图片的文字环绕方式是指图片四周文字的排版方式。

默认情况下，插入到文档中的图片为嵌入式，用户可根据需要设置图片的位置和文字的环绕方式。

① 设置图片位置。先单击图片，再单击“图片工具”选项卡→“格式”选项卡→“排列”组→“位置”下拉按钮，在下拉列表框中选择图片的位置，或者选择“其他布局选项”，打开“布局”对话框，在“位置”选项卡中设置图片位置，如图4－4－6所示。

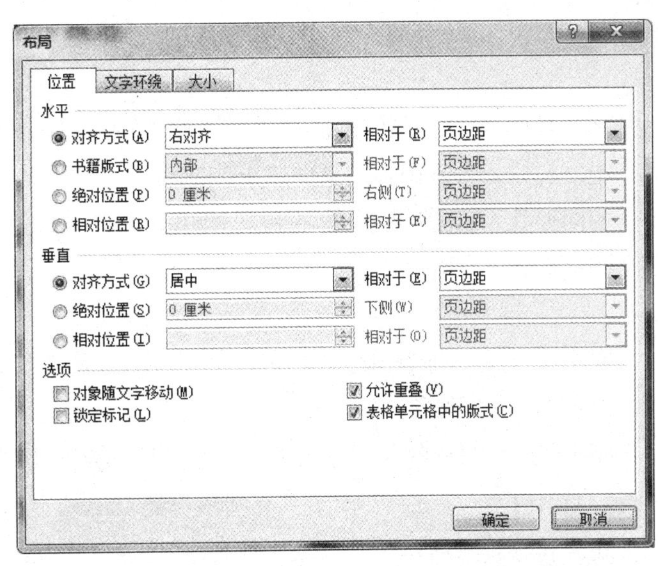

图4－4－6　“布局”对话框的“位置”选项卡

② 设置图片的文字环绕方式。先单击图片，再单击“图片工具”选项卡→“格式”选项卡→“排列”组→“自动换行”下拉按钮，在下拉列表框中选择文字的环绕方式，或者选择“其他布局选项”，打开“布局”对话框，在“文字环绕”选项卡中设置文字环绕方式，如图 4－4－7 所示。

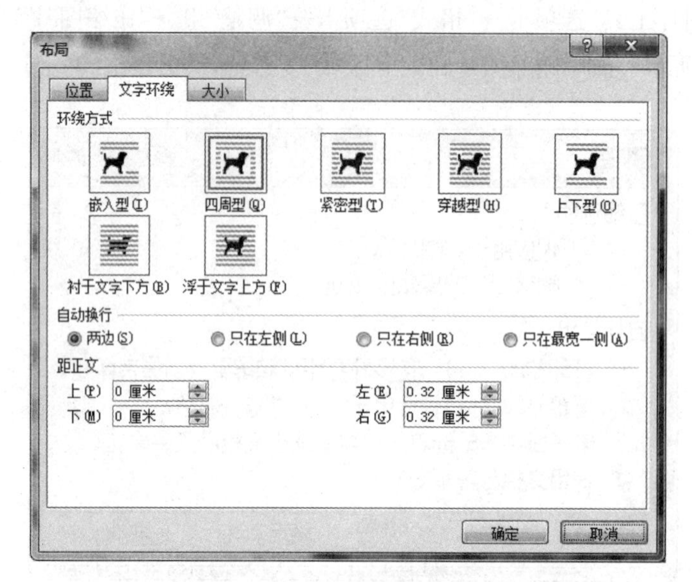

图 4－4－7 “布局”对话框的“文字环绕”选项卡

每种文字环绕方式的含义为：

- 四周型环绕：不管图片是否为矩形图片，文字以矩形方式环绕在图片四周；
- 紧密型环绕：如果图片是矩形，则文字以矩形方式环绕在图片周围，如果图片是不规则图形，则文字将紧密环绕在图片四周；
- 穿越型环绕：文字可以穿越不规则图片的空白区域环绕图片；
- 上下型环绕：文字环绕在图片上方和下方；
- 衬于文字下方：图片在下、文字在上分为两层，文字将覆盖图片；
- 浮于文字上方：图片在上、文字在下分为两层，图片将覆盖文字；
- 编辑环绕顶点：用户可以编辑文字环绕区域的顶点，实现更个性化的环绕效果。

二、绘制自选图形

自选图形是指用户自行绘制的线条和形状，用户还可以直接使用 Word 2010 提供线条、矩形、基本几何形状、箭头、公式形状、流程图、标注、星与旗帜等，利用这些形状还可以组合成更复杂的形状。

1. 插入自选图形

单击“插入”选项卡→“插图”组→“形状”下拉按钮，在下拉列表框中选择需要插入的形状，鼠标指针在文档中变为十字。在文档中需要插入自选图形的页面单击或拖动。

如果需要连续插入多个相同形状，右击所需形状，在弹出的快捷菜单中选择“锁定绘图模式”，这样便可在文档中连续插入多个相同形状了，插入完毕后按[Esc]键。

2. 编辑自选图形

(1) 选定自选图形　如果需要选定一个图形，单击该图形即可；如果需要选定多个图形，先按住[Shift]键，再依次单击需要选定的每一个图形。

(2) 缩放、旋转图形　单击图形后，图形的四周会出现 8 个缩放控制点和 1 个旋转控制点，拖动缩放控制点可放大或缩小图形，拖动旋转控制点可旋转图形。有些图形还会出现形状的控制点，拖动以改变形状。也可以利用功能区来缩放和旋转图形，只不过选定图形后在功能区中显示的是“绘图工具”的“格式”选项卡，而不是“图片工具”的“格式”选项卡，设置图形的方法和设置图片的方法类似。

3. 设置图形样式

单击图形，再单击“绘图工具”选项卡→“格式”选项卡→“形状样式”组→“快速样式”中的形状样式可以快速设置图形样式；也可以单击“形状填充”“形状轮廓”“形状效果”等下拉按钮进行图形样式的进一步设置；还可以单击右下角的“设置形状格式”启动器，打开“设置形状格式”对话框对图形进行各种设置，如图 4-4-8 所示。

图 4-4-8 “设置形状格式”对话框

4. 编辑多个图形

(1) 组合、取消组合多个图形 选定需要组合的多个图形后在其上右击，在弹出的快捷菜单中选择“组合”选项中的“组合”命令，这样选中的多个图形就形成一个图形了。也可以单击“绘图工具”选项卡→“格式”选项卡→“排列”组→“组合”下拉按钮，在下拉列表中选择“组合”命令。选定需要取消组合的组合图形后在其上右击，在弹出的快捷菜单中选择“组合”选项中的“取消组合”命令，组合图形取消组合并分离成多个图形。也可以单击“绘图工具”选项卡→“格式”选项卡→“排列”组→“组合”下拉按钮，在下拉列表中选择“取消组合”命令。

(2) 对齐多个图形 选定需要对齐的多个图形，单击“绘图工具”选项卡→“格式”选项卡→“排列”组→“对齐”下拉按钮，在下拉列表中选择需要的对齐方式命令。

(3) 设置多个图形的层次 文档中的多个图之间具有层次关系，位置重叠时上层的图形会遮挡下层的图形。选定一个需要上移或下移的图形后在其上右击，在弹出的快捷菜单中选择“置于顶层”或“置于底层”选项中的需要的命令，使图形置于顶层、上移一层、浮于文字上方，或者置于底层、下移一层、衬于文字下方等。也可以单击“绘图工具”选项卡→“格式”选项卡→“排列”组→“上移一层”或“下移一层”下拉按钮，在下拉列表中选择需要的命令。

三、插入艺术字

Word 2010 中的艺术字不再是普通文字，而是作为图形对象来操作的。

1. 插入艺术字

单击“插入”选项卡→“文本”组→“艺术字”下拉按钮，在下拉列表中选择一种艺术字的样式，文档中出现“请在此放置您的文字”文本框。删除文本框中的文字，输入所需的文字。输入完毕，单击文档中其他任意位置。

2. 编辑、修改艺术字

单击艺术字即可对艺术字进行编辑、修改，方法与编辑、修改普通文字的方法相同。

3. 设置艺术字格式

单击艺术字，在文本框中选定需要设置的艺术字设置其格式，方法与设置普通文字格式的方法相同。

4. 设置艺术字样式

单击艺术字，再单击“绘图工具”选项卡→“格式”选项卡→“艺术字样式”组中快速样式下拉按钮，在下拉列表中选择需要的样式。单击“文本填充”“文本轮廓”“文本效果”等下拉按钮，可设置艺术字的填充、轮廓、外观等。

5. 设置艺术字文本框样式

设置艺术字文本框样式的方法与设置图形样式的方法相同。

6. 缩放、旋转艺术字文本框

缩放、旋转艺术字文本框的方法与缩放、旋转图形的方法相同。

四、插入文本框

使用文本框，可以将 Word 文本很方便地放置到 Word 2010 文档页面的指定位置，而不受段落格式、页面设置等因素的影响。使用文本框还可以对文档的局部内容进行竖排、添加底纹等特殊形式的排版。

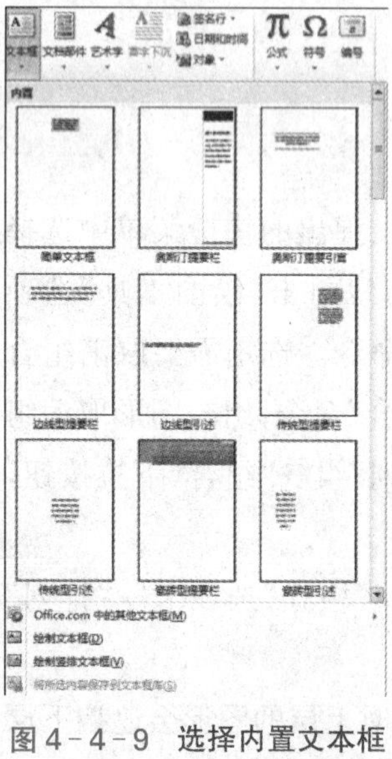

文本框也是一种图形，主要用来在文档中精确定位文字、表格、图形，其设置方法与设置图形的方法相同。

图 4-4-9 选择内置文本框

1. 插入文本框

单击“插入”选项卡→“文本”组→“文本框”下拉按钮，在打开的内置文本框面板中选择合适的文本框类型，如图 4-4-9 所示。

返回 Word 2010 文档窗口，所插入的文本框处于编辑状态，直接输入用户的文本内容即可。

2. 设置文本框的边框

用户可以根据实际需要为文本框设置边框样式，或设置为无边框，操作步骤如下：

(1) 单击选中文本框，切换到的“格式”选项卡→“形状样式”分组→“形状轮廓”按钮。

(2) 打开形状轮廓面板，在“主题颜色”和“标准色”区域可以设置文本框的边框颜色；选择“无轮廓”命令可以取消文本框的边框；将鼠标指向“粗细”选项，在打开的下一级菜单中可以选择文本框的边框宽度；将鼠标指向“虚线”选项，在打开的下一级菜单中可以选择文本框虚线边框形状，如图 4-4-10 所示.

3. 设置文本框内部填充效果

在 Word 2010 文档中，用户可以根据文档需要为文本框设置纯颜色填充、渐变颜色填充、图片填充或纹理填充，使文本框更具表现力。设置文本框填充效果的步骤如下：

(1) 单击文本框，切换到“绘图工具/格式”选项卡→“形状样式”分组→“形状填充”按钮。

(2) 打开形状填充面板，在“主题颜色”和“标准色”区域可以设置文本框的填充颜色。单击“其他填充颜色”按钮可以在打开的“颜色”对话框中选择更多的填充颜色，如图 4-4-11 所示。

如果希望为文本框填充渐变颜色，可以在形状填充面板中将鼠标指向“渐变”选项，并在打开的下一级菜单中选择“其他渐变”命令。

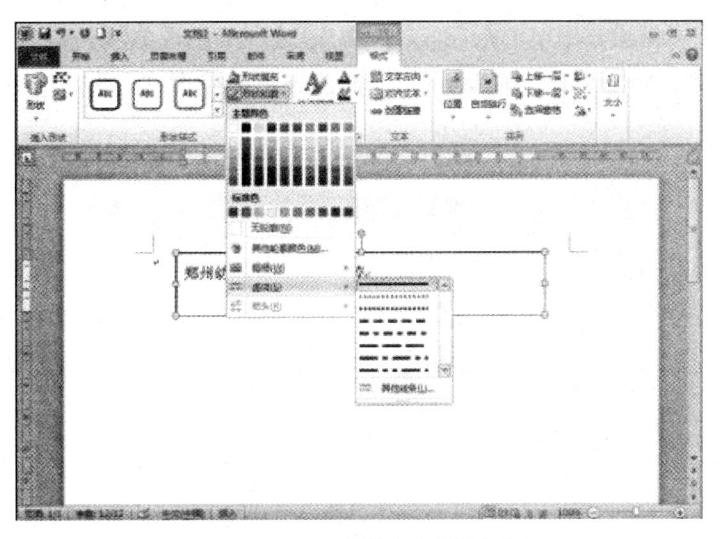

图 4-4-10　设置文本框的边框

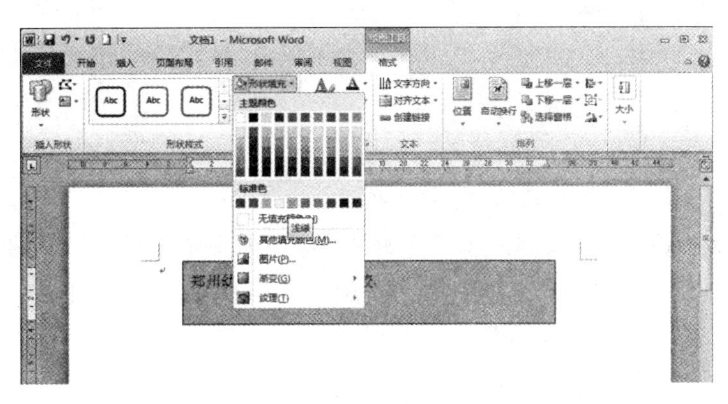

图 4-4-11　选择文本框填充颜色

打开“设置形状格式”对话框，并自动切换到“填充”选项卡。选中“渐变填充”单选框，用户可以选择预设颜色、渐变类型、渐变方向和渐变角度，并且用户还可以自定义渐变颜色。设置完毕单击【关闭】按钮即可，如图 4-4-12 所示。

图 4-4-12　填充选项卡

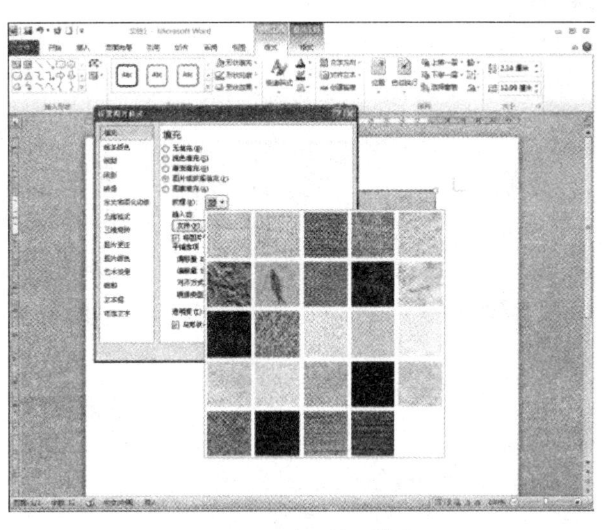

图 4-4-13　纹理填充

如果用户希望为文本框设置纹理填充，可以在“填充”选项卡中选中“图片或纹理填充”单选框。然后单击“纹理”下拉三角按钮，在纹理列表中选择合适的纹理，如图 4-4-13 所示。

如果用户希望为文本框设置图案填充，可以在“填充”选项卡中选中“图案填充”单选框，在图案列表中选择合适的图案样式。用户可以为图案分别设置前景色和背景色，设置完毕单击【关闭】按钮，如图 4-4-14所示。

图 4-4-14　图案填充

用户还可以为文本框设置图片填充效果，在“填充”选项卡中选中“图片或纹理填充”单选框，单击“文件”按钮。找到并选中合适的图片，返回“填充”选项卡后单击【关闭】按钮即可。

4.4.5　知识拓展

一、插入屏幕截图

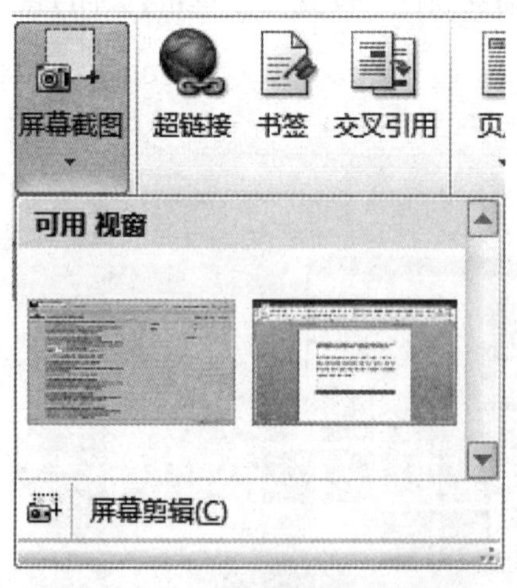

图 4-4-15　“屏幕截图”列表框

用户除了可以插入电脑中的图片或剪贴画外，还可以随时截取屏幕的内容，利用“屏幕截图”功能很方便地将未被最小化的活动窗口截取为图片，插入到当前正在编辑的文档中。

将准备插入屏幕截图的窗口设置为当前窗口，不要最小化。

打开 Word 文档，将插入点置于需要插入屏幕截图的位置。单击“插入”选项卡→“插图”组→“屏幕截图”按钮，弹出下拉列表框，如图 4-4-15 所示。在展开的下拉面板中选择需要的屏幕窗口，即可将截取的屏幕窗口插入到文档中。如果想截取电脑屏幕上的部分区域，可以在“屏幕截图”下拉面板中选择“屏幕剪辑”选项，这时当前正在编辑的文档窗口自行隐藏，进入截屏状态。拖动鼠标，选取需要截取的图片区域，松开鼠标后，系统将自动重返文档编辑窗口，并到截取的图片插入到文档中。

二、插入 SmartArt 图形

SmartArt 图形用来表明对象之间的从属、层次关系等。Word 2010 提供的 SmartArt 功能在文档中插入丰富多彩 SmartArt 示意图。

切换到“插入”选项卡，在“插图”分组中单击 SmartArt 按钮。在打开的“选择 SmartArt 图形”对话

框中，单击左侧的类别名称选择合适的类别，然后在对话框右侧单击选择需要的 SmartArt 图形，并单击【确定】按钮，如图 4－4－16 所示。

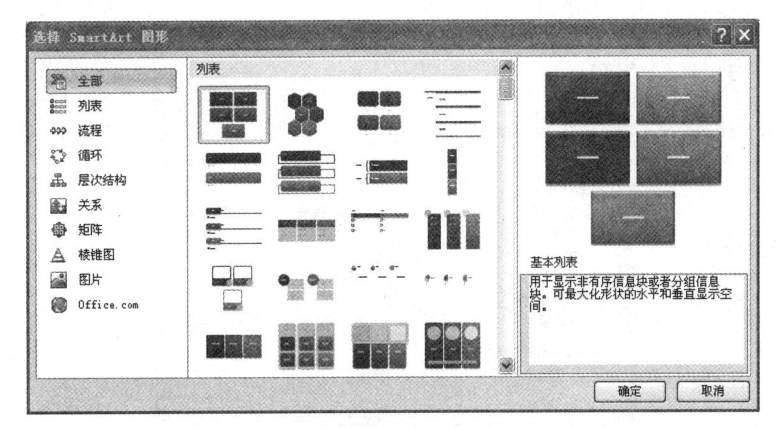

图 4－4－16 “选择 SmartArt 图形”对话框

返回 Word 2010 文档窗口，在插入的 SmartArt 图形中单击文本占位符，输入合适的文字即可。

三、插入公式

Word 2010 包括编写和编辑公式的内置支持，可以方便地输入复杂的数学公式、化学方程式等。

1. 插入公式

将插入点置于需要插入插入公式的位置。单击“插入”选项卡→“符号”组→“公式”下拉按钮，在下拉列表中选择“内置公式”或“插入新公式”命令，此时文档中出现“公式输入框”，Word 功能区中显示“公式工具”的“设计”选项卡，如 4－4－17 所示。在“公式工具”的“设计”选项卡的“符号”组合“结构”组中选择相应符号和公式模板在“公式输入框中”输入公式。

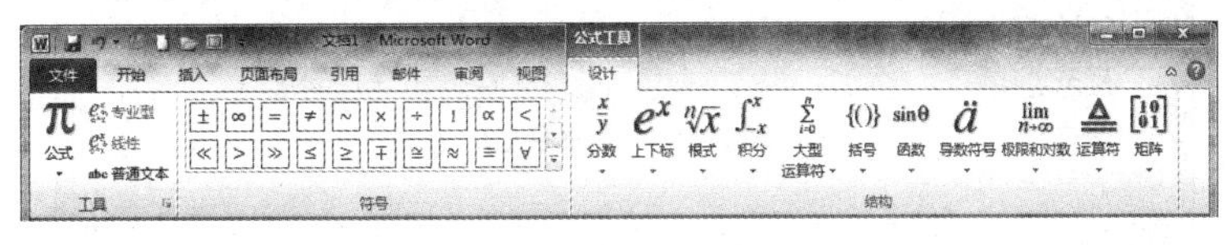

图 4－4－17 “公式工具”的“设计”选项卡

2. 编辑公式

单击公式即可编辑修改公式。

四、页面背景与水印

1. 页面背景

单击“页面布局”选项卡→“页面背景”组→“页面颜色”下拉按钮，在弹出的下拉列表中选择预定义的颜色或选择“填充效果”命令，打开“填充效果”对话框，如图 4－4－18 所示，在“渐变”“纹理”“图案”“图片”选项卡中设置各种背景。“图片”选项卡中可以将图片文件设置为背景。

2. 水印

水印是指在文档页面内容后面插入虚影文字，通常表示该文档需特殊对待，比如“机密”或“紧急”。

单击“页面布局”选项卡→“页面背景”组→“水印”下拉按钮，在弹出的下拉列表中选择预定义的水印或选择“自定义水印”命令，打开“水印”对话框，如图 4－4－19 所示，设置文字水印或图片水印。其中“冲蚀”选项的作用是让添加的图片在文字后面降低透明度显示，以免影响文字的显示效果。

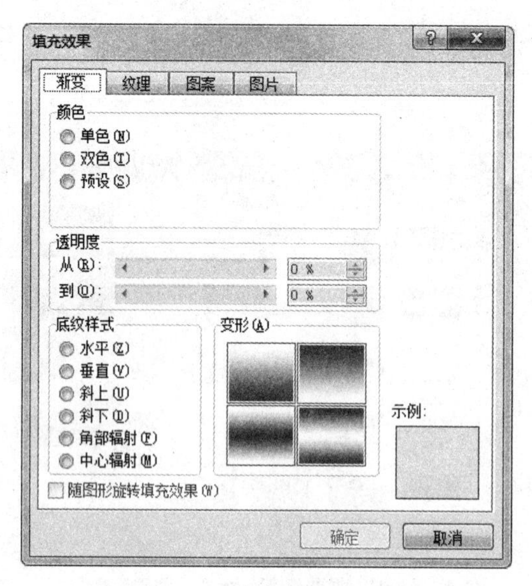

图 4-4-18 “填充效果”对话框

在插入页眉或页脚的过程中插入水印,可以指定水印的位置和大小。如果需要删除水印,在下拉列表中选择“删除水印”命令即可。

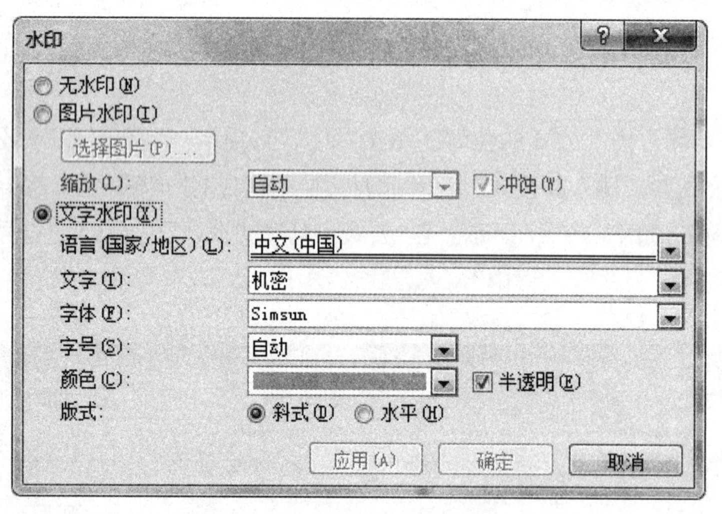

图 4-4-19 “水印”对话框

任务 4.5 技能拓展

一、填空题

1. Word 2010 文档的缺省文件扩展名是________。
2. Word 2010 提供了________、________、________、________、草稿视图等多种视图方式。
3. 在 Word 文档编辑中,要选中不连续的多处文本,应按下________键控制选取。
4. 在 Word 2010 界面中,能显示页眉和页脚的视图是________。

二、简答题

1. Word 操作中,“剪切”和“复制”的操作有什么区别?
2. 简述 Word 文件“保存”与“另存为”区别。

项目五

制作演示文稿

项目描述

PowerPoint 2010 是 Microsoft Office 2010 办公软件系列中的一个重要组件，其功能非常强大，主要用于制作演示文稿，在产品展示与宣传、讨论发布会、竞标提案、演讲报告、主题会议及教学等各领域的应用非常广泛。

PowerPoint 2010 集文字、表格、公式、图表、SmartArt 图形、图片、艺术字、声音、视频和 Flash 等多媒体元素于一身，配合主题模板、母版、版式、超链接、动作按钮、动画设置、切换和幻灯片放映等丰富便捷的编辑设置技术。可以快速创建极具感染力和视觉冲击力的动态演示文稿，使得演讲者的阐述内容更加清晰明了。

任务 5.1 编辑“自我介绍”演示文稿

5.1.1 任务要点

(1) 掌握 PowerPoint 2010 的基本操作。

(2) 熟悉 PowerPoint 2010 的工作界面。

(3) 了解 PowerPoint 2010 的各种视图方式。

(4) 掌握幻灯片的基本操作。

(5) 掌握幻灯片中文本的添加方法。

5.1.2 任务描述

用户利用 PowerPoint 2010 不仅可以创建演示文稿，还可以借助互联网远程向观众展示演示文稿。用户初次使用 PowerPoint 2010 之前，需要了解 PowerPoint 2010 的工作环境，认识其工作界面，进而掌握演示文稿和幻灯片的基本操作。

本任务通过“个人简历”演示文稿中文字的输入，学习演示文稿和幻灯片的基本操作，以及幻灯片中文字的添加方法。

5.1.3 任务实施

1. 启动 PowerPoint 2010，创建一个空白的演示文稿

通过“开始”菜单或桌面快捷方式，创建一个空白的演示文稿。

2. 编辑演示文稿

(1) 编辑第一张幻灯片　在第一张幻灯片的标题占位符中输入“个人简介”，设置字形为“微软雅黑”，字体加粗，字号为65磅。在副标题占位符中输入个人姓名和联系方式，设置字形为“黑体”，字号为40磅。

(2) 新建并编辑第二张幻灯片　切换至“开始”选项卡，单击“幻灯片”选项组中“新建幻灯片”的下拉按钮，在下拉列表中选择“标题和内容”。添加一张版式为“标题和内容”的幻灯片作为第二张幻灯片。在标题占位符中输入“个人信息”，在内容占位符中输入“基本信息”“自我评价”“主干课程成绩”。

(3) 新建并编辑第三张幻灯片　新建一张版式为“两栏内容”的幻灯片作为第三张幻灯片。在标题占位符中输入“基本信息”，在左侧内容占位符中输入“姓名”“专业”“电话”“邮箱”“年龄”“政治面貌”“特长爱好”。

(4) 新建并编辑第四张幻灯片　新建一张版式为“仅标题”的幻灯片作为第四张幻灯片。在标题占位符中输入“自我介绍”，插入一个文本框输个人评价内容。适当调整标题和文本框的位置和格式。

(5) 新建并编辑第五张幻灯片　新建一张版式为“标题和内容”的幻灯片作为第五张幻灯片。在标题占位符中输入“主干课程成绩”。

(6) 新建并编辑第五张幻灯片　新建一张版式为“空白”的幻灯片作为第六张幻灯片。插入艺术字“感谢聆听!”并调整艺术字的格式和位置。

3. 保存“个人简历”演示文稿

演示文稿中所有幻灯片中的文字添加完成后的结果如图5-1-1所示，最后，将演示文稿命名为“个人简历.pptx”并保存到个人文件夹中。此外，为了避免意外断电等因素造成数据丢失，可以在创建演示文稿后便保存，并在编辑的过程中随时保存。

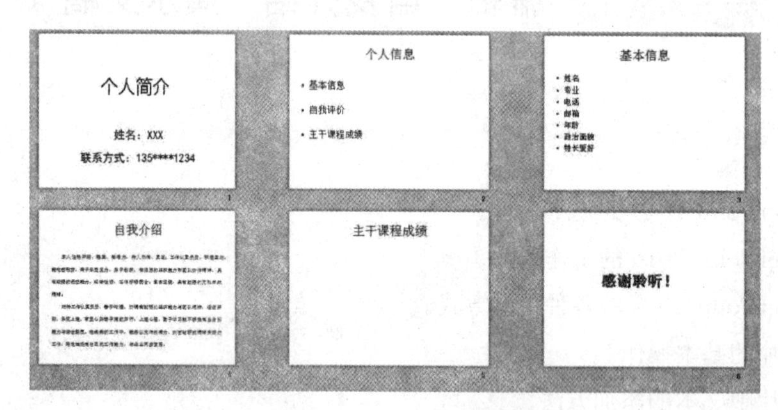

图5-1-1　个人简历

5.1.4　知识链接

一、PowerPoint 2010 工作界面

PowerPoint 2010 的工作界面如图5-1-2所示。快速访问工具栏、标题栏、窗口管理按钮、状态栏等与 Word 2010 相同的地方，此处不再赘述。

(1) “幻灯片/大纲”窗格　用于显示演示文稿的幻灯片数量及位置，通过它可更加方便地掌握整个演示文稿的结构。“幻灯片”窗格中显示了演示文稿中所有幻灯片的缩略图和编号，“大纲”窗格中列出了演示文稿中各张幻灯片中占位符中的文本内容。

(2) “幻灯片编辑”窗格　幻灯片编辑区是整个工作界面的核心区域，用于显示和编辑幻灯片，在其

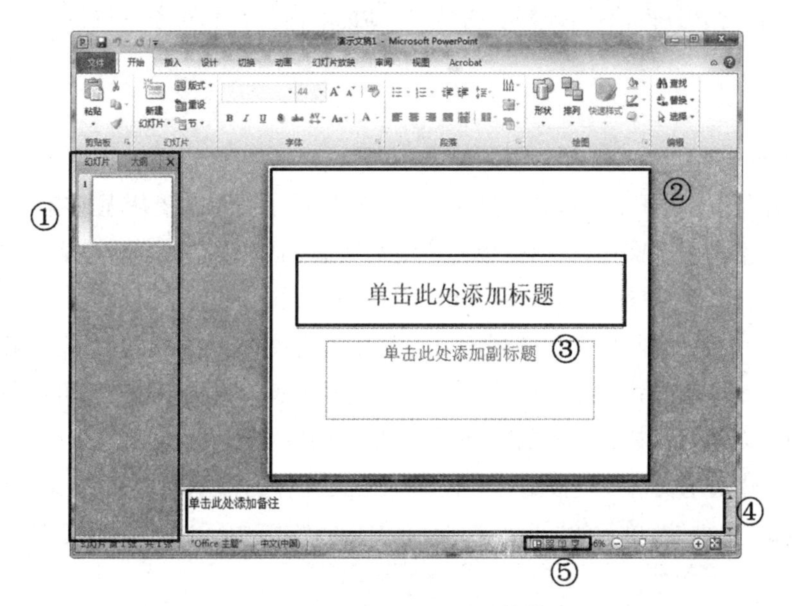

图 5－1－2　PowerPoint 工作界面

中可输入文字内容、插入图片、表格或设置动画效果等，是使用 PowerPoint 制作演示文稿的操作平台。

（3）占位符　在空白的幻灯片中可以看到“单击此处添加标题”“单击此处添加文本”等虚线方框，这些方框即为占位符。

（4）“备注”窗格　位于幻灯片编辑区下方，在其中可添加幻灯片的说明和注释，以供幻灯片制作者或幻灯片演讲者查阅。

（5）视图切换按钮　包含普通视图、幻灯片浏览、阅读视图、幻灯片放映 4 个视图切换按钮。其中，幻灯片放映视图是指将全屏放映当前编辑的幻灯片。幻灯片放映视图下可以看到图形、视频、音频、动画效果和幻灯片切换效果等设置在实际演示中的具体效果。在其他视图模式下，可以单击“幻灯片放映”按钮或按[F5]键切换至幻灯片放映视图，可以按[Esc]键关闭幻灯片放映视图。

二、演示文稿和幻灯片

1. 演示文稿

使用 PowerPoint 创建的文档即为演示文稿，简称 PPT。利用演示文稿可以将文本、表格等枯燥的东西，结合图形、图片、声音、视频、音频和动画等多种元素，生动地展示给观众，并可以保存为多种文件格式，通过电脑、投影仪等设备放映出来。

2. 幻灯片

演示文稿中的每一页即为一张幻灯片，一个演示文稿由一张或多张幻灯片组成，同一演示文稿中的各张幻灯片中的内容既相互独立又相互联系。演示文稿和幻灯片之间是包含与被包含的关系。

3. 幻灯片的版式

组成幻灯片的基本元素都是基于版式的，幻灯片的版式就是文本和图形占位符的组织安排。PowerPoint 提供了多个幻灯片版式供用户选择。

第一张幻灯片的默认版式是“标题幻灯片”，包含两个占位符：标题占位符和副标题占位符。其余幻灯片的默认版式是“标题和内容”，包含标题占位符和内容占位符两个占位符。

4. 占位符

选定幻灯片版式后，页面中的虚线方框即为占位符。占位符是 PowerPoint 中特有的对象，是幻灯片中编辑各种内容的一种容器，通过它可以输入文本，也可以插入图表、表格和图片等对象。

PowerPoint 2010 中包含 3 种占位符，即标题占位符、副标题占位符和对象占位符。

三、演示文稿的操作

1. 创建演示文稿

演示文稿的创建是 PowerPoint 2010 的基本操作，它展示了演示文稿从无到有的过程。创建演示文稿的方法主要有新建空白演示文稿、根据模板创建演示文稿、根据现有内容新建演示文稿等。

(1) 新建空白演示文稿　空白演示文稿就相当于一张画布，不包含任何背景图案和内容，用户可以充分利用 PowerPoint 内置的版式、主题、颜色等，创建自己喜欢的、个性化的演示文稿。

用户在启动 PowerPoint 后，系统会自动创建一个演示文稿。此外，用户还可以借助“文件”菜单下的“新建”功能或快速访问工具栏列表中的“新建”按钮，来创建空白演示文稿。

(2) 根据模板创建演示文稿　模板是一种以特殊格式保存的演示文稿。套用模板可以提高创建演示文稿的效率。单击“文件”菜单下的“新建”功能，在“样板模式”中任选一个模板，然后单击【创建】按钮即可。

(3) 根据现有内容新建演示文稿　如果想使用现有演示文稿中的一些内容和风格来设计其他演示文稿，可以使用“根据现有内容创建”功能来创建演示文稿。单击“文件”菜单下的“新建”功能，选择“根据现有内容新建”，在打开的对话框中选择需要应用的演示文稿文件，然后单击【创建】按钮即可。

2. 打开演示文稿

为了编辑已经保存的演示文稿，需要将其打开，常用的方法有：

(1) 双击打开。

(2) 使用快速访问工具栏中的“打开”按钮打开。

(3) 使用“文件”菜单下的“打开”命令打开。

3. 保存演示文稿

在 PowerPoint 中创建演示文稿时，演示文稿只是临时存放在计算机的内存中，退出 PowerPoint 或者关闭计算机后，就会丢失。为了永久性地使用演示文稿，需要将它保存到磁盘中。通过快速访问工具栏中的“保存”按钮或“文件”菜单下的“保存”命令打开“另存为”对话框，设置“保存位置”“文件名”和“保存类型”即可。PowerPoint 2010 默认的保存类型为. pptx。

此外，保存已经存在的演示文稿时，系统不再弹出“另存为”对话框，而是直接保存演示文稿。如果需要备份已经存在的演示文稿，可以单击“文件”菜单，在弹出的下拉菜单中选择“另存为”命令便可以打开“另存为”对话框。

4. 关闭演示文稿

常用的方法有：

(1) 使用窗口管理按钮中的“关闭”按钮关闭。

(2) 双击左上角的 PowerPoint 图标。

四、幻灯片的操作

一个完整的演示文稿由多张幻灯片组成，在编辑演示文稿的过程中，用户可以通过新建、选择、删除、移动等操作来调整幻灯片的数量和位置。

1. 选择幻灯片

对幻灯片操作之前，需要先选定幻灯片，常用的方法有：

(1) 选择单张幻灯片　在“大纲/幻灯片”窗格或幻灯片浏览视图中，单击幻灯片缩略图，可选择单张幻灯片。

(2) 选择多张连续的幻灯片 在"大纲/幻灯片"窗格或"幻灯片浏览"视图中,单击要连续选择的第1张幻灯片,按住[Shift]键不放,再单击需选择的最后一张幻灯片并释放[Shift]键,两张幻灯片之间的所有幻灯片均被选择。

(3) 选择多张不连续的幻灯片 在"大纲/幻灯片"窗格或"幻灯片浏览"视图中按住[Ctrl]键不放,并依次单击所需选择的幻灯片,然后再释放[Ctrl]键即可选择单击的幻灯片。

(4) 选择全部幻灯片 在"大纲/幻灯片"窗格或"幻灯片浏览"视图中任意选择一张幻灯片,然后按[Ctrl]+[A]快捷键,即可选择当前演示文稿中所有的幻灯片。

2. 新建幻灯片

当演示文稿中的幻灯片数目不满足要求时,可以新建幻灯片来增加幻灯片的数量,常见的方法有:

(1) 通过功能区新建幻灯片 选择"开始"→"幻灯片"组,单击"新建幻灯片"的下拉按钮,在弹出的下拉列表中选择所需版式。

(2) 通过快捷菜单新建幻灯片 在"幻灯片"窗格中选择已有的幻灯片,单击鼠标右键,在弹出的快捷菜单中选择"新建幻灯片"命令。

(3) 通过快捷键新建幻灯片 在"幻灯片"窗格中选择已有的幻灯片,然后按[Enter]键。

3. 更改幻灯片的版式

如果要更改已有幻灯片的版式,需要先选中幻灯片,然后切换至"开始"选项卡,在"幻灯片"选项组中单击"版式"右侧的下拉按钮,在下拉列表中选择相应的版式。

4. 移动幻灯片

在制作演示文稿的过程中,当幻灯片顺序不正确或不符合逻辑时,可将其移动到正确位置上。

(1) 通过鼠标移动 选择需移动的幻灯片,按住鼠标左键不放将其拖动到目标位置,待其出现一条黑色横线时释放鼠标,即可完成幻灯片的移动操作。

(2) 通过菜单命令移动 选择需移动的幻灯片,在其上单击鼠标右键,在弹出的快捷菜单中选择"剪切"命令。将鼠标光标定位到目标位置,单击鼠标右键,在弹出的快捷菜单中选择"粘贴"子菜单中的所需选项,即可完成移动幻灯片的操作。

5. 复制幻灯片

制作演示文稿的过程中,可能有几张幻灯片的版式和背景等都是相同的,只是其中的部分对象不同而已,这时可以复制幻灯片,然后对复制后的幻灯片进行修改即可。常用的方法有:

(1) 通过鼠标复制幻灯片 选择需复制的幻灯片,将幻灯片拖动到目标位置,然后按住[Ctrl]键,此时鼠标旁将出现黑色的加号,释放鼠标即可完成幻灯片的复制操作。

(2) 通过菜单命令复制幻灯片 选择需复制的幻灯片,在其上单击鼠标右键,在弹出的快捷菜单中选择"复制"命令,将鼠标光标定位到目标位置,单击鼠标右键,在弹出的快捷菜单中选择"粘贴"子菜单中的所需选项,即可完成复制幻灯片的操作。

6. 删除幻灯片

当演示文稿中的空白幻灯片数量过多或存在不需要的幻灯片时,可将其删除。在"幻灯片/大纲"窗格和"幻灯片浏览"视图中都可对幻灯片进行删除操作。常用的删除幻灯片的方法主要有:

(1) 通过鼠标右键 选择需删除的幻灯片,在其上单击鼠标右键,在弹出的快捷菜单中选择"删除幻灯片"命令。

(2) 通过快捷键 选择需删除的幻灯片,按[Delete]或[Backspace]键。

五、幻灯片中文本的添加

制作演示文稿的目的在于沟通交流,而用户之间最重要的沟通工具就是语言文字。文本是幻灯片

中一个重要组成元素。几乎每一张幻灯片都需要使用文本来表达用户的观点和感受。

1. 在占位符中添加文本

由于占位符中已经预设了文字的属性和样式，所以可直接在占位符中输入文本。不管是标题幻灯片还是内容幻灯片，输入文本的方法都相同。如果要在占位符中添加文本，只需要单击占位符区域，此时提示文本消失，占位符中会有一个闪烁的插入点，此时输入文本即可。

2. 插入文本框添加文本

每张幻灯片中预设的占位符是有限的，如果需要在幻灯片的其他位置输入文本，可以插入文本框来添加文本。

在文本框中添加文本之前，需先绘制文本框。文本框包括横排文本框和垂直文本框两种，其中，在横排文本框中输入的文本将以横排方式显示，而在垂直文本框中输入的文本将以垂直方式显示。

在幻灯片中绘制文本框的方法为：切换至“插入”选项卡，在“文本”选项组中单击“文本框”右侧的下拉按钮，在下拉列表中选择“横排文本框”或“垂直文本框”，然后将鼠标光标移动到幻灯片编辑区，按住鼠标左键不放，拖动即可绘制文本框，绘制完成后释放鼠标即可。

3. 插入艺术字

普通文本格式化设置后，虽然在很大程度上改善了视觉效果，但它们都是单一的颜色且不能随意改变形状。艺术字可以随意旋转角度、着色、拉伸，使文字更加醒目。并且艺术字的特殊效果会使文档更加美观、生动，如制作广告宣传海报就需要插入艺术字。

在幻灯片中插入艺术字的步骤如下：切换至“插入”选项卡，在“文本”选项组中单击“艺术字”按钮，在弹出的艺术字样式列表中选择一种艺术字样式，即可插入艺术字。插入的艺术字被当作图形来处理，可以设置填充效果和轮廓样式，还可以设置艺术字的文本效果。

5.1.5 知识拓展

一、PowerPoint 2010 的视图模式

在演示文稿制作的不同阶段，PowerPoint 提供了不同的工作环境，称为视图。PowerPoint 2010 的视图模式主要分为演示文稿视图和母版视图两大分类，这两大分类分别包含了几种不同的视图方式，如图 5 - 1 - 3 所示。

不同视图方式之间的切换方式主要有以下两种：

(1) 单击右下角的视图切换按钮。

(2) 切换至“视图”选项卡，然后单击对应的按钮即可。

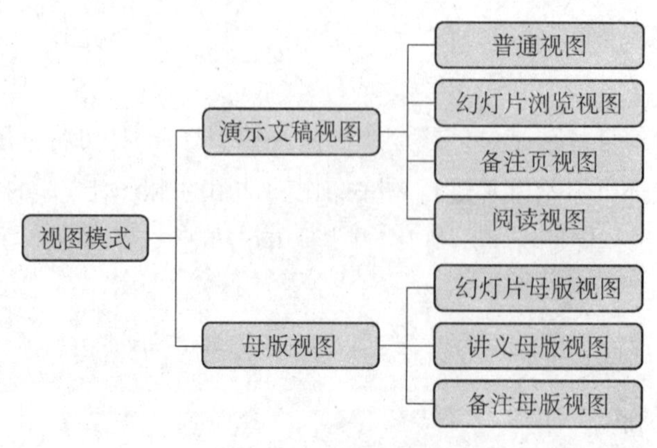

图 5 - 1 - 3 视图模式

1. 演示文稿视图

演示文稿视图主要包括普通视图、幻灯片浏览视图、备注页视图和阅读视图4种视图方式。

(1) 普通视图　默认状态下，PowerPoint 2010启动后就直接进入普通视图模式。在普通视图模式下可以方便地调整幻灯片的总体结构、添加或删除幻灯片，也可以编辑单张幻灯片中的内容。普通视图包括幻灯片视图和大纲视图两种方式，用户可以单击左侧窗格中的“幻灯片”选项卡和“大纲”选项卡切换。

(2) 幻灯片浏览视图　在幻灯片浏览视图中，演示文稿中的所有幻灯片以缩略图方式整齐地显示在同一窗口中，每张幻灯片右下角的数字表示该幻灯片的编号。

在幻灯片浏览视图中，用户可以查看幻灯片的背景设计、配色方案，检查幻灯片是否协调，图标位置是否合适等。幻灯片浏览视图常用于演示文稿的整体编辑，如添加和删除幻灯片、移动幻灯片等，但是不能编辑幻灯片中的内容。

(3) 备注页视图　在备注页视图中，一张幻灯片分成幻灯片内容和备注内容两部分。窗口上半部分用于显示幻灯片的内容，其中的内容处于不可编辑状态；窗口的下半部分用于编辑备注信息。

(4) 阅读视图　在阅读视图中，幻灯片将以动态的形式在窗口中放映。在阅读视图方式下，用户可全面查看文稿的动画、声音及切换等效果，并随意调整放映窗口的大小和位置。在观看过程中，如果要更改演示文稿，可随时从阅读视图切换至某个其他视图。

2. 母版视图

母版是存储有关演示文稿的主题和幻灯片版式的所有信息的重要幻灯片，其中包括背景、颜色、字体、效果、占位符大小和位置。使用母版视图的一个主要优点在于，在母版中，可以全局更改与演示文稿关联的每张幻灯片、备注页或讲义的样式。

母版视图主要包括幻灯片母版视图、讲义母版视图和备注母版视图3种视图方式。

(1) 幻灯片母版视图　幻灯片母版视图就是显示并编辑幻灯片母版的视图。在幻灯片母版视图中，用户可以制作幻灯片的母板，并为幻灯片定义不同的版式。

(2) 讲义母版视图　讲义母版是在母板中显示讲义的位置。在讲义母版视图中可以浏览到幻灯片制作为讲义稿打印装订时的样式，并可以设置显示幻灯片的张数、页眉和页脚的位置，以及设置幻灯片放置的方向等。

(3) 备注母版视图　备注母版是在编辑幻灯片中备注页时使用的视图方式。

二、PowerPoint 的保存类型

PowerPoint 2010默认的保存类型为“.pptx”，而在实际使用过程中，PowerPoint 2010演示文稿可以保存为多种文件类型，见表5-1-1。

表5-1-1　PowerPoint 2010的保存类型

保存为文件类型	扩展名	用于保存
PowerPoint 演示文稿	.pptx	PowerPoint 2010或2007演示文稿，默认情况下为支持XML的文件格式
PowerPoint 启用宏的演示文稿	.pptm	包含Visual Basic for Applications(VBA)宏语言版本，用于编写基于Microsoft Windows的应用程序，内置多个微软程序中)代码的演示文稿

续 表

保存为文件类型	扩展名	用于保存
PowerPoint 97—2003 演示文稿	.ppt	可以在早期版本的 PowerPoint(从 97—2003)中打开的演示文稿
PDF 文档格式	.pdf	发布为 PDF 或 XPS：由 Adobe Systems 开发的基于 PostScript 的电子文件格式，该格式保留了文档格式并允许共享文件。 只有安装了加载项之后，才能在 2007 Microsoft Office System 程序中将文件另存为 PDF 或 XPS 文件。有关详细信息，请参阅启用对其他文件格式(例如 PDF 和 XPS)的支持
XPS 文档格式	.xps	发布为 PDF 或 XPS：新的 Microsoft 电子纸张格式，用于以文档的最终格式交换文档。 只有安装了加载项之后，才能在 2007 Microsoft Office System 程序中将文件另存为 PDF 或 XPS 文件。有关详细信息，请参阅启用对其他文件格式(例如 PDF 和 XPS)的支持
PowerPoint 设计模板	.potx	可用于为将来的演示文稿进行格式设置的 PowerPoint 2010 或 2007 演示文稿模板
PowerPoint 启用宏的设计模板	.potm	包含预先批准的宏的模板，这些宏可以添加到模板中以便在演示文稿中使用
PowerPoint 97—2003 设计模板	.pot	可以在早期版本的 PowerPoint(从 97—2003)中打开的模板
Office 主题	.thmx	包含颜色主题、字体主题和效果主题的定义样式表
PowerPoint 放映	.pps;.ppsx	始终在幻灯片放映视图(而不是普通视图)中打开的演示文稿
PowerPoint 启用宏的放映	.ppsm	包含预先批准的宏的幻灯片放映，可以从幻灯片放映中运行这些宏
PowerPoint 97—2003 放映	.ppt	可以在早期版本的 PowerPoint(从 97—2003)中打开幻灯片放映
PowerPoint 加载宏	.ppam	用于存储自定义命令、VBA 代码和特殊功能(例如加载宏)的加载宏
PowerPoint 97—2003 加载宏	.ppa	可以在早期版本的 PowerPoint(从 97—2003)中打开加载宏

任务 5.2 美化“自我介绍”演示文稿

5.2.1 任务要点

(1) 掌握在占位符中插入对象的方法。

(2) 掌握在幻灯片中其他地方插入对象的方法。

(3) 掌握幻灯片中各对象的格式设置。

5.2.2 任务描述

如果幻灯片中只有文本，会让人觉得太过平淡，如果在幻灯片中加入精美的图片、图形、图表等，会使幻灯片更加生动有趣和富有活力。

通过本任务的实施，我们将学习幻灯片中插入各种对象的技巧，包括插入图片、图形、图表，制作相册集，插入剪贴画、SmartArt 图形，插入多媒体文件的方法和技巧。

5.2.3 任务实施

1. 打开"个人简历"演示文稿

定位到"个人简历"演示文稿所在的位置,双击打开。

2. 美化"个人简历"演示文稿

(1) 选择第一张幻灯片,切换到"插入"选项卡,在"媒体"选项组中单击"音频"按钮,在下拉菜单中选择"文件中的音频"按钮,在第一张幻灯片中插入一个音频。设置播放方式为"跨幻灯片播放",将插入的音频作为背景音乐,并设置声音图标"放映时隐藏"。

(2) 选择第二张幻灯片,选中内容占位符中的文字,切换至"开始"选项卡,单击"段落"选项组中的"转换为 SmartArt"按钮,选择一种合适的 SmartArt 图形,将文字转换成 SmartArt 图形并设置外观格式。

(3) 选择第三张幻灯片,单击右侧内容占位符中的"插入来自文件的图片"按钮,插入一张个人照片并调整外观格式。

(4) 选择第五张幻灯片,单击内容占位符中的"插入表格"按钮,根据主干课程的数目,在弹出的"插入表格"对话框中设置合适的行数和列数。在表格中输入文字并设置格式。

(5) 选择第六张幻灯片,切换到"插入"选项卡,在"插图"选项组中单击"剪贴画"按钮,在右侧剪贴画窗格中选择一张合适的剪贴画。

5.2.4 知识链接

空白演示文稿就相当于一张画布,它是所有对象(如文字、图形、图像等)的载体,用户可通过想象在其中任意发挥。

一、幻灯片中对象的插入方法

新建幻灯片时,如果选择的是含有内容占位符的版式,就会在内容占位符上出现插入内容类型的选择按钮。单击其中一个按钮,则可在该占位符中添加相应的对象,如图 5-2-1 所示。这种方法适用于表格、图表、SmartArt 图形、图片、剪贴画、视频的插入。

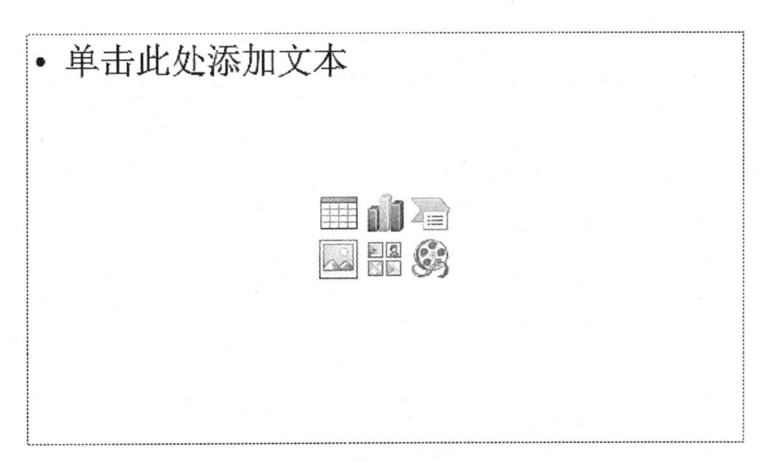

图 5-2-1 占位符

如果需要在幻灯片的其他位置插入对象,可以切换至"插入"选项卡,然后单击相应的对象按钮即可。此方法适用于幻灯片中所有对象的插入。

对象插入成功后,选中对象,功能区添加一个"格式"选项卡,利用对应的按钮便可实现对对象格式和外观的更改。如果要删除插入的对象,选中对象后按下[Delete]键即可。

二、幻灯片中的对象

1. 图像

图像是演示文稿中不可或缺的重要元素，合理添加图像不仅可以为演示文稿增色，还可以起到辅助文字说明的作用。

在 PowerPoint 2010 中，可供插入的图像格式有很多种，无论是位图、矢量图，还是带有动画效果的 GIF 图片都可以插入。为了方便幻灯片制作，可以直接在其中插入系统自带的剪贴画和本地图片，还可根据需要将当前屏幕截图插入到幻灯片中。

(1) 插入剪贴画　剪贴画是 PowerPoint 2010 自带的图片类型，包括人物、动植物、运动、商业和科技等种类，用户可以根据需要选择。

(2) 插入本地图片　为了让幻灯片更具个性化，很多用户在制作幻灯片时，会选择插入本地图片。较之插入系统自带的剪贴画，其灵活度更高，且可以选择更适合幻灯片内容的素材，以提高幻灯片的专业性。

(3) 插入屏幕截图　屏幕截图是指通过截图功能将图片插入到幻灯片中。选择需插入截图的幻灯片，切换至“插入”选项卡，单击“图像”选项组中的“屏幕截图”按钮，在弹出的下拉列表中选择“屏幕剪辑”选项。此时，窗口以灰色状显示，将鼠标光标移动到所需图片区域的左上角，拖动鼠标到所需图片区域的右下角，选择完成后释放鼠标，所选区域将以图片的形式插入到幻灯片中。

(4) 制作相册集　如果用户希望向演示文稿中添加一组图片，而又不想自定义每张图片，则可以使用 PowerPoint 2010 轻松地创建一个作为相册的演示文稿，然后播放。创建相册的具体步骤为：

① 切换至“插入”选项卡，单击“图像”选项组中的“相册”按钮，在弹出的下拉列表中选择“新建相册”命令，打开“相册”对话框。

② 单击“文件/磁盘”按钮，弹出“插入新图片”对话框。

③ 定位到要添加到相册中的图片所在磁盘，选择所需图片，单击“插入”按钮。如果需要添加的图片不在同一文件夹中，重复该步骤，直到添加完所有图片。

④ 可以用“上移”和“下移”按钮调整图片顺序，也可以选定一张图片调整其亮度、对比度等属性。还可以设置图片版式、相框形状、主题等。所有设置完成后，单击【创建】按钮即可完成相册的创建。

2. 形状和 SmartArt 图形

在制作演示文稿时，经常需在幻灯片中插入关系图、流程图等。使用 PowerPoint 2010 不仅可以制作出专业的图片效果，还能将文本信息图形化，通过形象的图形来提升演示文稿的整体质量，让观众更易理解。

(1) 插入形状　形状在演示文稿中能起到解释说明的作用。在日常办公中，各种示意图都可通过 PowerPoint 2010 的形状功能来完成。

默认情况下，形状中是不能输入文本的。要在形状中插入文本，则需要选中形状，然后单击鼠标右键，在弹出的快捷菜单中选择“编辑文字”命令，此时图形中出现光标闪烁，输入所需内容即可。

(2) 插入 SmartArt 图形　SmartArt 图形能清楚地表明各个部分之间的关系，如显示一种层次关系、一个循环过程和一系列实现目标的步骤等。在信息或数据比较繁多的情况下，若是仍旧使用文字内容来阐述这些数据，就会非常繁琐，不利于观众查看和理解。此时，采用 SmartArt 图形的形式，可以将数据分门别类地归纳起来，使数据信息一目了然。

为了满足不同场合的使用需求，PowerPoint 2010 中提供了种类非常齐全的 SmartArt 图形样式，并详细分类，用户可根据需要选择。

3. 表格和图表

在制作销售数据报告、生产记录统计等演示文稿时，经常需要通过数据信息来表达。在信息或数据比较繁多的情况下，若是仍旧使用文字内容来阐述这些数据，就会显得非常繁琐，不利于观众查看和理解。此时，可以采用表格和图表的形式，将数据分门别类地归纳起来，使数据信息一目了然。

表格是一种表现数据信息的常用工具，它不仅可以简洁地将复杂的数据展示出来，还可对所展示的数据进行分析和计算。在表格中输入文本和数据的方法为：单击需输入文本或数据的单元格，将鼠标光标定位到其中，即可输入所需的文本或数据。完成对一个单元格中输入后，再重新将鼠标光标定位到另一个单元格即可继续输入。

图表是指以数据对比的方式来显示数据，它可轻松地体现数据之间的关系。在演示文稿中，使用表格表现数据有时会显得比较抽象，为了更直观、形象地表现数据，可使用图表对数据进行分析。

4. 音频

PowerPoint 2010 支持多种格式的音频文件，包括最常见的 MP3 文件、Window 音频文件（WAV）、Windows Media Audio 文件（WMA）以及其他声音文件。在演示文稿中添加声音能够吸引观众和增加新鲜感，但不要使用过多，否则会喧宾夺主，成为噪音。

（1）在幻灯片插入音频　选择需要插入音频的幻灯片，切换至“插入”选项卡，单击“媒体”选项组中“音频”右侧的下拉按钮，可以插入“文件中的音频”“剪贴画音频”，还可以“录制音频”。音频插入成功后，幻灯片中会出现一个声音图标、播放滚动条和声音设置按钮。

选中声音图标后，功能区会添加“音频工具/格式”和“音频工具/播放”两个选项卡。用户可以借助“音频工具/格式”选项卡下的按钮，把声音图标当作普通图形来设置外观。借助“音频工具/播放”选项卡可以对音频进行播放设置。

（2）剪裁音频　默认情况下，插入音频是将整首音乐插入到幻灯片中，如果只是插入某一段，则可以通过以下方法实现：选中声音图标，切换至“音频工具/播放”选项卡，单击“编辑”选项组中“剪裁音频”按钮，打开“剪裁音频”对话框，如图 5-2-2 所示。左侧绿色图标处为音频的开始点；右侧红色图标处为音频的结束点；中间为当前音频播放的时间线。可调整绿色与红色图标达到最终剪辑目的。

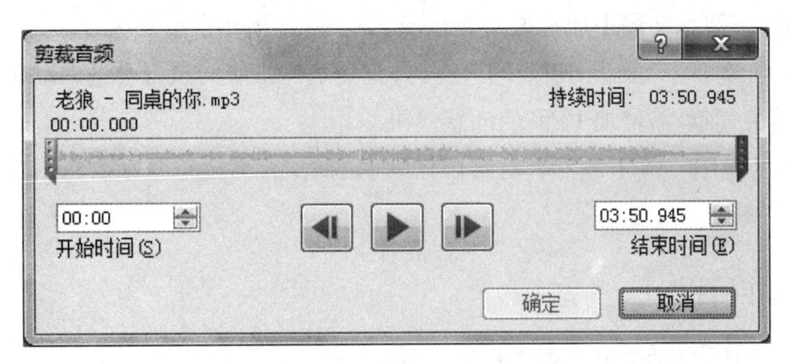

图 5-2-2　“剪裁音频”对话框

（3）设置声音的播放方式　默认情况下，插入的音频是在幻灯片放映状态下单击鼠标时才开始播放。如果要更改声音的播放方式，需要选中声音图标，切换至“音频工具/播放”选项卡，单击“音频选项”选项组中“开始”按钮右侧选择框的下拉按钮，在弹出的下拉菜单中选择播放方式即可，如图5-2-3所示。如果想把插入的音频作为背景音乐，选择“跨幻灯片播放”即可。此外，当幻灯片的数目较多时，为了保证在整个幻灯片的放映过程中均有背景音乐，需要选中“循环播放，直到停止”或“播放完返回开头”复选框。

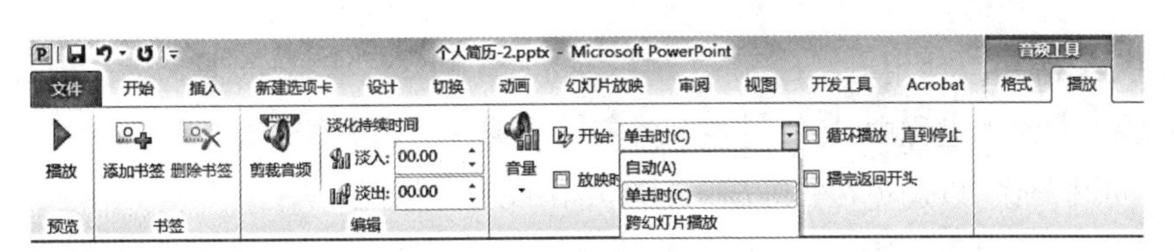

图 5-2-3　播放方式列表

5. 视频

视频的插入方法与音频类似。选择需要插入视频的幻灯片，切换至“插入”选项卡，单击“媒体”选项组中“视频”右侧的下拉按钮，可以插入“文件中的视频”“来自网站的视频”或“剪贴画音频”。视频插入成功后，视频会在幻灯片中显示并带有播放滚动条，可以拖动视频画面的边缘改变画面的大小，选中视频后，功能区会添加“音频工具/格式”和“视频工具/播放”两个选项卡。借助其中的按钮，用户可以分别对视频进行外观设置和播放设置。

6. 插入 Flash 动画

Flash 动画具有小巧灵活的优点。用户可以在幻灯片中插入扩展名为. swf 的 Flash 动画，以增强演示文稿的动画功能。能正确插入和播放 Flash 动画的前提是在电脑中安装了最新版本的 Flash Player 软件。可以采取插入视频的方法在幻灯片中插入 Flash 动画。

5.2.5 知识拓展

一、演示文稿的制作原则

PPT 作为一种多媒体演示工具，其最大的特点就是形象，它可以让枯燥的内容变得生动起来，以提升观众的注意力，达到更好的沟通效果。好的演示文稿不论是字体的搭配、幻灯片配色，还是多媒体或动画的运用，都有一定规则，具体体现在：

(1) 架构应符合思维逻辑　演示文稿切忌结构混乱，不知所云。演讲者在注意幻灯片合理结构的前提下，还可事先将内容大纲整理打印出来，分发给观众。

(2) 文字应精炼、简洁　PPT 不是作文，也不是演讲稿，因此，大段晦涩枯燥的文字不仅无法为 PPT 加分，反而会导致糟糕的效果。

(3) 巧妙运用图片、图表　图片是幻灯片最重要的元素之一，其排列方法和内容会直接影响到幻灯片的效果。职场、商务类演示文稿中通常数据非常多，图表的使用非常重要。

(4) 合理设计动画效果　动画是 PPT 的灵魂，只有美观的排版而没有合适的动画，也会使观赏者感到乏味。为了活跃演讲气氛，需增加 PPT 的动感效果。

(5) 多媒体效果的运用　PPT 既然具有多媒体演示的功能，那么完全可以巧用这些多媒体元素，让 PPT 告别无趣的无声模式。

二、演示文稿的制作流程

在制作演示文稿之前，先对演示文稿进行策划，确定演示文稿的主题和风格，搭建好演示文稿的框架，并收集足够的素材，如图 5－2－4 所示。

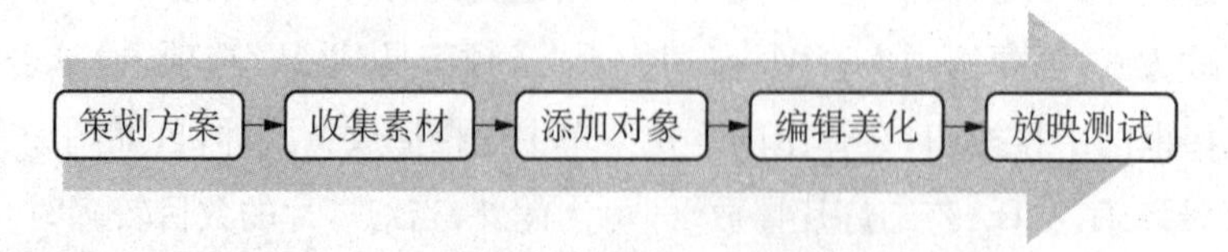

图 5－2－4　演示文稿制作流程图

前期准备完毕后，就可以使用 PowerPoint 制作演示文稿了，包括制作幻灯片母版、添加文本内容、插入图片和表格等。在制作过程中，还要对各个对象进行美化。当制作完成后，还要测试演示文稿的放映效果，对不足之处作修改，以避免在实际演示过程中出现意外情况。

正确的制作流程不仅可以让演示文稿的制作快速无误，而且能提高演示文稿的质量，达到更好的宣传、说明效果。

任务5.3 完善“个人简历”演示文稿

5.3.1 任务要点

(1) 了解幻灯片中对象的动画和幻灯片切换的区别。

(2) 熟悉幻灯片中动画的种类。

(3) 掌握幻灯片中动画的添加和设置。

(4) 掌握幻灯片切换的添加和设置。

5.3.2 任务描述

动画可以让原本静止的演示文稿更加生动,PowerPoint 2010 提供的动画效果非常生动有趣,并且操作起来非常方便。

通过本任务,主要学习 PowerPoint 2010 中动画效果的应用,包括使用动画方案、自定义动画和添加幻灯片切换效果等,从而制作出生动形象的演示文稿。

5.3.3 任务实施

1. 设置幻灯片的切换方式

打开“个人简历”演示文稿,切换至“切换”选项卡,在“切换到此幻灯片”选项组中为演示文稿中的幻灯片设置切换效果。

2. 动感化“个人简历”演示文稿

打开演示文稿,选中要添加动画的对象,切换至“动画”选项卡,在“动画”选项组中,为幻灯片中的各个对象添加合适的动画。

5.3.4 知识链接

一、幻灯片切换

幻灯片切换效果是指在幻灯片放映视图下,两张连续的幻灯片之间的过渡效果,即在放映时,从幻灯片 A 到幻灯片 B,幻灯片 B 应该以何种方式显示。

PowerPoint 提供了多种不同的幻灯片切换方式,可以使幻灯片之间的切换呈现不同的效果。

1. 设置幻灯片切换方式

用户可同时为一张或多张幻灯片设置切换效果。操作步骤如下:选中需要设置切换方式的幻灯片,切换到功能区的“切换”选项卡,然后在“切换到此幻灯片”选项组中选择对应的切换方式,如果要查看更多的切换方式,可以单击“其他”按钮打开列表进行选择。如图 5-3-1 所示。此外,可以单击“切换”选项卡下“计时”选项组中“全部应用”按钮,将当前的切换方式应用到所有幻灯片。

2. 设置幻灯片的切换效果

任何一种幻灯片切换方式都有默认的切换效果,如果想自定义幻灯片的切换属性。需要借助“切换”选项卡中的其他按钮来设置:

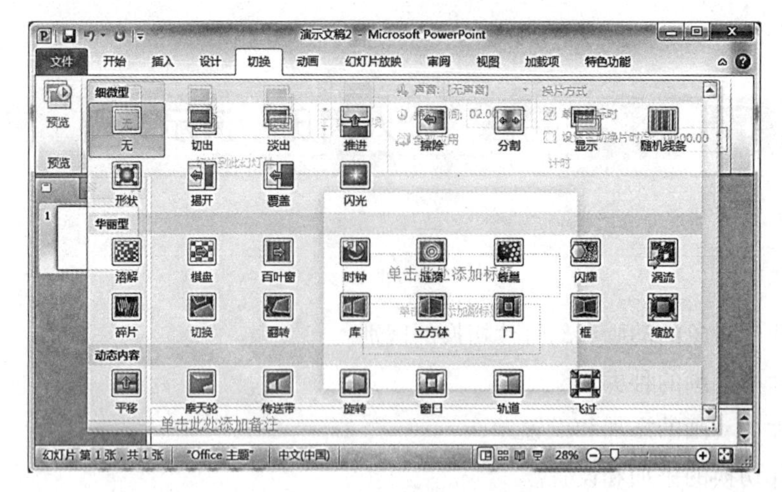

图 5-3-1 “切换方式”列表

(1) 效果选项　设置幻灯片的切换方向。

(2) 声音　可在列表中选择幻灯片切换时的背景音效。

(3) 持续时间　设置幻灯片切换效果播放的时间。

(4) 全部应用　可以将当前的切换效果应用到演示文稿中的所有幻灯片中。

(5) 换片方式　默认的换片方式为单击鼠标时，也可以复选“设置自动换片时间”来设置自动的换片时间。

二、自定义动画

默认情况下，在幻灯片放映过程中，一张幻灯片中添加的所有对象(文本、图形、图片等)是作为一个整体一次性完全显示出来的。

PowerPoint 提供的自定义动画可以使幻灯片中的对象以各种各样的动画形式分层次出现在幻灯片上，让原本静止的页面更加生动。这样可以增强视觉效果、突出重点，集中观众的注意力。

1. PowerPoint 中的动画类型

PowerPoint 中的动画分为进入动画、退出动画、强调动画、动作路径 4 种。

(1) 进入动画　进入动画是指幻灯片中的对象进入放映屏幕的动画效果，展示的是对象“从无到有”的过程。常见的有使对象逐渐淡出、从边缘飞入或者跳入界面等效果。

(2) 退出动画　退出动画是指幻灯片中的对象退出放映屏幕的动画效果。展示的是对象“从有到无”的过程。常见的有使对象飞出界面、逐渐消失或从界面中旋出等效果。

(3) 强调动画　强调动画是指幻灯片中的对象从原始状态转换到另外一种状态，再回到原始状态的变化过程，以起到强调突出的作用，包括使对象放大或缩小、更改颜色或沿着其中心旋转等效果。

(4) 动作路径　动作路径是指幻灯片中的对象的运动轨迹，包括使对象沿着直线、曲线或自定义的轨迹运动。

2. 为对象设置动画

用户可以同时为多个对象添加相同的动画，也可以为同一对象添加多个不同的动画。

(1) 设置或更改动画　给没有设置动画效果的对象设置动画或更改已设置的动画。例如，设置进入动画，方法为：先选择对象，切换到功能区的“动画”选项卡，在“动画”选项组中单击“其他”按钮，打开动画列表，在动画分类中选择相应的动画。如果列表中没有合适的动画，可以选择“更多进入效果”命令打开“更改进入效果”对话框选择。

(2) 添加动画　给已经设置动画效果的对象添加新的动画。例如，添加进入效果，方法为：单击“高级动画”选项组中“添加动画”按钮，从弹出的下拉列表中选择相应的动画效果，如果列表中没有合适的动画，可以选择“更多进入效果”命令打开“添加进入效果”对话框选择。

3. 动画窗格

默认情况下，动画窗格处于隐藏状态，切换至“动画”选项卡，在“高级动画”中单击“动画窗格”按钮，就会在右侧显示动画窗格，如图 5-3-2 所示。动画窗格中以列表的形式列出了当前幻灯片中所有对象的动画效果，用户可以单击“播放”按钮预览动画效果。如果要更改某个动画效果，需要在列表中单击选中后更改。

图 5-3-2　动画窗格

4. 设置动画效果

为对象添加了动画效果后，该对象就应用了默认的动画格式，包括动画的开始时间、运行轨迹、运行速度等。在实际使用中，可以根据需求重新设置这些选项。

(1) 设置动画的开始方式　动画的默认开始方式为“单击时”，即单击鼠标时开始播放动画。如果要更改动画的开始方式，可以单击“计时”选项组中“计时”按钮右侧的下拉按钮，从下拉列表中选择需要的方式。其中，“与上一动画同时”表示该动画和前一个动画同时发生；“上一动画之后”表示该动画在前一个动画播放完时发生。

(2) 设置动画的播放速度　调整“持续时间”，可以改变动画播放速度的快慢。

(3) 设置动画的延迟时间　调整“延迟时间”，可以让动画在“延迟时间”设置的时间到达后才开始出现，对于动画之间的衔接特别重要，便于观众看清楚前一个动画的内容。

(4) 动画重新排序　动画效果按照添加的顺序依次显示在“动画窗格”列表中，并按照添加的顺序在动画前显示序号，如图 5-3-2 所示。按照添加的先后次序播放，如果要更改动画的播放顺序，在动画窗格中选择对应的动画后，按下鼠标左键不松，上下拖动调整即可。

(5) 删除动画　如果要删除动画，需要在动画窗格中选择对应的动画后，按[Delete]键删除。

(6) 更改动画　如果要更改动画，需要在动画窗格中选择对应的动画后，切换到“动画”选项卡，在“动画”选项组中单击“其他”按钮，打开动画列表重新选择即可。

(7) 动画刷　借助动画刷，可以复制一个对象的动画，把它应用到其他对象上。操作方法为：选中要复制动画效果的对象，单击“动画刷”按钮，当鼠标变成刷子形状时，单击另一对象，前一对象的动画效果就复制到了该对象上。

5.3.5 知识拓展

一、幻灯片的交互性

交互指的是幻灯片与操作者之间的互动。默认情况下，在放映幻灯片时，屏幕上会显示鼠标指针，单击鼠标时会切换到下一张幻灯片。

为了便于用户根据需要控制演示文稿的播放，如幻灯片之间的切换，幻灯片和其他文件、程序及网页之间的切换，即实现幻灯片的交互性，可以在幻灯片中插入超链接、设置动作和绘制动作按钮。设置动作和动作按钮本质上都属于超链接。

1. 超链接

超链接是超级链接的简称，它是实现幻灯片交互性的一种重要手段。给幻灯片中的对象插入超链

接，可以实现幻灯片之间随意切换，也可以切换到其他文件、程序、网页等。

(1) 插入超链接　如果需要给幻灯片中的对象添加超链接，选定对象后，切换至“插入”选项卡，在“链接”选项组中单击“超链接”按钮，打开“插入超链接”对话框，如图 5-3-3 所示。

图 5-3-3　插入超链接对话框

在“插入超链接”对话框中，需要设置超链接的类型，可选择的超级链接类型包括以下几种：

① 链接到“现有文件或网页”。包括“当前文件夹”“浏览过的网页”“最近使用过的文件”3 个选项。

- “当前文件夹”：通过上方的“查找范围”列表可以查找本地文件来建立超链接。
- “浏览过的网页”：可以在列表中列出的最近浏览过的网页中选择一个来建立超链接。
- “最近使用过的文件”：可以在列表中列出的最近使用过的文件中选择一个来建立超链接。

② 链接到“本文档中的位置”。连接到同一演示文稿中的其他幻灯片。下方的列表中会列出本演示文稿中所有的幻灯片，用户可以选择要链接到的幻灯片或自定义放映。为了便于选中正确的幻灯片，可在右侧的“幻灯片预览”区域中预览要链接到的幻灯片。

③ 链接到“新建文档”。链接到一个新的演示文稿，默认情况下为“开始编辑新文档”。

④ 链接到“电子邮件地址”。可输入电子邮件地址、主题来给设定的电子邮箱中发送邮件。

超链接的类型设置完成后，单击【确定】按钮就完成了对象的超链接设置。在幻灯片放映状态下，鼠标移动到设置有超链接的对象上时会变成手柄形状，此时单击鼠标，界面会自动跳转到相应的链接位置。

(2) 编辑超链接　如果要编辑超链接，需要在对象上单击鼠标右键，在弹出的快捷菜单中选择“编辑超链接”命令，打开“编辑超链接”对话框后重新设置。

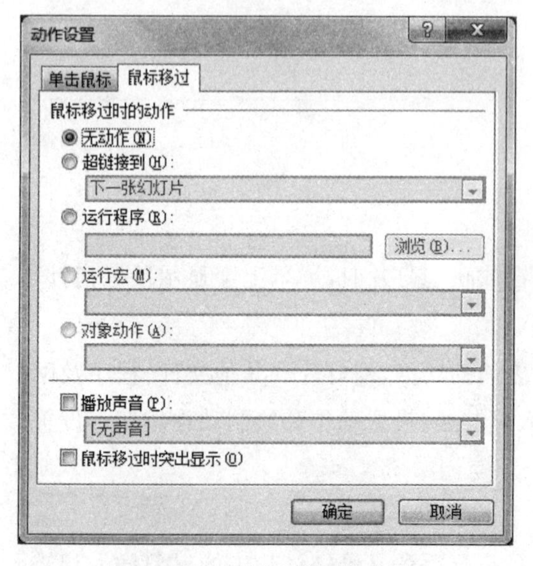

图 5-3-4　“动作设置”对话框

(3) 取消超链接　如果要取消超链接，需要在对象上单击鼠标右键，在弹出的快捷菜单中选择“取消超链接”命令。

2. 设置动作

在给对象添加了超链接后，在幻灯片放映状态下，需要单击该对象才会跳转到相应的链接位置。如果想实现鼠标移过跳转的效果，可以为对象插入动作，操作步骤如下：选定对象，切换至“插入”选项卡，在“链接”选项组中单击“动作”按钮，打开“动作设置”对话框，如图 5-3-4 所示。

“单击鼠标”选项卡下的选项是指在单击鼠标时链接到对应的位置；“鼠标移过”选项卡下的选项是指当鼠标移

过对象时便会链接到对应的位置。可在“链接到”右侧的下拉列表中选择同一演示文稿中的幻灯片，和链接到“本文档中的位置”一致。单击“运行程序”下的“浏览”按钮可以选择运行电脑中已安装的程序。

3. 动作按钮

默认情况下幻灯片的放映默认是按照顺序放映的，如果要改变幻灯片的放映顺序，可以借助动作按钮来实现。在幻灯片中添加动作按钮，可以实现演示文稿中幻灯片的交互访问，控制演示文稿的放映效果。

PowerPoint 2010 共提供了 11 个动作按钮，供用户使用，见表 5-3-1。

表 5-3-1　动作按钮

按钮图标	按钮名称	说　明
	后退或前一项	默认链接到所在幻灯片的前一张幻灯片
	前进或下一项	默认链接到所在幻灯片的下一张幻灯片
	开始	默认链接到演示文稿的第一张幻灯片
	结束	默认链接到演示文稿的最后一张幻灯片
	第一张	默认链接到演示文稿的第一张幻灯片
	信息	默认无动作，用户可以为其设置所需的动作
	上一张	默认链接到最近观看到的幻灯片
	影片	默认无动作，用户可以为其设置所需的动作
	文档	默认为该按钮添加一个应用程序动作
	声音	默认无动作，但会添加一个鼓掌的声音
	帮助	默认无动作，用户可以为其设置所需的动作
	自定义	默认无动作，用户可以为其设置所需的动作

例如，添加一个“第一张”动作按钮的方法如下：切换到“插入”选项卡，单击“插图”选项组“形状”的下拉按钮选择，“第一张”动作按钮。此时，鼠标会变成十字形，拖动鼠标便可以在页面中绘制一个动作按钮。

松开鼠标的同时，系统会自动弹出和图 5-3-4 一样的“动作设置”对话框。此外，用户可以像设置普通图形一样设置动作按钮的外观格式和添加文字。

任务 5.4　统一“个人简历”演示文稿的风格

5.4.1　任务要点

(1) 掌握幻灯片主题的设置方法。

(2) 熟悉幻灯片背景的设置方法。

(3) 了解幻灯片的放映方式。

5.4.2　任务描述

PowerPoint 提供了多种演示文稿外观设计功能，用户可以采用多种方式修饰和美化演示文稿，统一演示文稿的风格。外观设计采用的主要方式有使用主题、设置背景等，还可以设计更符合用户需求的母版使幻灯片的风格统一。

5.4.3 任务实施

为“个人简历”演示文稿自定义一套主题并设置母版幻灯片。

5.4.4 知识链接

一、设置幻灯片主题

所谓主题，是指含有演示文稿样式的文件，包含配色方案、背景、字体样式和占位符格式等。主题作为一套独立的选择方案应用于演示文稿中，可以简化演示文稿的创建过程，使演示文稿具有统一的颜色设置和布局风格。

1. 应用主题

在 PowerPoint 2010 中预置了多种主题样式，用户可以直接在主题库中使用，也可以通过自定义方式修改主题的颜色、字体和背景，形成自定义的主题。应用主题的方法主要有：

(1) 使用内置主题　打开演示文稿，选择“设计”选项卡，在“主题”选项组内单击“其他”按钮，就可以显示全部内置主题，如图 5-4-1 所示。移动鼠标至某主题，会显示该主题的名称。单击该主题，会按所选主题的颜色、字体和图形外观效果修饰演示文稿。

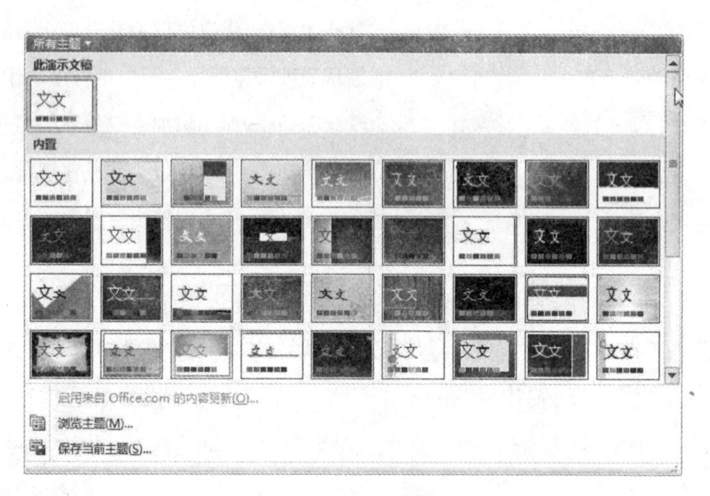

图 5-4-1 “所有主题”列表

如果只设置部分幻灯片的主题，可以选择要设置主题的幻灯片，在对应主题上单击鼠标右键，在弹出的快捷菜单中选择“应用于选定幻灯片”命令即可。

(2) 使用外部主题　如果内置的主题不能满足用户的需求，可选择外部主题，方法为：选择“设计”选项卡，单击“主题”选项组中主题列表下的“浏览主题”命令，在弹出的“选择主题或主题文档”对话框中选择所需的主题后单击【确定】按钮。

2. 自定义主题

主题是主题颜色、字体和效果三者的组合，用户可以根据需要对某一项单独进行设置。可以通过单击“设计”选项卡下“主题”选项组内的“颜色”“字体”和“效果”按钮，在其弹出的下拉菜单中设置。

二、设置幻灯片背景

在设计演示文稿时，除了应用主题来美化演示文稿，还可以通过设置幻灯片的背景来制作具有观赏性的演示文稿。

1. 更改幻灯片背景

更改幻灯片背景样式的操作如下：

(1) 选择要更改背景的幻灯片，切换到“设计”选项卡，在“背景”选项组中单击“背景样式”右侧的下拉按钮，在下拉列表中选择“设置背景格式”，打开“设置背景格式”对话框。也可以直接在幻灯片的空白处单击鼠标右键，在弹出的快捷菜单中选择“设置背景格式”来打开“设置背景格式”对话框，如图 5-4-2 所示。

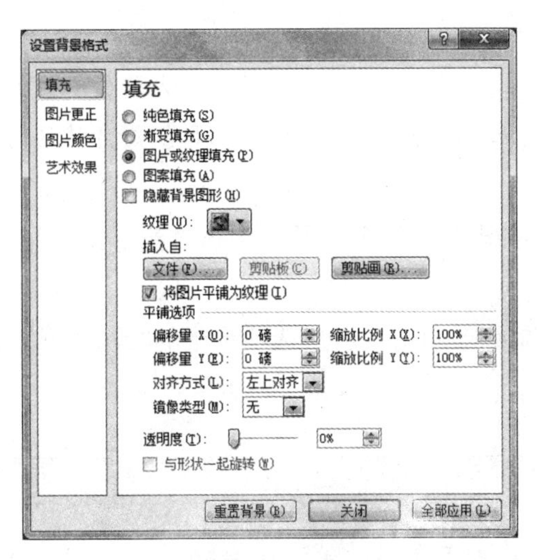

图 5-4-2　“设置背景格式”对话框

(2) 在“设置背景格式”对话框中选择不同的填充选项进行设置。

默认情况下，设置的背景样式只对选中的幻灯片生效，可以单击“全部应用”应用于所有幻灯片。

三、幻灯片母版

所谓幻灯片母版，实际上就是一张特殊的幻灯片，可以看作用于构建幻灯片的框架。在演示文稿中，所有的幻灯片都是基于幻灯片母版而创建的，如果更改了幻灯片母版，则会影响基于母版而创建的幻灯片的样式。

PowerPoint 2010 自带了一个幻灯片母版，共包括 11 个版式。制作幻灯片母版的操作如下：

(1) 切换至“视图”选项卡，单击“母版视图”选项组中“幻灯片母版”按扭，切换到“幻灯片母版”视图中。此时，功能区会增加一个“幻灯片母版”选项卡。

(2) 幻灯片母版视图如图 5-4-3 所示，左侧的窗格显示了不同版式幻灯片母板缩略图，选择一种版式，便可以在右侧的编辑区编辑，包括设置文字格式、设置幻灯片版式、插入对象等操作。

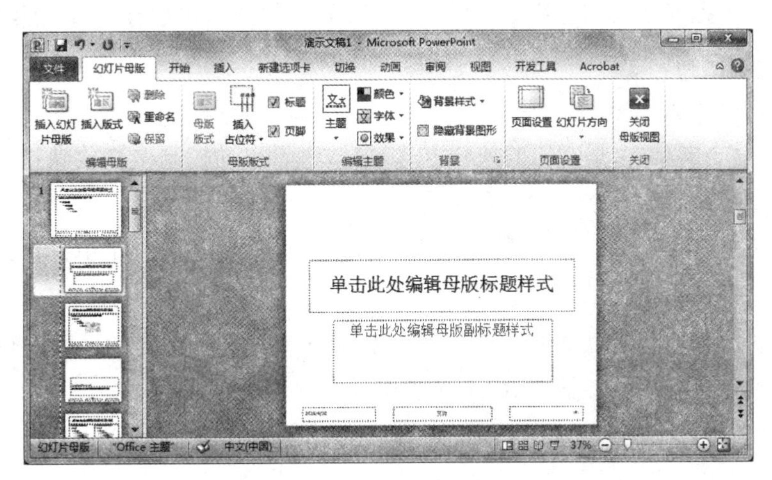

图 5-4-3　幻灯片母版视图

(3) 幻灯片母版设置完成后,需要单击“幻灯片母版”选项卡中的“关闭母版视图”按钮,关闭母版视图,切换至原来的视图模式。

5.4.5 知识拓展

一、幻灯片放映

演示文稿制作完成后,需要切换至幻灯片放映视图下,来测试幻灯片的排版、动画等设置,以便及时改进。根据使用场合的不同,PowerPoint 2010 提供了多种幻灯片放映方式。

1. 启动幻灯片放映

(1) 设置放映范围　默认情况下,放映幻灯片时会播放演示文稿中所有的幻灯片。可以设置只播放部分幻灯片。方法为:

① 切换至“幻灯片放映”选项卡,单击“设置”选项组中的“设置幻灯片放映”按钮,打开“设置放映方式”对话框,如图 5-4-4 所示。

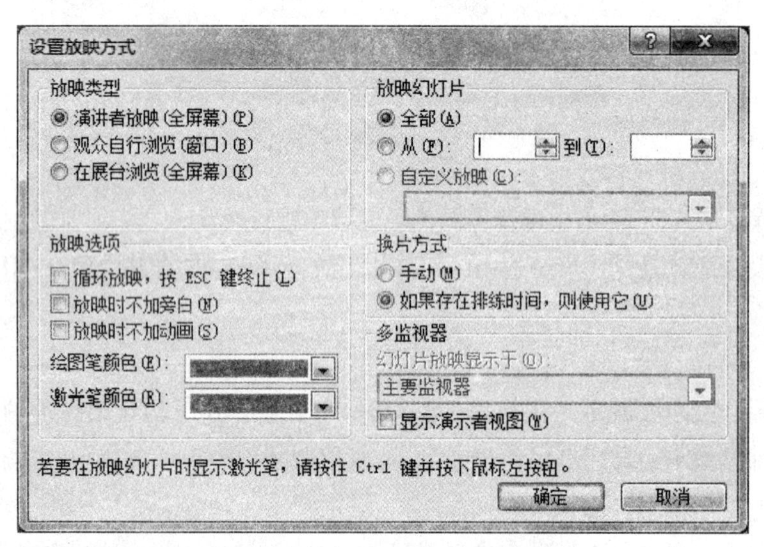

图 5-4-4 “设置放映方式”对话框

② 在放映幻灯片栏目中在“从”“到”的数字框内输入开始和结束的幻灯片编号。

(2) 放映幻灯片　可以按下[F5]键或单击状态栏的“幻灯片放映”按钮,或切换至“幻灯片放映”选项卡,单击“开始放映幻灯片”选项卡下的相应按钮来放映幻灯片。

(3) 结束观看　要提前结束幻灯片的放映,可以按[Esc]键或单击鼠标右键,在弹出的快捷菜单中选择“结束放映”来结束放映。

2. 幻灯片放映类型

(1) 演讲者放映(全屏幕)　最常用的放映方式,由演讲者自动控制全部放映过程,可以采用自动或手动的方式放映,适用于大屏幕投影的会议、上课等。

(2) 观众自行浏览(窗口)　以窗口的形式放映幻灯片,允许用户通过菜单操作幻灯片,同时可以进行其他窗口的操作。

(3) 在展台浏览(全屏幕)　以全屏形式在展台上做演示,按预定的或通过“幻灯片放映”菜单中的“排练计时”命令设置的时间和次序放映,但不允许现场控制放映的进程。

任务 5.5 技能拓展

利用 PowerPoint 2010 制作演示文稿介绍“我的家乡”。具体要求如下：

1. 至少包含 10 张幻灯片。
2. 根据幻灯片内容，自定义幻灯片主题和母版。
3. 为每张幻灯片添加合适的幻灯片切换效果。
4. 根据介绍内容，添加合适的图片、图形、音视频等辅助说明。
5. 为幻灯片中的对象添加合适的动画效果。

项目六
制作电子表格

项目描述

随着计算机技术的普及和大数据时代的到来，数据信息呈爆炸式增长，全世界每天都在产生着巨大的数据，大到一个跨国公司，小到一个社区的小卖部，都不可避免的与各种数据打交道。面对众多的数据，无论是管理者、经营者还是政策的制定者，都面临着管理好数据、发现数据的规律以及从数据中获得有价值信息的问题。

Excel 2010 作为 Microsoft Office 2010 办公套件的组件之一，是目前最为流行、功能最为强大的电子表格制作软件之一。使用 Excel 可以高效地输入数据，利用公式和函数进行计算，进行各种数据处理、统计分析，生成图表等，帮助用户将复杂的数据转换成有用的信息。因其高效的数据分析处理能力，Excel 被广泛地应用于管理、统计、财会、金融等领域。

任务 6.1 创建“学生信息管理表”

6.1.1 任务要点

(1) 熟悉 Excel 2010 工作界面。

(2) 掌握工作簿的新建、保存、关闭等操作。

(3) 掌握工作表中数据的输入、编辑等操作。

(4) 掌握工作表行、列、单元格等的相关操作。

(5) 了解工作表的格式化设置。

6.1.2 任务描述

无论是对企事业单位的人事管理人员还是学校学生学籍管理人员来说，人员信息管理都是一项艰巨的任务。而 Excel 电子表格软件的使用，能够有效地提高他们的工作效率。本任务以创建“学生信息管理表”为例，重点学习 Excel 表格中数据的输入和编辑、格式设置和工作表的相关操作。

6.1.3 任务实施

一、创建工作簿并保存

(1) 创建工作簿　启动 Excel 2010，系统会自动创建一个默认名为“工作簿 1”的空白工作簿，并包含

3张名为Sheet1、Sheet2和Sheet3的工作表。

(2) 重命名工作表　在工作表标签Sheet1上单击鼠标右键，在弹出的快捷菜单中选择“重命名”，将Sheet1重命名为“学生信息表”。

(3) 保存工作簿　单击快速启动栏中的保存按钮。在弹出的另存为对话框中设置文件名为“学生信息管理表”，并保存到个人文件夹下。

二、输入数据

切换至“学生信息表”工作表。

(1) 在A1单元格中输入“学生学籍信息管理表”，A2至F2单元格中分别输入“学号”“姓名”“性别”“民族”“身份证号”“出生日期”。

(2) 分别将第A列和第E列的数字格式设置为“文本”，分别输入“学号”“姓名”“民族”和“身份证号”列的剩余内容，如图6-1-1所示。

学号	姓名	性别	民族	身份证号	出生日期
001090101	赵依		汉	419231199012286980	
001090102	钱尔		满	416541198012216831	
001090103	孙琪		汉	618131198502146881	
001090104	李柳		回	319261199505306177	
001090105	周武		汉	362081201409292819	
001090106	陈雪		汉	41923119901117698X	
001090107	樊晶		汉	416541198010016871	
001090108	张蓓		回	618131198501016891	
001090109	张月		回	31926119950515617X	
001090110	李雅		汉	362081201409302811	
001090111	刘玉		满	419231199101286660	
001090112	孙慧		汉	416541198011116861	
001090113	陈文		回	322131198502146881	
001090114	高源		汉	319261199510193177	
001090115	田诗		回	362081201009221819	
001090116	刘杨		汉	419231199012286911	
001090117	贺梦		汉	416541198012213168	
001090118	王鹏		回	618131198502148681	
001090119	孙梦		汉	319261199505306170	
001090120	李蔓		汉	362081201409292119	

图6-1-1　学生信息表

三、设置工作表格式

1. 设置标题行格式

(1) 设置数据格式　选中单元格区域A1：F1，切换至“开始”选项卡，在“对齐方式”选项组中，单击“合并后居中”按钮。然后切换至“开始”选项卡，在“字体”选项组中，分别设置字体格式为“微软雅黑”“20”“加粗”；设置字体颜色为“红色，强调文字颜色2，深色50%”。

(2) 设置单元格格式　单击标题行行号“1”选中标题行，在“开始”选项卡的“单元格”选项组中，单击“格式”按钮，在弹出的下拉选项中选中“行高”，在弹出的“行高”设置对话框中输入“30”。

2. 设置副标题行格式

选中单元格区域A2：F2，设置字体格式为“楷体”“16”；设置字体颜色为“深蓝，文字2，深色25%”。设置副标题行的行高为“20”。

3. 设置数据区域单元格格式

(1) 设置数据格式　选中单元格区域A3：F22，分别设置字体格式为“宋体”“14”。

(2) 设置单元格格式　选中单元格区域A2：F22，切换至“开始”选项卡，在“单元格”选项组中，单击

"格式"按钮,在弹出的下拉选项中分别选中"自动调整行高"和"自动调整列宽"命令。

四、美化工作表

1. 设置对齐方式

选中单元格区域 A1：F22,在"开始"选项卡的"对齐方式"选项组中,分别单击"垂直居中"和"居中"按钮。

2. 设置边框和填充效果

(1) 选中单元格区域 A2：F2,设置单元格填充颜色为"茶色,背景 2,深色 10%"。

(2) 选中单元格区域 A2：F22,单击"开始"选项卡中"字体"选项组右下角的"对话框启动器"按钮,打开"设置单元格格式"对话框。切换到"边框"选项卡,在"样式"列表框中选择"双实线",单击"预置"中的"外边框"按钮;然后在"样式"列表框中选择"单实线",单击"预置"中的"内部"按钮。最后单击【确定】按钮。

工作表"学生信息表"的最终效果如图 6-1-2 所示。

学生学籍信息管理表

学号	姓名	性别	民族	身份证号	出生日期
001090101	赵依		汉	419231199012286980	
001090102	钱尔		满	416541198012216831	
001090103	孙琪		汉	618131198502146881	
001090104	李柳		回	319261199505306177	
001090105	周武		汉	362081201409292819	
001090106	陈雪		汉	41923119901117698X	
001090107	樊晶		汉	416541198010016871	
001090108	张蓓		回	618131198501016891	
001090109	张月		回	31926119950515617X	
001090110	李雅		汉	362081201409302811	
001090111	刘玉		满	419231199101286660	
001090112	孙慧		汉	416541198011116861	
001090113	陈文		回	322131198502146881	
001090114	高源		汉	319261199510193177	
001090115	田诗		回	362081201009221819	
001090116	刘杨		汉	419231199012286911	
001090117	贺梦		汉	416541198012213168	
001090118	王鹏		回	618131198502148681	
001090119	孙梦		汉	319261199505306170	
001090120	李蔓		汉	362081201409292119	

图 6-1-2 "学生信息表"最终效果

6.1.4 知识链接

一、启动 Excel 2010

启动 Excel 的方法主要有以下两种：

(1) 双击桌面上的 Microsoft Excel 2010 快捷方式图标。

(2) 单击"开始"按钮,在弹出的"开始"菜单中选择"所有程序"→"Microsoft Office"→"Microsoft Excel 2010"命令。

二、Excel 2010 工作界面

启动 Excel 2010 后,系统会自动生成一个默认名为"工作簿 1"的空白文档,如图 6-1-3 所示。快速访问工具栏、标题栏、窗口管理按钮、状态栏等与 Word 2010 和 PowerPoint 2010 相同的地方,此处不再赘述。

① 功能区　包括“开始”“插入”“页面布局”“引用”“邮件”“审阅”“视图”7 个选项卡和工作表管理按钮。

单击任意选项卡，就会切换到对应的“功能区”，每个功能区均由若干个选项组构成，而各个选项组又由若干个具有相同或相似作用的工具按钮集合而成；每个选项组的右下角通常都会有一个“对话框启动器”按钮，用于打开与该组命令相关的对话框，以便用户进一步设置。

其中，工作表管理按钮是 Excel 独有的按钮，用于工作表的最小化、最大化、关闭操作。

② 名称框：用于表示活动单元格的地址。用户还可以直接在此输入单元格的名称，快速定位到对应的单元格。

③ 编辑栏：主要用于输入和修改活动单元格中的数据。当在工作表的活动单元格中输入数据时，编辑栏会同步显示输入的内容。单击编辑栏左侧的“插入函数”按钮，可快速打开“插入函数”对话框。

④ 行号和列标：用于标记单元格行和列的标签。

⑤ 活动单元格：当前选中的单元格。

⑥ 工作区：工作区位于 Excel 2010 程序窗口的中间，默认呈表格排列状，是 Excel 2010 中进行数据输入和分析处理的主要工作区域。

⑦ 工作表标签栏：位于窗口的左下角，默认名称为 Sheet1、Sheet2、Sheet3...，单击工作表标签可在不同的工作表间进行切换。

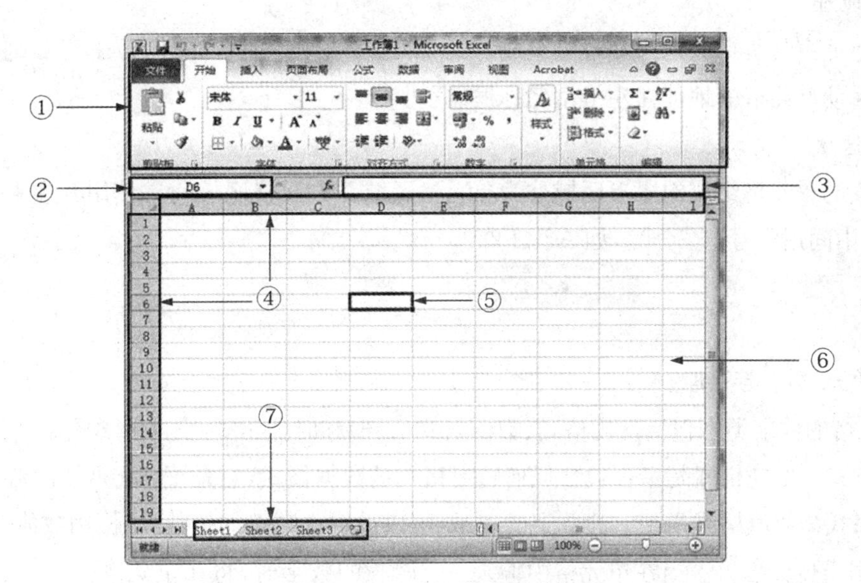

图 6-1-3　Excel 2010 工作界面

三、基本概念

1. 工作簿与工作表

启动 Excel 后打开的文档即为工作簿。通常所说的 Excel 文档即为工作簿，一个 Excel 文件就是一个工作簿。Excel 2010 工作簿默认的扩展名为. xlsx。

工作表类似于文档中的页面，可以在工作表中输入数据。工作表又称为电子表格。新创建的工作簿包含 3 张独立的工作表，标签分别为 Sheet1、Sheet2、Sheet3。工作表标签是工作表的名字，单击工作表标签，便可以在该工作表内进行数据输入和编辑。工作表的数目是可以增加和删除的。

工作簿与工作表之间的关系类似一本书和书中的每一页之间的关系。

2. 工作表行和列

不同于 Word 文档，工作表是由若干行和列组成的表格。每一行左侧都会显示一个数字标题，即为该行的行号，每一列顶部都会显示一个字母标题，即为该列的列标。其中，行号用阿拉伯数字表示，有效范围为：1～1048576；列标用英文字母表示，有效范围为：A～XFD，共计 16 384 列。

3. 单元格

行和列相交形成的长方形方格即为单元格。单击选中某个单元格时，该单元格会以黑色方框突出显示，其所在行的行号和所在列的列标均会突出显示。选中的这个单元格即为活动单元格。数据的输入和编辑处理均在单元格中完成。

工作簿、工作表与单元格之间是相互依存的关系，它们是构成 Excel 2010 最基本的 3 个元素，三者的关系如图 6-1-4 所示。

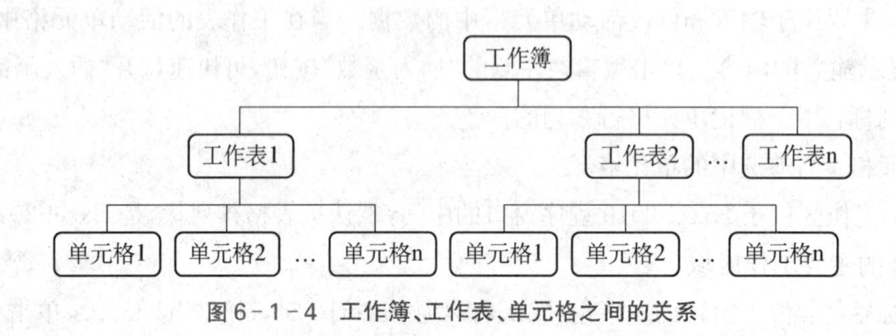

图 6-1-4　工作簿、工作表、单元格之间的关系

4. 单元格地址

单元格的地址由其所在的列标和行号组成，又称单元格引用。如 C6 表示位于第 C 列和第 6 行交叉处的单元格。活动单元格的地址在左上角名称框显示。

5. 单元格区域

若干个连续的单元格组成的矩形区域称为单元格区域。单元格区域通常使用其左上角和右下角的单元格来表示，中间用冒号"："分隔，如 A2：F22。

四、输入数据

1. Excel 单元格的数字类型

Excel 单元格的数字类型包括常规格式、数值格式、日期和时间格式、文本格式等。

(1) 常规格式　常规格式是指不包含任何特定格式的数据格式，它是 Excel 默认的数据格式。

(2) 数值格式　数值格式用于一般数字的表示，可以设置小数点的位数，当使用数值表示金额时，还可设置是否使用千位分隔符。当在单元格中输入一个较长的数字时，将在单元格中显示一连串"#"号，此时只需调大单元格所在的列宽便可以显示数字。

(3) 货币格式　货币格式主要用于设置货币的形式，包括货币类型和小数位数。当需要使用数值表示金额时，可以将格式设置为货币格式。

(4) 会计专用格式　会计专用格式也是用于设置货币的形式，与货币格式不同的是，会计专用格式可以将数值中的货币符号对齐。

(5) 日期和时间格式　在单元格中输入日期和时间时，Excel 以默认的日期(时间)格式显示。

(6) 百分比格式　将单元格中的数值设置为百分比格式时，分为以下两种情况：先设置格式再输入数值和先输入数值再设置格式。

(7) 分数格式　当用户在单元格中直接输入分数时，若没有设置相应的格式，系统会自动将其显示为日期格式。

(8) 科学记数格式　如果在单元格中输入的数值较大，默认情况下，系统会自动将其转换为科学记数格式，或者也可以直接设置单元格的格式为科学记数格式。

(9) 文本类型 当设置单元格的格式为文本格式时,单元格中显示的内容与输入的内容完全一致。

(10) 特殊格式 当输入邮政编码等全部由数字组成的数据时,可以将其设置为文本格式或者特殊格式,从而避免系统将其默认为数字格式。

2. Excel 中数据的输入

Excel 中数据的输入和编辑都是在单元格中进行的。如需在空白单元格中输入数据,选中单元格,输入数据后按[Enter]键即可。如果单元格中已有数据,则单击该单元格时输入的数据会覆盖原有的数据。如果只想修改其中的部分内容,则需要双击单元格进入编辑状态,光标会变成闪烁的竖线,此时修改单元格的内容即可。

(1) 文本的输入 文本类型数据一般由汉字、字母、数字、空格等组成。文本的输入比较简单,一般的文本直接输入即可。

如果文本由纯数字组成(如身份证号),或者在单元格中输入以"0"开头的数字,需在输入文本之前先将单元格的格式改为文本格式。或者先输入一个英文的单引号,再输入数据,按下[Enter]键后单引号消失,输入的数字将被当作文本来看待。

(2) 数值的输入 在 Excel 2010 中,单元格默认显示 11 位有效数字,若输入的数值长度超过 11 位,系统将自动以科学计数法来显示该数字,当数值长度超过单元格的宽度时,数据以一串"#"显示,此时适当调整单元格的宽度即可显示出全部数据。

(3) 日期和时间的输入 日期的输入格式为"年-月-日"或"年/月/日"。如果没有输入年份,则系统默认使用当年的年份。如果要在单元格中输入系统的当前日期,则按[Ctrl]+[;]组合键即可。

时间的格式是"时:分:秒",默认为 24 小时制,如果要在单元格中输入系统的当前时间,则按[Ctrl]+[shift]+[;]组合键即可。

3. 数据的快速输入

在输入大量重复或具有一定规律的数据时(如图 6-1-1 中学号的输入),为节省时间,提高工作效率,可以采取快速输入的方法。

(1) 填充柄的使用 活动单元格右下角的黑色小方块即为填充柄。当鼠标移动到填充柄上时,鼠标会变为实心十字形✚。此时,按下鼠标左键拖动填充柄,则可在连续的单元格区域中填充相同或有规律的数据。

(2) 相同的数据的输入 如果需要在连续的单元格区域中输入相同的数据,只需要在其中一个单元格中输入数据,然后上下左右拖动填充柄即可。

如果需要在不连续的单元格区域中输入相同的数据,首先借助[Ctrl]键选中要输入相同数据的所有单元格,输入数据,然后按下[Ctrl]+[Enter]键,即可在所有选中的单元格中输入相同的数据。这种方法也适用于连续区域中数据的输入。

(3) 填充有序数据 首先在第一个单元格中输入序列的第一个数值,在第二个单元格中输入序列的第二个数值;然后选中这两个单元格,拖动右下角的填充柄进行填充即可。

五、Excel 2010 的基本操作

工作簿的新建、打开、保存、关闭等操作与 Word 相同,此处不再赘述。

1. 行和列的操作

(1) 选中行和列 单击某个行号或列标时,可以选中对应的整行或整列。当选中某行时,该行的行号及所有的列标会高亮显示,所选的单元格区域也会加亮显示,表示处于选中状态。同样,当选中某列时,也会有相应的显示效果。

如果要选中连续的多行,可以单击某行的行号后,按住鼠标左键不放,向上或向下拖动,即可选中与

该行相邻的连续多行。要选中多列时，单击列标，按下鼠标左键左右拖动即可。

如果要选中不连续的多行，可以先选中一行，然后按下[Ctrl]键不放，再选中其他行即可。选定不连续的多列，方法与之类似。

单击行号和列标交叉处的全选按钮 ，可以选中所有行和列，即全选工作表。

(2) 设置行高和列宽　如果要设置行高，首先选中要设置行高的一行或多行，切换至"开始"选项卡，单击"单元格"选项组中的"格式"按钮，在弹出的下拉菜单中选择"行高"命令，打开"行高"对话框，在文本框中输入数值即可。也可以通过单击鼠标右键，在弹出的快捷菜单中选择"行高"来打开"行高"设置对话框。

还可以移动鼠标至行号的下边界，上下拖动鼠标来手动调整行的高度。

此外，还可以根据单元格中的数据来自动调整行高，主要有以下两种方法：

方法一：切换至"开始"选项卡，单击"单元格"选项组中的"格式"按钮，在弹出的下拉菜单中选择"自动调整行高"命令。

方法二：移动鼠标至选中的任意两行的行号之间，当鼠标变为双向箭头时，双击鼠标。

(3) 插入行、列　如果要在工作表中插入一个空白行，首先选中一行，然后下述方法任选一种即可。

方法一：单击"开始"选项卡下"单元格"组中的"插入"按钮，在弹出的下拉选项中选择"插入工作表行"命令。

方法二：单击鼠标右键，在弹出的快捷菜单中选择"插入"命令。

需要注意的是，新插入的行数和选中的行数是一致的，如果要插入多行，则选中多行即可。插入列的方法与之类似。

(4) 删除工作行和列　如果要删除工作表中的一行(列)或多行(列)，首先选中要删除的行(列)，然后下述方法任选一种即可：

方法一：切换至"开始"选项卡，单击"单元格"选项组中的"删除"按钮，在弹出的下拉列表中选择"删除工作表行(列)"命令。

方法二：单击鼠标右键，在弹出的快捷菜单中选择"删除"命令。

(5) 隐藏和显示行、列　如果要对工作表中的行或列进行隐藏，首先选中要隐藏的行或列，单击鼠标右键，在弹出的快捷菜单中选择"隐藏"命令，此时，对应的行号或列标也一起隐藏，行号或列标不再连续显示。

如果要显示隐藏的行或列，需先选中隐藏行(或列)相邻的上下两行(左右两列)，然后单击鼠标右键，在弹出的快捷菜单中选择"取消隐藏"命令。

此外，也可以采取将行高或列宽设置为0的方法将行或列进行隐藏，反之，将行高或列宽设置为大于0的方法取消隐藏。

2. 单元格的操作

(1) 选定单元格和单元格区域　单个单元格的选择可以通过单击来选定。单击任意单元格，按下鼠标左键拖动，即可选定与之相邻的多个单元格组成的单元格区域。先选中一个单元格或一个连续的单元格区域，然后按住[Ctrl]键不放，依次选定其他单元格或单元格区域，即可选定不连续的单元格区域。

(2) 设置单元格格式　单元格中字体格式的设置与Word类似，单击"开始"选项卡下对应的按钮即可。要设置单元格的数字格式，切换至"开始"选项卡，单击"数字"选项组右下角的"对话框启动器"按钮，打开"设置单元格格式"对话框。如图6-1-5所示，在"数字"选项卡中设置对应的数字格式即可。

(3) 设置对齐方式和文字方向　对齐方式是指单元格中数据相对于上下左右的位置，分为水平对齐和垂直对齐。水平对齐方式有常规、靠左、居中、靠右、填充、两端对齐、跨列居中。垂直对齐方式有靠上、居中、靠下、两端对齐、分散对齐。

文字方向是指单元格中的数据在单元格中显示时偏离水平线的角度，默认为水平方向。

在图 6-1-5 所示的"设置单元格格式"对话框中，切换至"对齐"选项卡，即可设置单元格的对齐方式和文字方向。

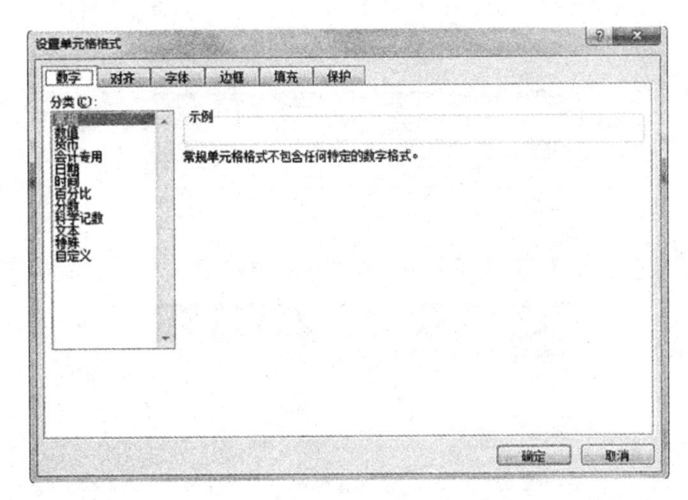

图 6-1-5　设置单元格格式

(4) 合并与拆分单元格　在实际使用的过程中，常常需要将两个或两个以上的单元格合并为一个单元格。选择要合并的单元格区域后，切换至"开始"选项卡，单击"对齐方式"选项组中的"合并后居中"按钮便可以合并单元格并使文字在单元格中水平垂直居中显示。

对于已经合并的单元格，单击"合并后居中"按钮可以将其拆分为原来的单元格区域。

3. 工作表的操作

(1) 切换工作表　在 Excel 操作过程中，始终有一个当前工作表来输入和编辑数据。当前工作表的标签会以反白显示，可以单击工作表标签切换不同工作表。

(2) 插入和删除工作表　用户可以根据需要插入和删除工作表。在工作簿中插入工作表的方法主要有：

方法一： 右击任意工作表标签，在弹出的快捷菜单中选择"插入"命令。

方法二： 单击工作表标签右侧的"插入工作表"按钮。

如果要删除多余的工作表，右击对应的工作表标签，在弹出的快捷菜单中选择"删除"命令即可。工作簿中至少要包含一张可视工作表，当工作簿中只有一个工作表时，该工作表将无法删除。

(3) 重命名工作表　Excel 工作表默认标签为 Sheet＋序号。在实际使用过程中，为了便于数据的管理维护，通常会重命名工作表。双击工作表标签，或者右击工作表标签，在弹出的快捷菜单中选中"重命名"命令。然后直接输入新工作表标签名。

六、格式化工作表

1. 套用表格格式

Excel 提供了许多外观精美的表格样式，使用这些系统预定义的表格样式，可以建立满足不同需要的工作表。套用表格格式的操作步骤如下：

(1) 选中更要设置格式的单元格区域。

(2) 单击"开始"选项卡下"样式"组中的"套用表格格式"按钮。

(3) 弹出如图 6-1-6 所示的下拉菜单，选择合适的表样式即可。

2. 自定义单元格的边框和填充效果

如果系统预定义的表格样式不能满足要求，用户可自定义表格的边框和填充效果。操作方法如下：

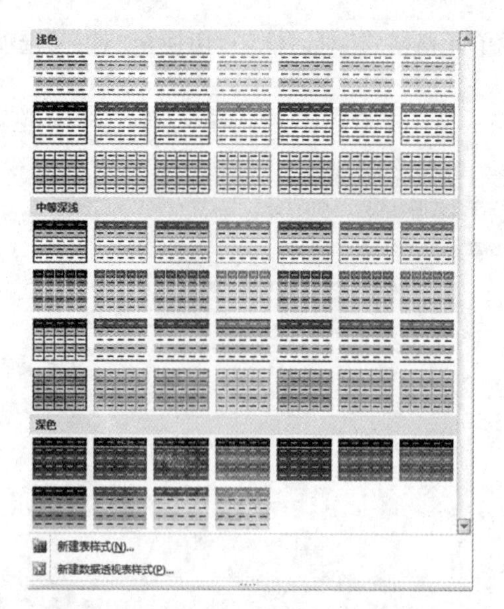

图 6-1-6 “套用表格格式”下拉菜单

(1) 选中要设置边框或填充效果的单元格，单击“开始”选项卡下“数字”组右下角的“对话框启动器”按钮，打开“单元格格式设置”对话框。

(2) 切换至“边框”选项卡，如图 6-1-7 所示。依次设置样式、颜色、预置项目。

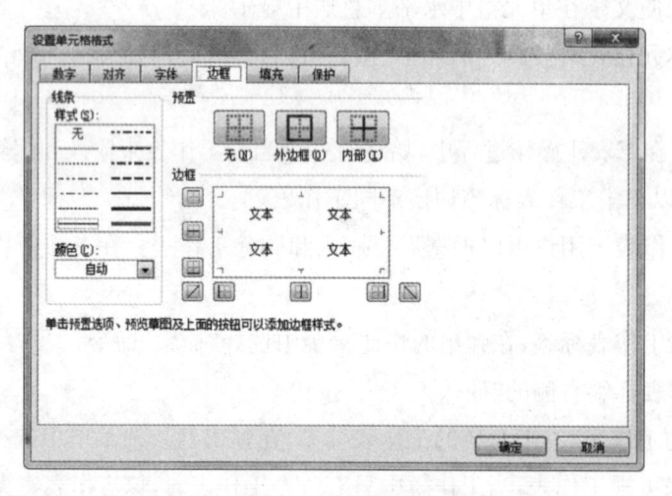

图 6-1-7 “边框”选项卡

(3) 切换至“填充”选项卡，如图 6-1-8 所示。根据需要设置背景色、填充效果、图案颜色、图案样式后单击【确定】按钮即可。

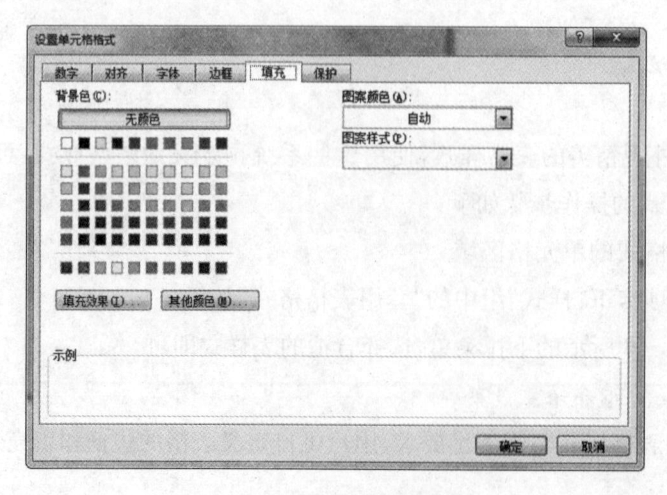

图 6-1-8 “填充”选项卡

3. 条件格式

Excel 中条件格式的使用能够快速地对满足特定条件的单元格突出显示，使数据更加直观易读。用户可以使用 Excel 内置的条件格式，也可以根据需求自定义条件规则和格式。

如果要设置条件格式，首先选中单元格区域，然后切换至“开始”选项卡，单击“样式”选项组中的“条件格式”按钮，弹出如图 6-1-9 所示的下拉菜单。

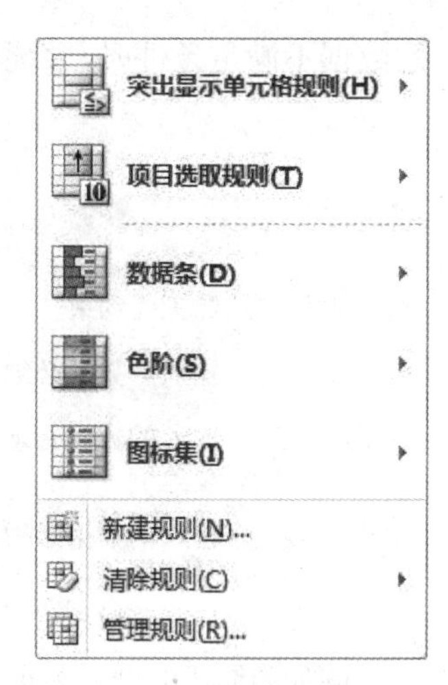

图 6-1-9　“条件格式”下拉菜单

(1) 突出显示单元格规则　当需要对某些符合特定条件的单元格应用特殊格式时，可以使用该命令。

(2) 项目选取规则　项目选取规则可以突出显示选定区域中最大或最小的一部分数据所在的单元格，可以用百分数或数字来指定，也可以指定大于或小于平均值的单元格。

(3) 数据条　利用数据条功能，可以非常直观地查看选定区域中数值的大小情况。

(4) 色阶　色阶功能可以利用颜色的变化表示数据值的高低，帮助用户快速了解数据的分布趋势。

(5) 图标集　利用图标集标识数据，就是把单元格内的数值按照大小分级，然后根据不同的等级，用不同方向、形状的图标进行标识。

(6) 新建规则　如果要对单元格区域进行更详细的条件格式设置，选择“新建规则”命令，打开如图 6-1-10所示的对话框，选择不同的规则类型，并作出详细的规则设置。

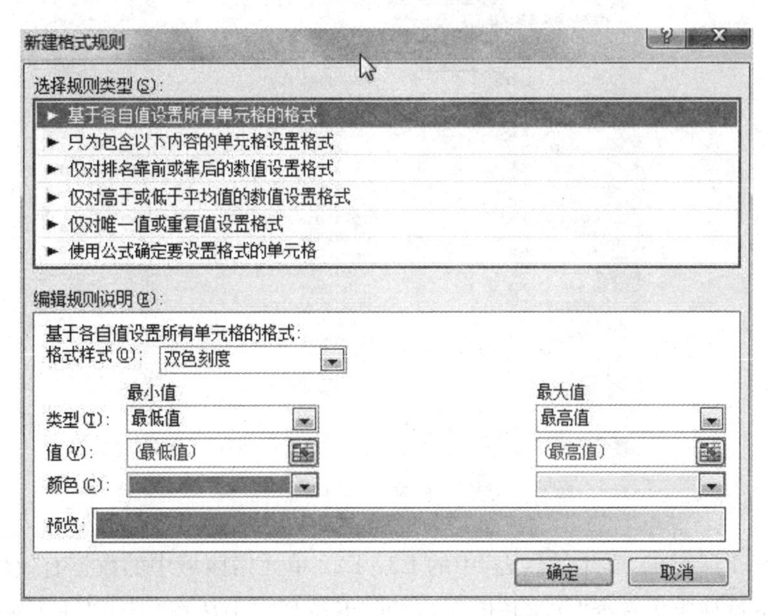

图 6-1-10　“新建格式规则”对话框

(7) 清除规则　使用“清除规则”命令可以一次性清除所选单元格的规则或整个工作表的规则。

(8) 管理规则　若要修改条件格式的规则，需要选择“管理规则”命令，打开“条件格式规则管理器”对话框修改。

6.1.5　知识拓展

一、数据的有效性

在 Excel 中输入数据时，为了减少输入数据的错误，Excel 提供了数据有效性条件的设置。当输入

的数据不满足条件时，系统将自动弹出出错提醒信息。数据有效性的类型见表 6-1-1。

表 6-1-1　数据有效性类型及含义

类型	含　义	类型	含　义
任何值	数据无约束	日期	输入的数据必须是符合条件的日期
整数	输入的数据必须是符合条件的整数	时间	输入的数据必须是符合条件的时间
小数	输入的数据必须是符合条件的小数	文本长度	输入的数据的长度必须满足指定的条件
序列	输入的数据必须是指定序列内的数据	自定义	允许使用公式、表达式指定单元格中数据必须满足的条件

例如，将图 6-1-1 所示的“学生信息表”中的 C3：C22 单元格区域中的数据有效性作如下设置：

(1) 选中单元格区域 C3：C22，单击“数据”选项卡下“数据工具”组中的“数据有效性”按钮，在弹出的下拉菜单中选择“数据有效性”命令，打开“数据有效性”对话框。

(2) 在“允许”下拉列表中选择“序列”；来源框中输入“男，女”（“，”为英文）。单击【确定】按钮。

此时，单元格区域 C3：C22 中的单元格右侧会出现一个下拉图标，单击该下拉图标，弹出的下拉框中便可以选中“男”或“女”，如图 6-1-11 所示。

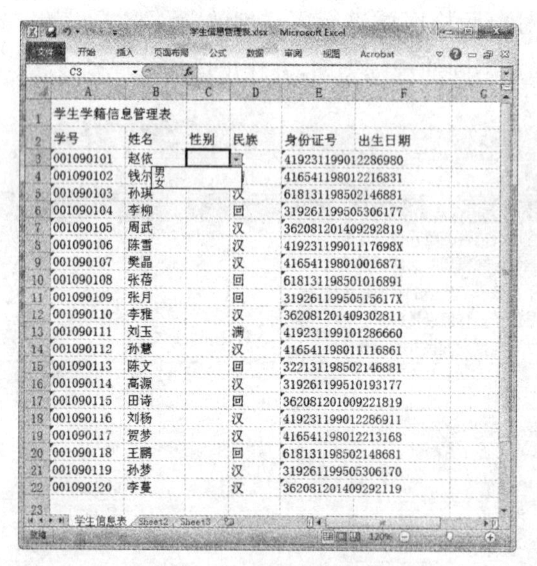

图 6-1-11　数据有效性值“下拉框”

还可将图 6-1-1 所示的“学生信息表”中的 E3：E22 单元格区域中的数据有效性作如下设置：

(1) 在“允许”下拉列表中选择“文本长度”；“数据”下拉列表中选择“等于”；长度框中输入“18”。

(2) 切换至“出错警告”对话框，在“错误信息”框中输入“输入错误！身份证号码为 18 位，请重新输入”。然后单击【确定】按钮。

设置完成后，单元格区域 E3：E22 中的单元格中数据长度固定为 18，当输入的身份证号不满足要求时，系统会自动弹出出错提示对话框，如图 6-1-12 所示。

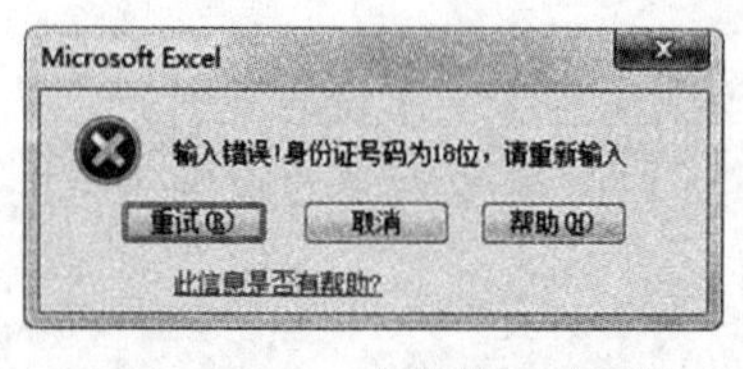

图 6-1-12　出错提示对话框

任务 6.2　统计“学生成绩表”的各项成绩

6.2.1　任务要点

(1) 熟悉单元格地址的引用方法。

(2) 掌握公式的基本格式。

(3) 掌握常见函数的使用。

6.2.2　任务描述

通过任务 6.1 的实施，我们掌握了在工作表中输入和编辑数据、对工作表进行简单修饰以及打印预览等相关操作。但这仅仅是表格制作的基本功。Excel 的主要魅力在于其强大的数据分析处理能力，其中公式计算和函数处理就是其中重要的一项。

本任务通过对学生成绩表中相关数据的计算，进一步学习 Excel 中公式和常见函数的使用。

6.2.3　任务实施

一、打开原始表格

(1) 打开学生文件夹下的“学生信息管理表”。

(2) 切换至“学生成绩管理表”工作表，如图 6-2-1 所示。

学生成绩管理表										
学号	姓名	各模块成绩				标准成绩	总成绩	总成绩名次	总成绩评价等级
		基础操作	Word	Excel	PPT				
001090101	赵依	90	85	95	88				
001090102	钱尔	77	86	75	92				
001090103	孙琪	78	89	65	82				
001090104	李柳	50	50	66	70				
001090105	周武	71	85	57	97				
001090106	陈雪	70	95	50	98				
001090107	樊晶	81	94	75	87				
001090108	张蓓	52	70	63	72				
001090109	张月	88	93	90	92				
001090110	李雅	86	99	45	86				
001090111	刘玉	70	81	40	84				
001090112	孙慧	91	98	92	95				
001090113	陈文	76	87	77	87				
001090114	高源	76	85	62	93				
001090115	田诗	78	66	57	65				
001090116	刘杨	87	98	42	70				
001090117	贺梦	81	82	70	92				
001090118	王鹏	85	99	57	98				
001090119	孙梦	75	93	77	86				
001090120	李蔓	75	86	65	93				
各项成绩的最高分						统计日期：			
各项成绩的最低分									
各科的优秀率									

图 6-2-1　学生成绩管理表

二、使用公式和函数处理数据

1. 利用公式计算“标准成绩”

其中：

① 标准分=基础操作成绩 * 0.2+Word 成绩 * 0.2+Excel 成绩 * 0.2+PPT 成绩 * 0.4。

② 总分评价等级的评价标准为：320 以下：一般；320—340(包括 320 和 340)良好；340 以上：优秀。

③ 各科成绩高于 89 分为优秀。

(1) 选中 K4 单元格，在编辑框中输入“=G4 * 0.2+H4 * 0.2+I4 * 0.2+J4 * 0.4”，如图 6-2-2 所示。然后单击编辑框前的 ✓ 按钮(或按[Enter]键)确认输入，将在 K4 单元格中显示计算结果。

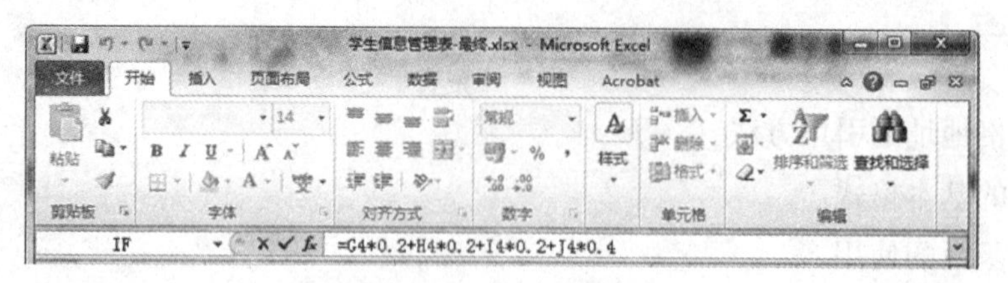

图 6-2-2 输入公式

(2) 选中 K4 单元格，鼠标置于 K4 单元格的右下角填充柄处，当鼠标变成十形状后，单击鼠标左键，向下拖动鼠标至 K23 单元格，公式自动填充于 K4：K23 区域，完成所有同学的“标准成绩”的计算。

2. 利用函数计算“总成绩”

(1) 选中 L4 单元格，单击“开始”选项卡下“编辑”组中“自动求和”按钮。

(2) 将求和函数 SUM 括号内的参数区域改为“G4：J4”，如图 6-2-3 所示。

(3) 单击编辑框前的 ✓ 按钮(或按[Enter]键)确认输入，将在 L4 单元格中显示计算结果。

(4) 选中 L4 单元格，鼠标置于 L4 单元格的右下角填充柄处，当鼠标变成十形状后，单击鼠标左键，向下拖动鼠标至 L23 单元格，公式自动填充于 L4：L23 区域。完成所有同学的“总成绩”的计算。

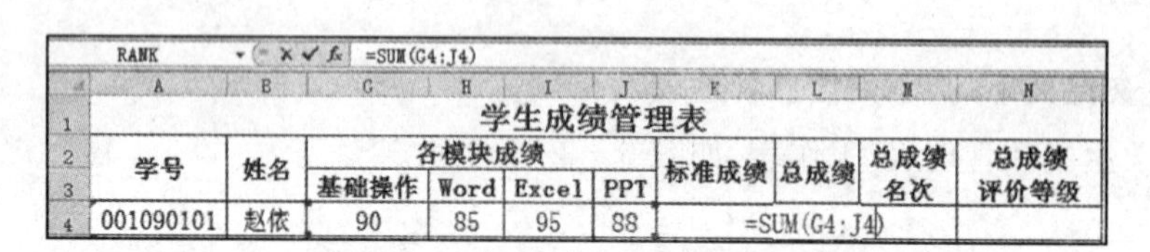

图 6-2-3 更改参数区域

3. 利用函数计算“总成绩名次”

(1) 选中 M4 单元格，单击编辑框左侧的插入函数按钮 f_x，打开“插入函数”对话框。

(2) 在“插入函数”对话框中，在选择函数列表中选择“RANK”函数，然后单击【确定】按钮。打开 RANK“函数参数”设置对话框。

(3) 参照图 6-2-4 所示，分别设置 RANK 函数的 3 个参数。单击【确定】按钮，将在 M4 单元格中显示计算结果。

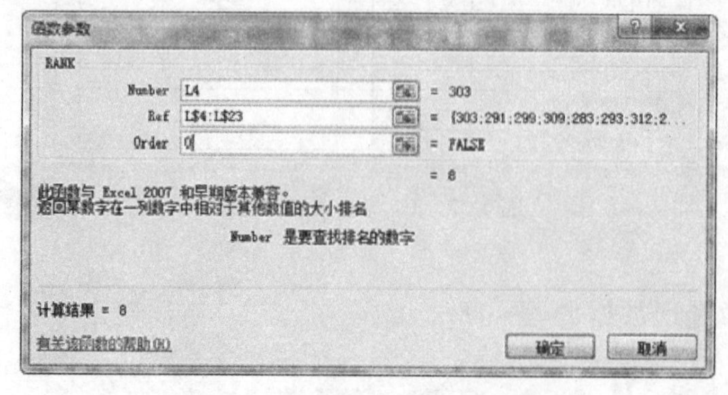

图 6-2-4 设置“RANK”函数的参数

(4) 选中 M4 单元格，鼠标置于 M4 单元格的右下角填充柄处，当鼠标变成十形状后，单击鼠标左键，向

RANK　=IF(L4<320,"一般",IF(L4<=340,"良好","优秀"))

学号	姓名	各模块成绩				标准成绩	总成绩	总成绩名次	总成绩评价等级
		基础操作	Word	Excel	PPT				
001090101	赵依	90	85	95	88	89.2	358	18	=IF(L4<320,"一般",IF(L4<=340,"良好","优秀"))

图 6－2－5　输入"IF"函数

下拖动鼠标至 M23 单元格，公式自动填充于 M4：M23 区域。完成所有同学的"总成绩名次"的计算。

4. 利用函数计算"总成绩评价等级"

(1) 选中 N4 单元格，在编辑框中输入"＝IF(L4＜320,"一般",IF(L4＜＝340,"良好","优秀"))"，然后单击编辑框前的 ✓ 按钮(或按[Enter]键)确认输入，将在 N4 单元格中显示计算结果，如图 6－2－5 所示。

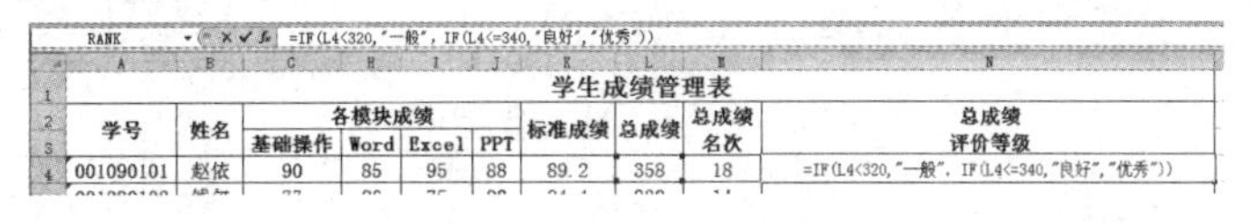

RANK　=IF(L4<320,"一般",IF(L4<=340,"良好","优秀"))

学号	姓名	各模块成绩				标准成绩	总成绩	总成绩名次	总成绩评价等级
		基础操作	Word	Excel	PPT				
001090101	赵依	90	85	95	88	89.2	358	18	=IF(L4<320,"一般",IF(L4<=340,"良好","优秀"))

图 6－2－5　输入"IF"函数

(2) 选中 N4 单元格，鼠标置于 N4 单元格的右下角填充柄处，当鼠标变成╋形状后，单击鼠标左键，向下拖动鼠标至 N23 单元格，公式自动填充于 N4：N23 区域。完成所有同学的"总成绩评价等级"的计算。

5. 计算"各项成绩的最高分"和"各项成绩的最低分"

(1) 选中 G24 单元格，单击"开始"选项卡下"编辑"组中"自动求和"右侧的下拉按钮。在下拉选项中选择"最大值"，确认 MAX 函数括号内的参数区域为 G4：G23(如不是，修改成 G4：G23)，然后单击编辑框前的 ✓ 按钮(或按[Enter]键)确认输入，将在 G24 单元格中显示计算结果。

(2) 选中 G25 单元格，单击"开始"选项卡下"编辑"组中"自动求和"右侧的下拉按钮。在下拉选项中选择"最小值"，确认 MIN 函数括号内的参数区域为 G4：G23(如不是，修改成 G4：G23)，然后单击编辑框前的 ✓ 按钮(或按[Enter]键)确认输入，将在 G25 单元格中显示计算结果。

(3) 选中 G24：G25 单元格区域，鼠标置于 G25 单元格的右下角填充柄处，当鼠标变成╋形状后，单击鼠标左键，向下拖动鼠标至 J25 单元格，公式自动填充于 G24：J25 区域。完成"各项成绩的最高分"和"各项成绩的最低分"的计算。

6. 计算"各科的优秀率"

(1) 计算"基础操作的优秀人数"

① 选中 G26 单元格，单击编辑框左侧的插入函数按钮，打开"插入函数"对话框，在选择函数列表中选择"COUNTIF"函数，然后单击【确定】按钮，打开"函数参数"设置对话框。

② 设置 COUNTIF 函数的两个参数分别为 G4：G23 和"＞89"，如图 6－2－6 所示。然后单击【确定】按钮，将在 G26 单元格中显示优秀人数的计算结果。

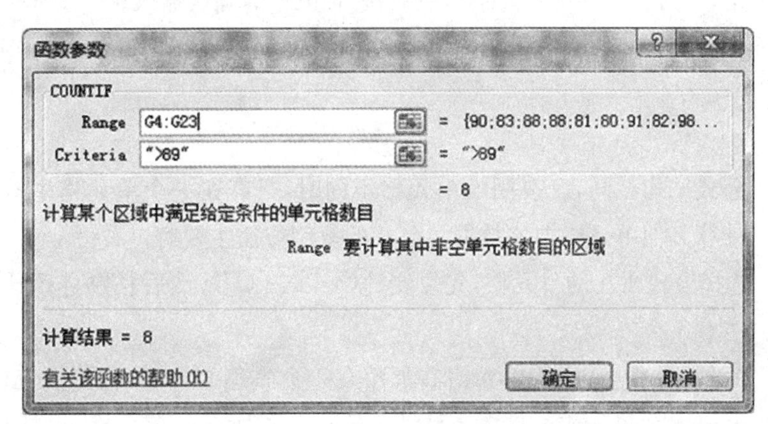

图 6－2－6　COUNTIF 参数设置

(2) 计算“基础操作的优秀率” 选中G26单元格，在编辑框中继续输入“/coun T(G4:G23)”，如图6-2-7所示。然后单击编辑框前的✔按钮(或按[Enter]键)确认输入，将在G4单元格中显示计算结果。最后，将G26单元格的数字格式改为“百分比”。

COUNT =COUNTIF(G4:G23,">89")/COUNT(G4:G23)

	A	B	G	H	I	J
23	001090120	李蔓	75	86	65	93
24	各项成绩的最高分		91	99	95	98
25	各项成绩的最低分		50	50	40	65
26	各科的优秀率		G4:G23)			

图6-2-7 计算优秀率

(3) 计算“各科的优秀率” 选中G26单元格，鼠标置于G26单元格的右下角填充柄处，当鼠标变成╋形状后，单击鼠标左键，向右拖动鼠标至J26单元格，公式自动填充于G26:J26区域。完成“各科的优秀率”的计算。

6.2.4 知识链接

一、公式

1. 概念

公式是指进行数值计算的等式。Excel中公式的输入是以“=”开始的。通常情况下，公式由运算数和运算符组成。

(1) 运算数 参与运算的对象，一般为单元格地址或数字。

(2) 运算符 指用来连接公式中的基本元素并完成计算的符号。运算符可以表示出公式内执行计算的类型，包括算术运算符、比较运算符、引用运算符和文本运算符。

2. 公式的输入

在Excel 2010中，当在单元格中输入“=”时，系统将自动切换为输入公式状态。在单元格中输入公式的方法有手动输入和单元格引用两种方式。

(1) 手动输入公式 公式中的运算符和运算数均采用手工直接输入。

(2) 使用单元格引用方式输入公式 公式中的运算符需要手工输入，但是引用的单元格可以通过鼠标选取。例如，在C3单元格中输入公式“=A3+B3”的方法有两种：

① 单击C3单元格，直接输入“=A3+B3”，然后按[Enter]键确认输入。

② 单击C3单元格，输入等号“=”，再单击A3单元格，然后输入“+”，接着单击B3单元格，最后按[Enter]键确认输入。

3. 公式的复制

若要输入的多个公式结构相同，仅引用的单元格不同时，只需在一个单元格中输入公式，然后采用复制公式的方法快速计算其他单元格中的数据。公式的复制方法主要有：

(1) 复制公式 选择公式所在的单元格，先复制([Ctrl]+[C])，然后粘贴([Ctrl]+[V])到目标单元格中。

(2) 填充公式 在Excel中，选中的单元格右下角有一个黑色的方块，称作填充柄。借助填充柄可以快速地在连续的单元格内复制公式。具体方法为：选择公式所在的单元格，鼠标移动至填充柄的位置，当鼠标变成╋时，拖动鼠标即可完成公式的复制。

二、函数

在 Excel 中，虽然使用公式可以完成各种计算，但是对于某些复杂的运算，使用函数会更加简便，而且便于理解和维护。

所谓函数，是指在 Excel 中包含的许多预定义的公式，可以进行简单或复杂的计算。函数是一种特殊公式，每个函数都返回一个计算得到的结果值。

使用函数可以大大地提高工作效率，例如，在工作表中常用的 SUM 函数，就是用于对单元格区域进行求和运算的函数。虽然可以通过自行创建公式来计算单元格中数值的总和，如"＝B3＋C3＋D3＋E3＋F3＋G3"，但是利用函数可以编写出更加简短的公式来完成同样的功能，如"＝SUM(B3：G3)"。

1. 函数的结构

一个完整的函数由函数名和一对圆括号括起来的参数组成，其结构为：

函数名(参数 1，参数 2，……)

其中：

- 函数名：用来标识函数功能的名称，由系统预定义。
- 参数：可以是具体的数值、文本、逻辑值、表达式，可以是单元格地址或单元格区域，也可以是公式或其他函数。参数的个数不等，参数之间使用西文逗号进行分隔，不同函数的参数对应不同的含义。
- 圆括号：用来标记函数参数。
- 逗号：各参数之间用来表示间隔的符号(必须是英文状态下的逗号)。

2. 可选参数和必须参数

一些函数可以仅设置部分参数，例如 SUM 函数可支持 255 个参数，其中第一个参数为必须参数，不能省略。而第 2～255 个参数则为可选参数，允许省略。在函数的格式中，如果函数的参数由一组序列组成，则函数的参数中一般包含可选参数，如 SUM(Number1，Number2，……)、AVERAGE(Number1，Number2，……)等。反之，函数的参数一般为必须参数，如 IF(logical_test，value_if_true，value_if_false)、COUNTIF(range，criteria)等。

3. 常用函数介绍

(1) SUM 函数

- 功能：计算单个或多个参数之和。
- 格式：SUM(Number1，Number2，……)。
- 说明：Number1，Number2，……为需要求和的参数，参数的个数 1 个到多个不等；可以是单元格，也可以是单元格区域。
- 应用举例：SUM(A1：E1)表示计算单元格区域 A1：E1 内所有数值之和，也可以表示为：SUM(A1，B1，C1，D1，E1)。如图 6－2－8 所示数据，计算结果为 405。

F1　　fx　=SUM(A1:E1)

	A	B	C	D	E	F	G
1	82	90	79	56	98	405	
2	Hello	你好	11		5月21日	2	

图 6－2－8　SUM 函数

(2) AVERAGE 函数

- 功能：计算各参数的平均值。
- 格式：AVERAGE(Number1，Number2，……)。

● 说明：Number1，Number2，……为需要求平均值的参数，参数的个数 1 个到多个不等；可以是单元格，也可以是单元格区域。

● 应用举例：如图 6-2-8 所示数据，AVERAGE(A1：E1)的计算结果为 81。

(3) COUNT 函数

● 功能：返回指定区域中包含数字的单元格个数。

● 格式：COUNT(Value1，Value 2，……)。

● 说明：COUNT 函数在统计单元格个数时，会把数字和日期计算在内。

应用举例：如图 6-2-8 所示数据，假设 A2：E2 的内容分别为："Hello""你好""11"、空白单元格、"5 月 21 日"，则 COUNT(A2：E2)的计算结果为 2。

(4) MAX 函数

● 功能：返回一组数值中的最大值。

● 格式：MAX(Number1，Number2，……)。

● 说明：Number1，Number2，……为需要求最大值的参数，参数的个数 1 个到多个不等；可以是单元格，也可以是单元格区域。

● 应用举例：如图 6-2-8 所示数据，MAX(A1：E1)的计算结果为 98。

(5) MIN 函数

● 功能：返回一组数值中的最小值。

● 格式：MIN(Number1，Number2，……)。

● 说明：Number1，Number2，……为需要求最小值的参数，参数的个数 1 个到多个不等；可以是单元格，也可以是单元格区域。

● 应用举例：如图 6-2-8 所示数据，MIN(A1：E1)的计算结果为 56。

(6) IF 函数

● 功能：用于执行真假值判断，根据逻辑判断的真假值返回不同的结果。

● 格式：IF(logical_test，value_if_true，value_if_false)。

● 说明：Logical_test 为条件表达式，Value_if_true 为条件表达式为真时返回的值，Value_if_false 为条件表达式为假时返回的值。IF 函数经常嵌套使用，将在技能拓展中详细讲述。

● 应用举例：如图 6-2-8 所示数据，IF(B1>=85,"优秀","一般")的计算结果为优秀。

(7) COUNTIF 函数

● 功能：计算指定区域中满足给定条件的单元格的数目。

● 格式：COUNTIF(range,criteria)。

● 说明：range 表示某指定的区域，Criteria 为给定的条件，可以是数字、表达式或文本。

● 应用举例：如图 6-2-8 所示数据，COUNTIF(A1：E1，">=90")的计算结果为 2。

(8) RANK 函数。

● 功能：返回一个数字在一列数字中的排名。

● 格式：RANK(Number，Ref，[Order])。

● 说明：Number 表示需要排名的数字，Ref 表示需要排位的范围，Order 为一个数字，用于指明排序的方式，0 或忽略，表示降序，非 0 值，表示升序。

● 应用举例：如图 6-2-8 所示数据，RANK(B1，A1：E1,0)表示计算 B1 单元格中的数值在 A1：E1 区域内的降序排名，结果为 2。

4. 函数的输入

在 Excel 中，输入函数时需要遵守 Excel 对于函数所制定的语法结构，否则将会产生语法错误。Excel 中输入函数的方法主要有 3 种。

(1) 直接输入函数　如果用户知道函数的函数名称以及参数的使用方法和含义，可以直接在单元格或编辑栏中输入。与输入公式相同，输入函数时应首先在单元格中输入“＝”，然后输入函数名，最后在圆括号中输入参数。在输入的过程中，还可以根据参数工具提示来保证参数输入的正确性。

(2) 使用“自动求和”按钮插入函数(自动计算)　“开始”选项卡下的“编辑组”中有一个图标为∑的按钮即为“自动求和”按钮。默认情况下，单击“自动求和”按钮将插入用于求和的 SUM 函数。单击“自动求和”右侧的下拉按钮，可以直接插入求和、平均值、计数、最大值、最小值 5 个常用函数。默认状态下，按一行或一列的计算区域，如果计算区域不合适，则需要重新调整计算区域。

(3) 通过“插入函数”按钮输入函数　单击“编辑栏”左侧的“插入函数”按钮 fx，打开“插入函数”对话框，选择需要的函数，然后分别设置对应的参数即可。

6.2.5 知识拓展

一、单元格引用

单元格引用是 Excel 中的术语，是指在使用公式或函数时引用了单元格的地址，目的在于指出参与运算的数据所处单元格的位置。使用公式和函数计算数据时，经常需要引用其他单元格中的数据，Excel 中一般不会直接引用单元格中的数据，而是通过引用数据的位置(即单元格地址)来达到引用数据的目的。

单元格的引用包括相对引用、绝对引用和混合引用 3 种。

1. 相对引用

使用相对引用，如果公式所在单元格的位置改变，引用也随之改变。Excel 2010 默认的引用方式为相对引用。如 C1 单元格中有公式“＝A1＋B1”；当将公式复制到 C2 单元格时，公式会变为“＝A2＋B2”；当将公式复制到 D1 单元格时，公式会变为“＝B1＋C1”。

2. 绝对引用

绝对引用是一种不随单元格位置的改变而改变的引用形式。使用绝对引用时，引用的单元格的行号和列标的前面需要加上绝对引用符“＄”。

使用绝对引用时，如果将公式复制到新的位置，公式中的单元格地址固定不变。如 C1 单元格中有公式“＝＄A＄1＋＄B＄1”；当将公式复制到 C2 单元格时，公式仍为“＝＄A＄1＋＄B＄1”；当将公式复制到 D1 单元格时，公式仍为“＝＄A＄1＋＄B＄1”。

3. 混合引用

混合引用是指绝对引用列和相对引用行或者绝对引用行和相对引用列的引用方式，其中，绝对引用列和相对引用行采用＄A1、＄B1 的形式来表示；绝对引用行和相对引用列采用 A＄1、B＄1 的形式来表示。

4. 单元格名称

默认情况下，单元格的名称用单元格的地址来表示，是以行号和列标来定义的。在实际使用过程中，用户可以重新定义单元格名称，然后在公式或函数中使用，简化输入过程，并且让数据的计算更加直观。

(1) 定义单元格　定义单元格名称是指为单元格或单元格区域重新定义一个新名称，这样在引用单元格或单元格区域时就可通过定义的名称来操作相应的单元格。

如在任务实施中的“学生成绩管理表”工作表中，将学生的各模块成绩分别设置如下：选择 G4：G23 单元格区域，单击鼠标右键，在弹出的快捷菜单中选择“定义名称”命令，打开“新建名称”对话框，在“名称”文本框中输入“基础操作”。如图 6-2-9 所示。用同样的方法分别将 H4：H23 设置为“Word”，I4：I23 设置为“Excel”，J4：J23 设置为“PPT”。

(2) 引用定义的单元格　为单元格或单元格区域定义名称后，就可以通过定义的名称方便、快速地引用该单元格或单元格区域。命名的单元格不仅可用于函数，还可用于公式中，降低错误引用单元格的几率。

以任务实施中的“学生成绩管理表”工作表中，“各项成绩的最高分”的计算为例，具体操作如下：选中 G24 单元格，插入 SUM 函数，在函数设置对话框中，将参数 Number1 设置为“基础操作”，如图 6-2-10所示。然后单击【确定】按钮，在 G24 单元格中显示计算结果。

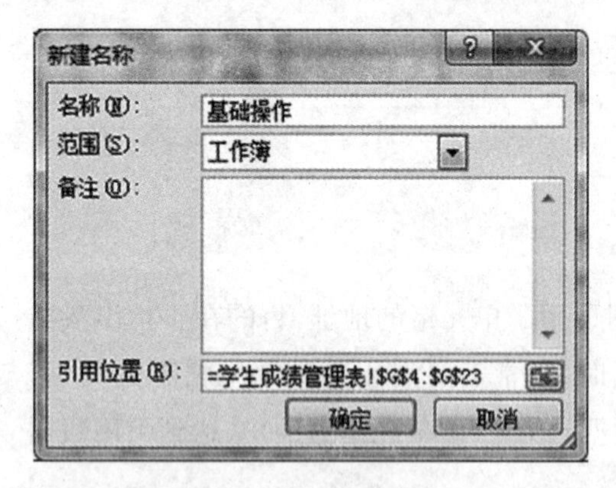

图 6-2-9　新建名称

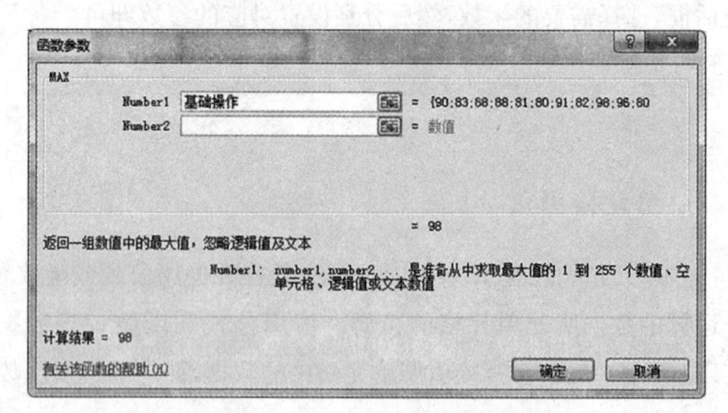

图 6-2-10　使用定义的单元格

二、函数的嵌套

嵌套函数是指函数以函数参数的形式参与计算的情况。在使用嵌套函数时应该注意，返回值类型需要符合外部函数的参数类型。

任务实施中的“学生成绩管理表”工作表中，“总成绩评价等级”的计算为例，具体操作如下：

(1) 单击 N4 单元格，插入 IF 函数，打开“函数参数”设置对话框。

(2) 在“函数参数”设置对话框中，设置 Logical_test 参数为“L4＜320”；Value_if_true 参数为"一般"，如图 6-2-11 所示。

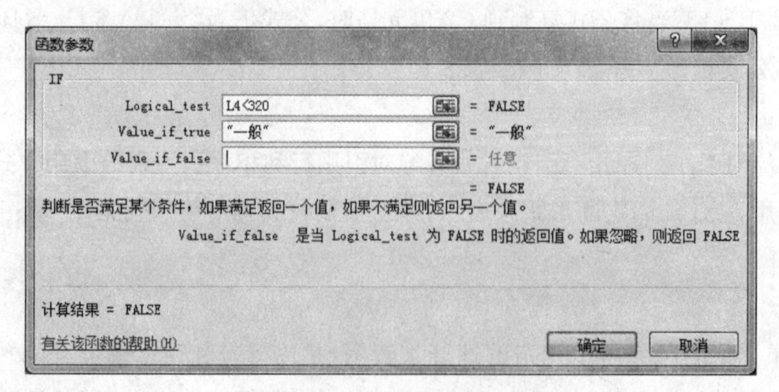

图 6-2-11　IF 函数参数设置

(3) 光标切换至 Value_if_false 后的输入框，单击名称框后的下拉按钮，选择 IF 函数，重新打开一个

IF“函数参数”设置对话框，从而实现在 Value_if_false 参数中嵌套 IF 函数。

(4) 在“函数参数”设置对话框中，设置 Logical_test 参数为“L4<=340”；Value_if_true 参数为"良好"；Value_if_false 参数为"优秀"，如图 6-2-12 所示。然后单击【确定】按钮，将在 N4 单元格中显示结果。

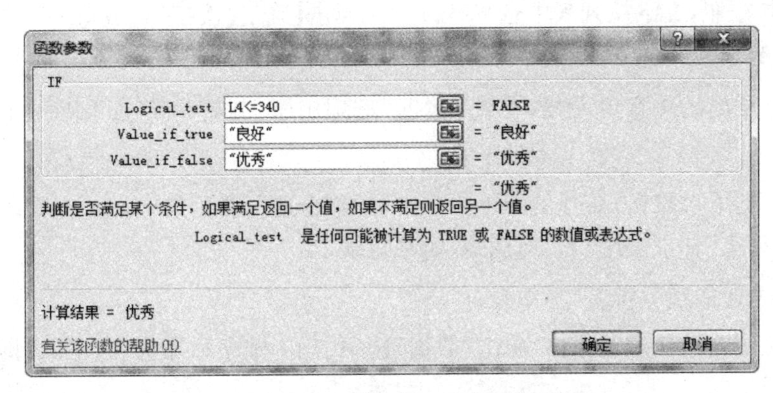

图 6-2-12 嵌套的 IF 函数参数设置

任务 6.3 分析查看“学生成绩表”中的数据

6.3.1 任务要点

(1) 掌握数据排序的相关操作。

(2) 掌握数据筛选的相关操作。

(3) 掌握数据分类汇总的相关操作。

6.3.2 任务描述

通过任务 6.2 的实施，我们得出了各项成绩，这些原始的数据的排列是杂乱无章、没有规律的。在实际应用中，刚开始建立的数据清单一般都是无序的，即使建立清单时按顺序输入，但随着记录的增加和修改，原来有序的数据也可能变得无序，因此，掌握合适的方法对大量的且杂乱无章的数据进行整理、归纳和提炼是很有必要的。

本任务通过学生成绩的综合分析，学习 Excel 中数据排序、筛选、分类汇总等相关操作。

6.3.3 任务实施

一、打开原始表格

打开学生文件夹下的“学生信息管理表”。

二、分析处理学生成绩信息

1. 按照“总成绩”从高到低进行排序(如果总成绩相同，则标准成绩高的同学排在前面)

(1) 切换至“学生排名表”工作表。

(2) 选中数据区域内的任意单元格，单击“数据”选项卡下“排序和筛选”组中的“排序”按钮，打开“排序”对话框。

(3) 在“排序”对话框中，单击主要关键字的下拉按钮，在下拉列表中选择“总成绩”，单击次序的下拉按钮，在下拉列表中选择“降序”。

(4) 单击“添加条件”按钮添加一个次要条件，单击次关键字的下拉按钮，在下拉列表中选择“标准成绩”，单击次序的下拉按钮，在下拉列表中选择“降序”。单击【确定】按钮，完成排序。

2. 查看各专业的学生成绩

(1) 选中数据区域内的任意单元格，单击“数据”选项卡下“排序和筛选”组中的“筛选”按钮，进入筛选。

(2) 单击“专业”的下拉按钮，在弹出的下拉框中取消“全选”，然后选中需要查看的专业即可。

3. 统计各专业学生“标准成绩”和“总成绩”的平均值

(1) 切换至“各专业成绩分析表”工作表。

(2) 选中数据区域内的任意单元格，单击“数据”选项卡下“排序和筛选”组中的“排序”按钮，打开“排序”对话框。

(3) 在“排序”对话框中，单击主要关键字的下拉按钮，在下拉列表中选择“专业”，单击【确定】按钮，将表格中的数据按照“专业”排序，从而将同一专业的学生信息汇总在连续的单元格区域内。

(4) 单击“数据”选项卡下“分级显示”组中的“分类汇总”按钮，打开“分类汇总”对话框。

(5) 在“分类汇总”对话框中，分别设置分类字段为“专业”，汇总方式为“平均值”，汇总项选中“标准成绩”和“总成绩”，单击【确定】按钮，完成分类汇总。

6.3.4 知识链接

一、数据排序

数据排序是指对工作表中的数据按照规定的顺序重新排列，从而使工作表中的排列更有规律。排序以记录为单位，即排序前后处于同一行的数据记录不会发生相对位置的改变，改变的只是行的顺序。

1. 默认排序顺序

默认排序是 Excel 自带的排序规则，以升序排序为例，默认的排序规则如下：

(1) 文本　按照首字拼音的第一个字母排序，默认 a 最小，z 最大。

(2) 数字　按照从最小的负数到最大的正数的顺序排序。

(3) 日期　按照从最早的日期到最晚的日期排序。

(4) 逻辑值　按照 FALSE 在前、TRUE 在后的顺序排序。

(5) 空白单元格　升序和降序均排在最后。

降序排列时的排序规则与升序排列相反。

2. 简单排序

简单排序又称为单字段排序，是指数据根据某一个字段的内容排序。以图 6-3-1 所示数据为例，按照“总成绩”降序排序，具体操作如下：

(1) 选中“总成绩”列的任一单元格。

(2) 单击“数据”选项卡下“排序和筛选”组中的“降序”按钮 Z↓A 即可。

3. 复杂排序

复杂排序又称多关键字排序，是指根据多列的内容对数据排序，也就是说，先按照第一个关键字排序，当排序所依据的第一个关键字相同时，按照第二个关键字(次要关键字)排序，第二个关键字也相同

专业	学号	姓名	基础操作	Word	Excel	PPT	标准成绩	总成绩
计算机应用专业	001090101	赵依	90	85	95	88	89.6	358
计算机软件专业	001090102	钱尔	83	86	85	92	85.8	346
计算机软件专业	001090103	孙琪	88	89	98	82	89	357
计算机应用专业	001090104	李柳	88	92	77	89	86.8	346
计算机网络专业	001090105	周武	81	85	70	97	82.8	333
计算机应用专业	001090106	陈雪	80	95	95	98	89.6	368
计算机软件专业	001090107	樊晶月	91	94	83	87	89.2	355
计算机应用专业	001090108	张瑶	82	85	90	82	84.2	339
计算机网络专业	001090109	张俊霞	98	81	65	92	86.8	336
计算机网络专业	001090110	李雅君	96	99	60	86	87.4	341
计算机应用专业	001090111	刘圆玉	80	91	72	88	82.2	331
计算机软件专业	001090112	孙佳慧	81	98	97	95	90.4	371
计算机软件专业	001090113	陈文娟	83	87	82	87	84.4	339
计算机网络专业	001090114	高源	86	85	77	93	85.4	341
计算机软件专业	001090115	田诗雅	91	97	62	65	81.2	315
计算机应用专业	001090116	刘杨	97	98	80	70	88.4	345
计算机网络专业	001090117	贺梦阳	91	82	77	92	86.6	342
计算机软件专业	001090118	王鹏	95	99	97	98	96.8	389
计算机网络专业	001090119	孙梦佳	85	93	85	86	86.8	349
计算机应用专业	001090120	李蔓	85	86	70	93	83.8	334

图 6－3－1　学生成绩表

时，再按第三个关键字排序。具体步骤为：

(1) 选中数据区域内的任意单元格，单击“数据”选项卡下“排序和筛选”组中的“排序”按钮 ，打开“排序”设置对话框，如图 6－3－2 所示。

图 6－3－2　“排序”设置对话框

(2) 在“排序”设置对话框中，单击“添加条件”按钮可以添加次要条件；单击“删除条件”按钮可以删除选择的条件；单击“复制条件”按钮可以复制选中的条件。

(3) 根据需要分别设置“主要关键字”“次要关键字”“排序依据”和“次序”。

“任务实施”模块中按照“总成绩”从高到低进行排序(如果总成绩相同，则标准成绩高的同学排在前面)就是复杂排序的典型应用。

4. 自定义排序

除了可以采用默认的升序排序和降序排序外，还可以自定义排序。例如，图 6－3－1 中，如果要求以“专业”字段为主要关键字，按照“计算机网络专业”“计算机软件专业”“计算机应用专业”的顺序排序。操作步骤如下：

(1) 选中数据区域内的任意一个单元格。切换至“数据”选项卡，在“排序和筛选”选项组中单击“排序”按钮，打开“排序”对话框。

(2) 在“排序”对话框中，选择主要关键字为“专业”，单击次序选择框的下拉按钮，在下拉列表中选择“自定义序列”命令，打开“自定义序列”对话框。

(3) 在“自定义序列”对话框中，在输入序列文本框中分 3 行输入“计算机网络专业”“计算机软件专业”“计算机应用专业”，如图所示 6－3－3 所示。

(4) 单击【添加】按钮,返回“排序”对话框。然后单击【确定】按钮完成自定义排序。

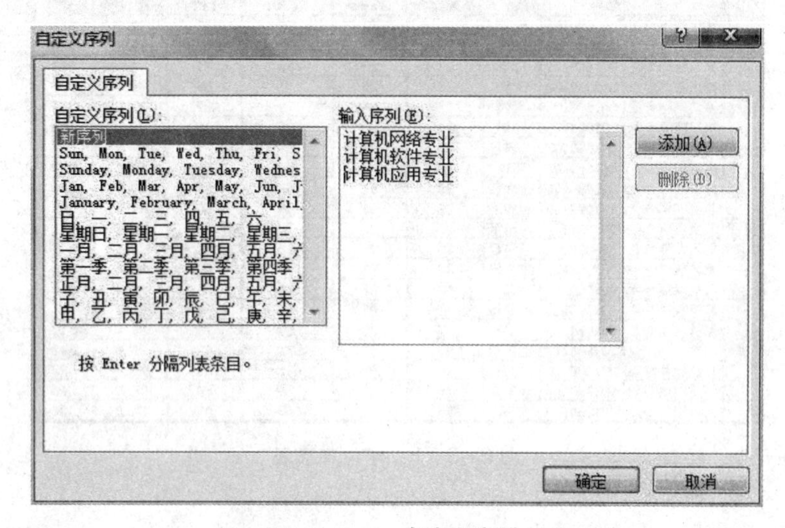

图 6-3-3　自定义序列

二、数据筛选

所谓的筛选,指的是选择和挑选,也就是按照一定的标准进行过滤,隐藏不需要的数据,显示需要的数据。

1. 自动筛选

自动筛选是一种快速的筛选方法,用户可以通过自动筛选快速访问大量数据,从中选出满足条件的记录并显示出来。操作步骤如下:

(1) 选择数据区域中任一单元格,单击“数据”选项卡下“排序和筛选”组中的“筛选”按钮,此时,数据区域的标题行的各字段均会添加一个下拉按钮。

(2) 单击某个字段后的下拉按钮,将弹出一个下拉列表,如图 6-3-4 所示,在下拉列表中取消对不需要数据的勾选,只勾选需要的数据,单击【确定】按钮。此时,在数据区域中将筛选出需要的数据。

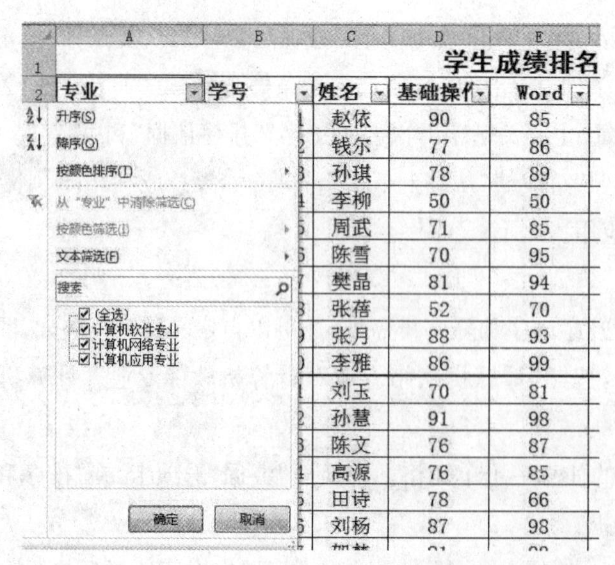

图 6-3-4　“筛选”下拉列表

2. 自定义筛选

如果筛选的条件不能单纯通过勾选来实现,则需要自定义筛选。如图 6-3-1 所示数据,如果想查看总成绩高于 350 分的学生信息。需要执行如下步骤：单击“总成绩”字段的下拉按钮，在弹出的下拉列表中单击“数字筛选”，在弹出的下拉列表中选择“大于”，打开“自定义自动筛选方式”对话框。分别设置“大于”“350”，如图 6－3－5所示，然后单击【确定】按钮。

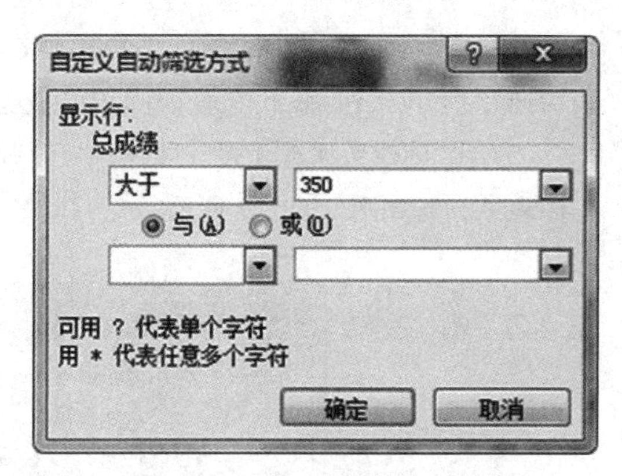

图 6－3－5　“自定义自动筛选方式”对话框

三、数据分类汇总

分类汇总是指根据特定的类别将数据以指定的方式汇总，这样可以快速地汇总分析大型表格中的数据，以获得想要的统计数据。

在使用 Excel 分类汇总功能时要注意，数据区域必须先按照分类字段排序，通过排序将同一类关键字排列在相邻的行中。否则，在汇总时对同一个关键字将会产生多个分类结果。分类汇总的步骤如下：

（1）根据需要按分类汇总的字段对数据排序。

（2）选择数据区域中的任意单元格，单击“数据”选项卡下“分级显示”组中的“分类汇总”按钮，打开“分类汇总”对话框。

（3）在“分类汇总”对话框中，分别设置分类字段、汇总方式、选择汇总项，单击【确定】按钮，完成分类汇总。

6.3.5　知识拓展

一、数据透视表

分类汇总可以对大量数据进行快速汇总统计，但是分类汇总只能针对一个字段分类，对一个或多个字段进行汇总。当用户需要按照多个字段分类汇总时，分类汇总的功能就会受到限制，无法完成。

Excel 中数据透视表的功能，可以完成对多个字段的分类汇总。

数据透视表是从普通表格中生成的总结报告，通过它能方便地查看工作表中的数据，可以快速合并和比较数据，从而方便对这些数据进行分析和处理。

数据透视表，其实是自动筛选和分类汇总功能的集合。

例如图 6－3－6 所示数据，如果要统计各专业男女生的标准成绩和总成绩的最高分，则既要按“专业”分类，还要按“性别”分类，可以利用数据透视表来实现。

操作步骤如下：

	A	B	C	D	I	J	K
2	专业	学号	姓名	性别	标准成绩	总成绩	
3	计算机应用专业	001090101	赵依	女	89.6	358	
4	计算机软件专业	001090102	钱尔	男	85.8	346	
5	计算机软件专业	001090103	孙琪	女	89	357	
6	计算机应用专业	001090104	李柳	男	86.8	346	
7	计算机网络专业	001090105	周武	男	82.8	333	
8	计算机应用专业	001090106	陈雪	女	89.6	368	
9	计算机软件专业	001090107	樊晶月	男	89.2	355	
10	计算机应用专业	001090108	张瑶	男	84.2	339	
11	计算机网络专业	001090109	张俊霞	男	86.8	336	
12	计算机网络专业	001090110	李雅君	男	87.4	341	
13	计算机应用专业	001090111	刘园玉	女	82.2	331	
14	计算机软件专业	001090112	孙佳慧	女	90.4	371	
15	计算机软件专业	001090113	陈文娟	女	84.4	339	
16	计算机网络专业	001090114	高源	男	85.4	341	
17	计算机软件专业	001090115	田诗雅	男	81.2	315	
18	计算机应用专业	001090116	刘杨	男	88.4	345	
19	计算机网络专业	001090117	贺梦阳	女	86.6	342	
20	计算机软件专业	001090118	王鹏	女	96.8	389	
21	计算机网络专业	001090119	孙梦佳	男	86.8	349	
22	计算机应用专业	001090120	李蔓	男	83.8	334	
23							

图 6－3－6　学生成绩表

(1) 选择数据区域中的任意一个单元格，切换至“插入”选项卡，单击“表格”选项组中的“数据透视表”右侧的下拉按钮，在下拉菜单中选择“数据透视表”，打开“创建数据透视表”对话框。

(2) 在“创建数据透视表”对话框中，设置表/区域为所有数据，选择放置数据透视表的位置为“现有工作表 A23”，如图 6-3-7 所示。

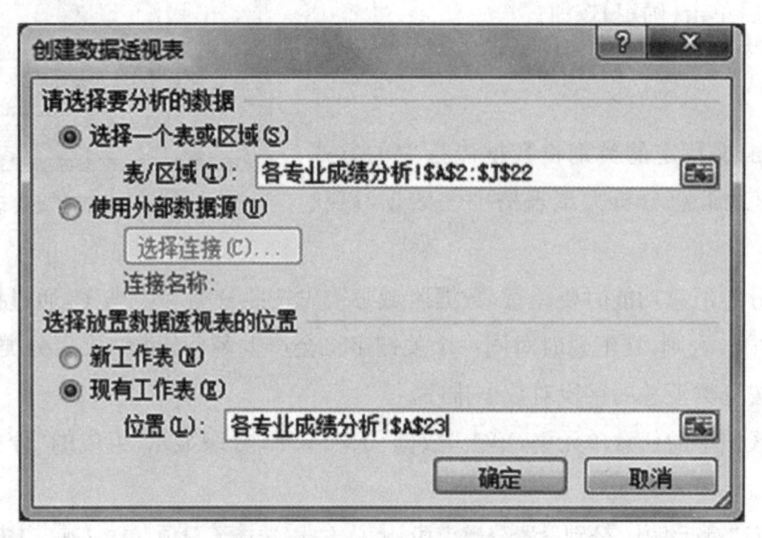

图 6-3-7 数据透视表参数设置

(3) 单击【确定】按钮进入数据透视表设计环境，此时窗口右侧会出现“数据透视表字段列表”窗格，如图 6-3-8 所示。

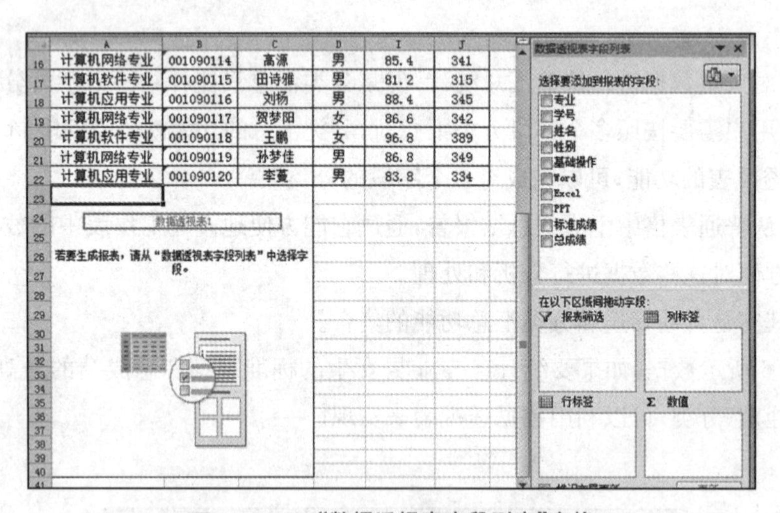

图 6-3-8 “数据透视表字段列表”窗格

23	行标签	最大值项:总成绩
24	⊟计算机软件专业	376
25	男	337
26	女	376
27	⊟计算机网络专业	363
28	男	363
29	女	325
30	⊟计算机应用专业	358
31	男	319
32	女	358
33	总计	376

图 6-3-9 数据透视表结果

(4) 在“数据透视表字段列表”窗格中，选中“专业”“性别”和“总成绩”字段，单击“数值”区域中“求和项：总成绩”右侧的下拉按钮，在下拉列表中单击“值字段设置”，打开“值字段设置”对话框。

(5) 在“值字段设置”对话框中，输入自定义名称“总成绩的最高分”，更改汇总方式为“最大值”。

(6) 单击【确定】按钮后，得出计算结果，如图 6-3-9所示。

任务 6.4　建立“成绩分布情况”图表

6.4.1　任务要点

（1）熟悉各种图表的特点和应用。

（2）掌握图表的建立方法。

（3）熟悉图表数据的修改和设置。

（4）掌握图表的美化设置。

6.4.2　任务描述

我们生活的世界是丰富多彩的，大部分知识的获取都来自于视觉，人们也许无法快速地记住一连串的数字和它们之间的关系、变化趋势，但可以很轻松地记住一幅图画或者一个曲线。

图表分析方法是一种直观形象的分析方法，它将数据以图表的形式展示出来，使数据形象、直观和清晰。借助 Excel 图表可以将数据转化为图，使得“数据可视化”成为可能。通过可视的力量让数据更易于理解和接受，让数据更有说服力。

6.4.3　任务实施

一、打开原始表格

打开学生文件夹下的“学生基本信息统计表”，如图 6－4－1 所示。

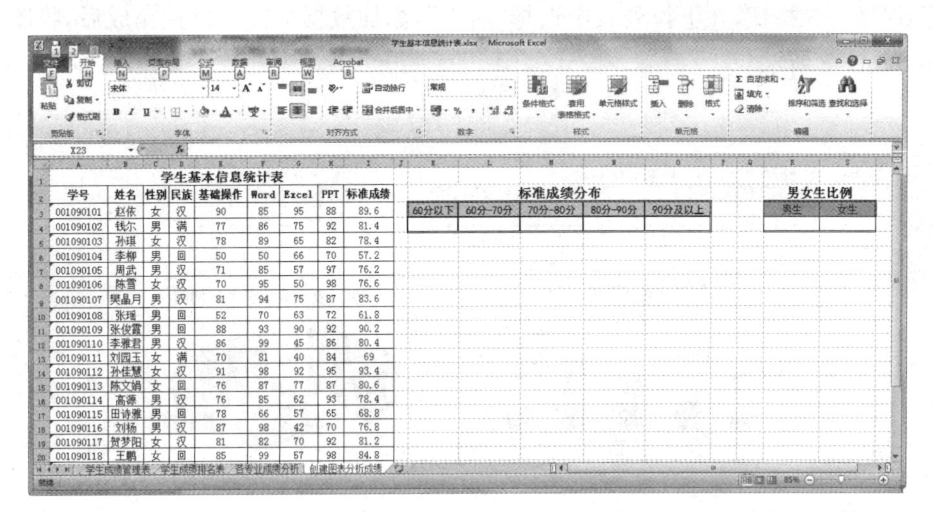

图 6－4－1　学生基本信息统计表

二、统计学生基本信息

1. 统计“标准成绩”分布数据，并创建一个簇状柱形图

（1）统计各分数段人数　选中单元格 K4，输入函数“＝COUNTIF(I3：I22,"<60")”计算“60 分以下”的人数。选中单元格 L4，输入函数“＝COUNTIF(I3：I22,"<70")－K4”计算“60 分—70 分”的人数。选中单元格 M4，输入函数“＝COUNTIF(I3：I22,"<80")－L4－K4”计算“70 分—80 分”的人数。选中单元格

N4，输入函数“＝COUNTIF(I3：I22,"＜80")－L4－K4－M4”，计算“80分—90分”的人数。选中单元格O4，输入函数“＝COUNTIF(L3：L22,"＞＝90")”计算“90分及以上”的人数。统计结果如图6-4-2所示。

（2）创建图表　选中单元格区域K3：O4，执行“插入”→“图表”→“柱形图”命令，在下拉菜单中选择“簇状柱形图”。图表插入成功后，移动至合适位置。

（3）设置图表标题　选中图表，切换至“布局”选项卡，单击“标签”选项组中“图表标题”的下拉按钮，在下拉列表中选择“图表上方”，更改标题内容为“标准成绩分布图”。

（4）设置坐标轴标题　选中图表，切换至“布局”选项卡，单击“标签”选项组中“坐标轴标题”的下拉按钮，在下拉列表中选择“主要纵坐标标题”，然后选择“竖排标题”更改坐标轴标题内容为“人数”。同样的方法设置横坐标为“分数段”。设置完成后，将图表移至合适位置，如图6-4-3所示。

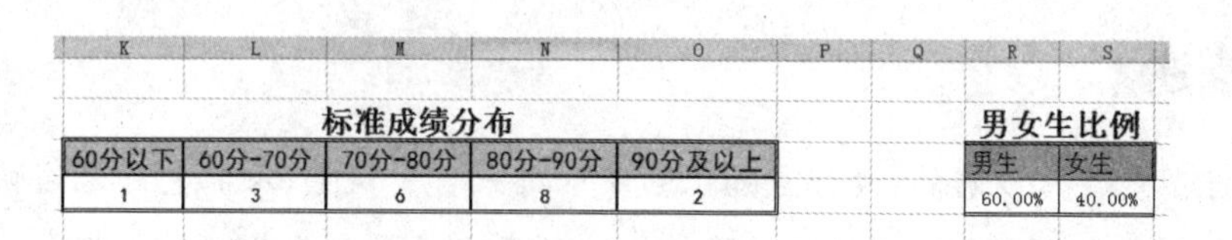

标准成绩分布

60分以下	60分-70分	70分-80分	80分-90分	90分及以上
1	3	6	8	2

男女生比例

男生	女生
60.00%	40.00%

图6-4-2　统计标准成绩分布和男女生比例

2. 统计“性别”比例数据，并创建分离型三维饼图

（1）统计男生和女生人数　在单元格R4单元格中输入函数“＝COUNTIF(C3：C22,"男")/20”计算男生的比例；用同样的方法在单元格S4中统计女生比例。选中单元格区域R4：S4，设置单元格数字格式为百分比。统计结果如图6-4-2所示。

（2）创建图表　选中单元格区域R3：S4，执行“插入”→“图表”→“饼图”命令，在下拉菜单中选择“分离型三维饼图”。

（3）编辑图表　设置图表标题内容为“男、女生人数分布比例图”。单击“布局”选项卡下“标签”选项组中“数据标签”的下拉按钮，在下拉列表中选择“居中”，添加数据标签。设置完成后，将图表移动至合适位置，如图6-4-3所示。

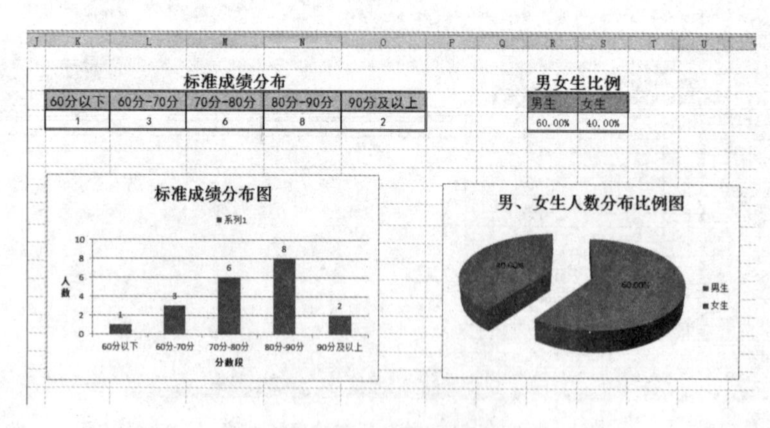

图6-4-3　最终效果图

6.4.4　知识链接

一、图表

图表是对数据的图形化，可以使数据更为直观，方便用户进行数据的统计和对比。图表是Excel的

重要组成部分，具有直观形象、种类丰富、实时更新等特点。借助图表，数据的大小、差异以及变化趋势等将以更加直观的方式呈现。

1. 图表的类型

Excel 2010 内置了 11 种图表类型，包括柱形图、折线图、饼图、条形图、面积图、XY(散点)图、股价图、曲面图、圆环图、气泡图和雷达图，每种图表类型还包含多种子图表类型。用户可以根据需要选择合适的图表来有效地统计分析数据。

(1) 柱形图　用于显示同类别数据不同时间内的变化情况，或者对比同一时间内不同类别数据之间的差异。

(2) 折线图　用于显示某个时期内的数据在相等时间间隔内的变化趋势。

(3) 饼图　用于显示同类别数据的各数据项占该系列数值总和的比例关系。

(4) 条形图　用于显示各个不相关项目数据之间的对比，淡化数值项随时间的变化，突出数据项之间的比较。

(5) 面积图　用于显示数据随时间或类别的变化趋势。

(6) XY(散点)图　用于显示若干数据序列中各数值之间的比较关系。

(7) 股价图　通常用于显示股票价格走势，也可以用于科学数据的统计(如表示温度的变化)。

(8) 曲面图　用于寻找两组数据之间的最佳组合，使用不同颜色和图案来指示在同一取值范围的区域。

(9) 圆环图　与饼图类似，用来显示多个数据序列部分和整体之间的关系。

(10) 气泡图　以 3 个数值为一组对数据进行比较，可以三维效果显示。气泡的大小表示第 3 个变量的值。

(11) 雷达图　用于比较多个数据序列，显示各数据序列相对于中心点的变化情况。

2. 图表的布局

Excel 图表由绘图区、图表标题、数据系列、图例和网格线等基本元素组成，如图 6-4-4 所示。各元素可以根据需要设置显示或隐藏，鼠标在图表上移动时，移动至各要素上便会显示其名称。

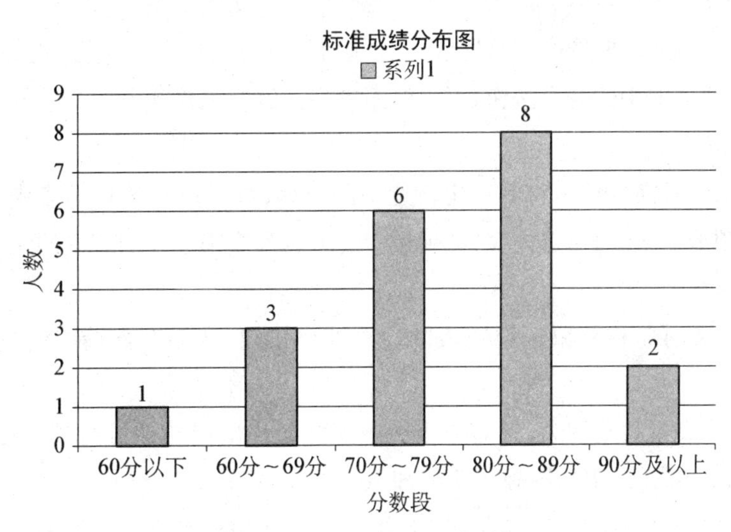

图 6-4-4　图表的构成元素

(1) 绘图区　图表区内的图形表示的范围，即以坐标轴为边的长方形区域。绘图区中包含数据序列、坐标轴等要素。绘图区的格式可以重新设置，如边框样式和内部填充效果。

(2) 数据序列　数据序列对应工作表中的一行或一列数据。

(3) 坐标轴　按位置不同可分为主坐标轴和次坐标轴。默认显示的是绘图区左边的主 Y 轴和下边的主 X 轴。

(4) 网格线　用于显示各数据点的具体位置,同样有主次之分。

(5) 图表标题　显示在绘图区上方的文本框,作用是简明扼要地概述图表的作用。

(6) 图例　显示各个数据序列代表的内容,由图例项和图例标示组成。默认显示在绘图区的右侧。

二、创建图表

数据是图表的基础,若要创建图表,首先应选择图表的数据来源。创建的图表可以放在工作表中,也可以放在新建的图表工作表中。创建的图表与其数据源相关联,并随数据的更改而更新。创建图表的具体操作步骤如下:

(1) 在工作表中选定要创建图表的数据源(不连续数据区域的选择需要借助[Ctrl]键完成)。

(2) 切换到功能区的"插入"选项卡,在"图表"选项组中选择需要的图表类型,即可在工作表中创建图表,如图 6-4-5 所示。

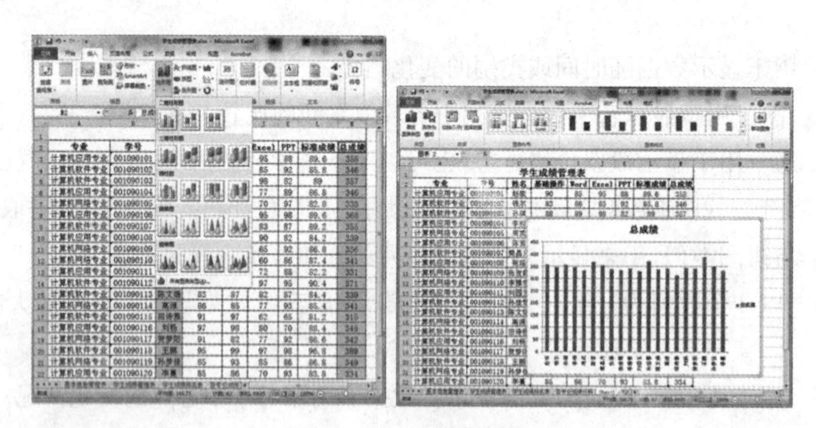

图 6-4-5　创建图表

三、编辑图表

选中图表后,功能区将增加"图表工具"选项卡,"图表工具"选项卡又包含"设计""布局""格式"3 个选项卡。通过这 3 个选项卡中的命令按钮,可以对图表进行编辑和格式设置。

1. 选定图表元素

对图表进行编辑之前,需要单击将其选定。选中图表后,可以单击选择图表中的元素,也可以通过"图表工具/布局"选项卡下"当前所选内容"选项组中的下拉列表来选择图表中的元素。

2. 调整图表大小和位置

要调整图表的大小,可以移动鼠标至图表的边框处,当形状变为双向箭头时拖动即可调整图表的大小。

如果要在当前工作表中移动图表,只需单击图表区并按住鼠标左键进行移动即可。如果要在工作表之间移动图表。如将 Sheet1 中的图表移动到 Sheet2 中的操作方法为:

(1) 选中图表,切换至"设计"选项卡,单击"位置"选项组中的"移动图表"按钮,打开"移动图表"对话框,如图 6-4-6 所示。

(2) 在"移动图表"对话框中,选中"对象位于"单选按钮,在右侧的下拉列表中选择 Sheet 2 选项。单击【确定】按钮,便可以将图表从 Sheet1 移动到 Sheet2 中。

如果选中"新工作表"单选按钮,便可以新建一个工作表来专门放置图表。

3. 更改图表类型

如果需要更改已经创建图表的类型,选中图表后,单击"图表工具/设计"选项卡下"类型"选项组中

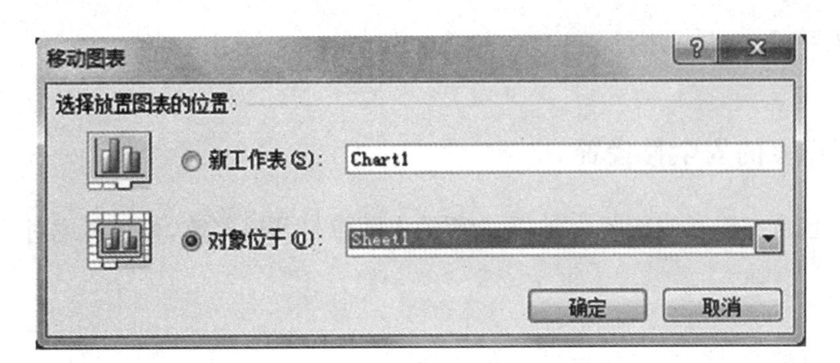

图 6-4-6　“移动图表”对话框

“更改图表类型”，打开“更改图表类型”对话框，重新选中所需的图表类型即可。

4. 交换图表的行和列

创建图表后，如果发现其中的图例与分类轴的位置颠倒了，可以单击“图表工具/设计”选项卡下“数据”选项组中“切换行/列”按钮来交换图表的行和列。

四、修改图表内容

在 Excel 中创建的图表为默认样式，只能满足简单需求，如果需要使用图表清晰表达数据的含义，制作出美观、实用的图表，则需要对图表进行格式设置和处理。

1. 添加并修饰图表标题

选中图表，切换到“图表工具/布局”选项卡，单击“标签”选项组中“图表标题”的下拉按钮，在下拉列表中选择一种放置标题的方式。选中标题文本框中的文本便可以对标题进行修改和格式设置。

2. 设置坐标轴标题

为了使坐标轴表示的内容更加明确，可以为坐标轴添加标题，步骤如下：选中图表，切换到“图表工具/布局”选项卡，单击“标签”选项组中“坐标轴标题”的下拉按钮，在下拉列表中选择设置“主要横坐标轴标题”或“主要纵坐标轴标题”。

添加成功后，右击坐标轴标题，在弹出的快捷菜单中选择“设置坐标轴标题格式”命令，打开对话框便可修改坐标轴标题的外观格式。

3. 添加图例

如果要添加图例，可以选择图表，然后切换到“图表工具/布局”选项卡，单击“标签”选项组中“图例”的下拉按钮，在下拉列表中选择放置图例的方式。与设置坐标轴标题类似，右击图例，在弹出的快捷菜单中选择“设置图例格式”，打开“设置图例格式”对话框便可以设置图例的位置、填充色、边框颜色、边框样式和阴影效果等。

4. 添加数据标签

数据标签是显示在数据系列上的数据标记(数值)。添加的标签类型由选定数据点相连的图表类型决定。如果要添加数据标签，可以选择图表，然后切换到“图表工具/布局”选项卡，单击“标签”选项组中“数据标签”的下拉按钮，在下拉列表中选择放置标签的方式。

如果要对数据标签的格式进行设置，需要在下拉列表中选择“其他数据标签选项”命令，打开“设置数据标签格式”对话框后在对应的选项卡下设置。

5. 显示模拟运算表

模拟运算表是显示在图表下方的网格。如果要在图表中显示模拟运算表，需要选择图表，然后切换到“图表工具/布局”选项卡，单击“标签”选项组中“模拟运算表”的下拉按钮，在下拉列表中选择一种方式。

6.4.5 知识拓展

一、工作簿和工作表的安全性设置

如果工作表中包含有隐私或机密数据，不希望他人随意打开或修改，可以考虑对工作表和工作簿进行安全性设置。

1. 保护工作表

Excel 2010 提供了强大而灵活的保护功能，以保证工作表或单元格中的数据不被随意篡改。设置保护工作表的步骤如下：

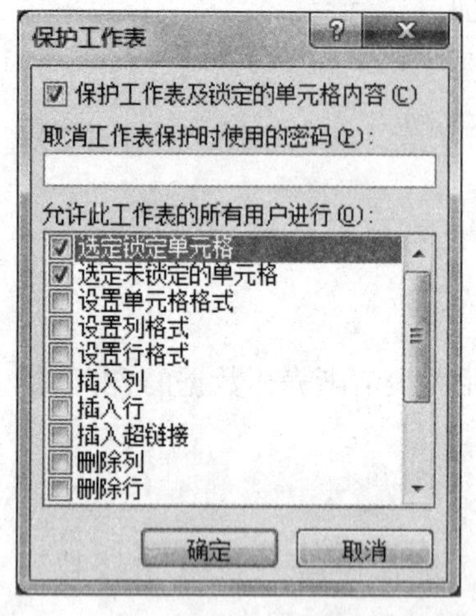

图 6-4-7 "保护工作表"对话框

(1) 在要保护的工作表标签上单击鼠标右键，在弹出的快捷菜单中选择"保护工作表"命令，打开如图 6-4-7 所示对话框。选中"保护工作表及锁定的单元格内容"复选框。

(2) 如果要给工作表设置密码，可以在"取消工作表保护时使用密码"文本框中输入密码。

(3) 在"允许此工作表的所有用户进行"列表框中选择或撤销可以进行的操作，如选中"设置列格式"复选框，则允许用户设置列的格式。

(4) 单击【确定】按钮，完成设置。如果设置有密码，会弹出"确认密码"对话框，需要重新输入一次密码。

撤销工作表保护的步骤如下：

(1) 切换至"开始"选项卡，单击"单元格"选项组中的"格式"按钮，在弹出的下拉菜单中选择"撤销工作表保护"命令。

(2) 如果保护时设置了密码，则会出现"撤销工作表保护"对话框，输入正确的密码方可撤销工作表保护。

2. 保护工作簿结构

如果不希望他人随意在自己的工作簿中移动、添加或删除其中的工作表，可以对工作簿的结构进行保护。操作步骤如下：

(1) 切换至"审阅"选项卡，单击"更改"选项组中的"保护工作簿"按钮，打开"保护结构和窗口"对话框，如图 6-4-8 所示。

(2) 选中"结构"和"窗口"复选按钮，可以在"密码(可选)"文本框中输入密码，单击【确定】按钮。如果设置有密码，会弹出"确认密码"对话框，需要重新输入一次密码。

(3) 如果设置了保护工作簿"结构"，右击工作表标签，弹出如图 6-4-9 所示的菜单，此时，操作工作表的相关命令变灰无法选择，将无法对工作簿中的工作表进行插入、删除、重命名等操作。如果设置

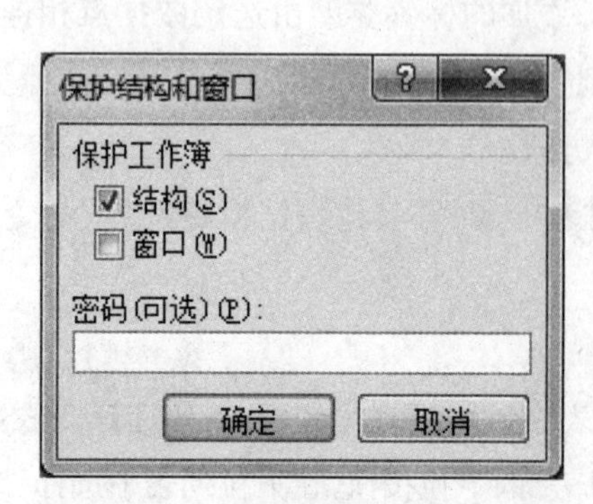

图 6-4-8 "保护结构和窗口"对话框

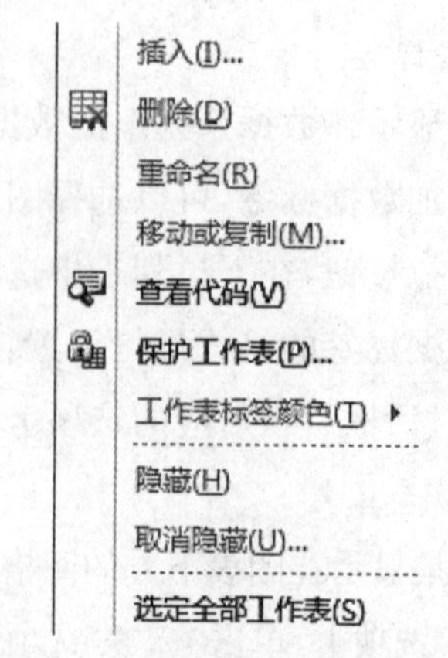

图 6-4-9 保护后的快捷菜单

了保护工作簿"窗口",窗口控制按钮将隐藏起来,当前工作簿中的工作表窗口被锁死,无法执行最大化、最小化、还原等操作。

要撤销保护工作簿,需要再次单击"保护工作簿"按钮即可,如果设置了保护密码,将打开"撤销工作簿保护"对话框,输入正确的密码后单击【确定】按钮方可撤销保护工作簿。

3. 为工作簿设置密码

如果不希望他人随意打开自己的工作簿,用户可以为工作簿设置密码,常用的方法有以下两种:

方法一: 单击"文件"菜单,选择"信息"命令,然后单击"保护工作簿"按钮,在弹出的下拉列表中选择"用密码进行加密"命令,打开"加密文档"对话框,如图 6-4-10 所示。在"密码"文本框中输入密码,单击【确定】按钮。

方法二: 单击"文件"菜单,选择"另存为"命令,在打开的"另存为"对话框中单击"工具"按钮,在弹出的下拉菜单中选择"常规选项"命令,打开"常规选项"对话框,如图 6-4-11 所示,分别设置打开权限密码和修改权限密码。

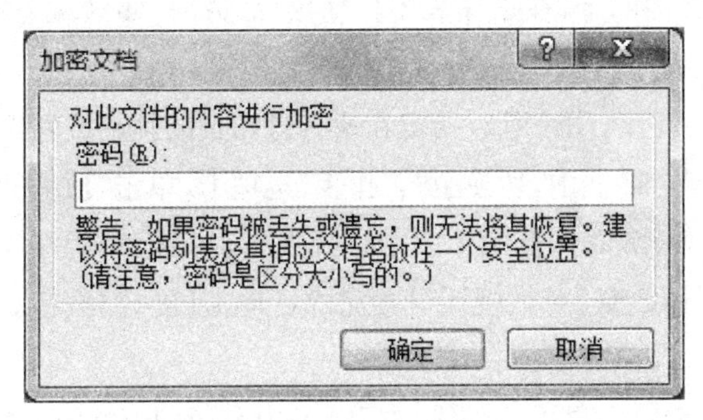

图 6-4-10　"加密文档"对话框

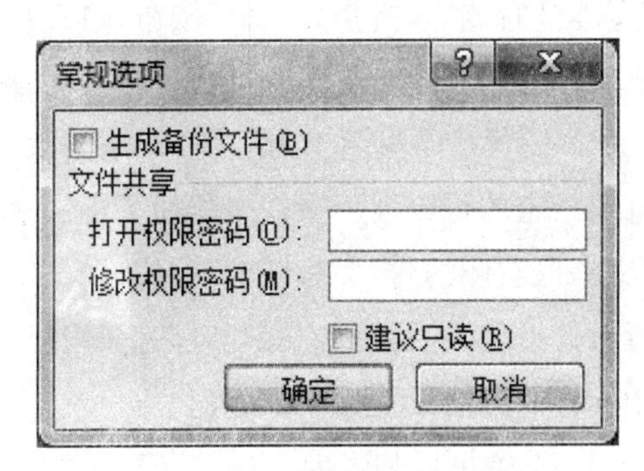

图 6-4-11　"常规选项"对话框

二、工作表的打印输出

对于要打印输出的工作表,需要在打印之前对其页面进行一些设置。

1. 页面设置

切换至"页面布局"选项卡,单击"页面设置"选项组右下角的"启动对话框"按钮,打开"页面设置"对话框,如图 6-4-12 所示。

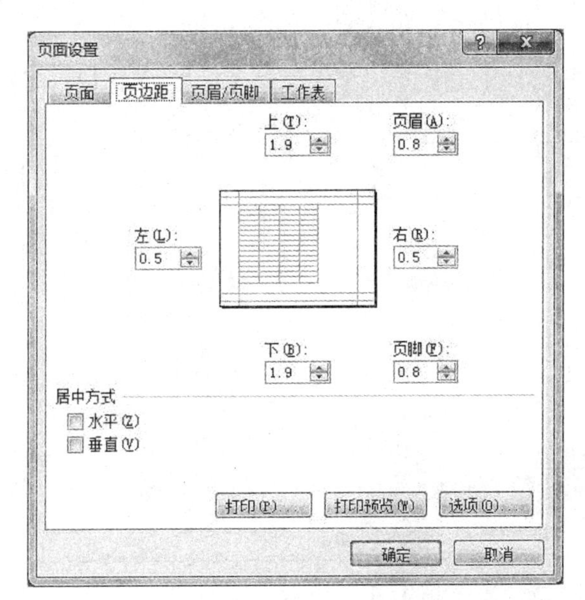

图 6-4-12　"页面设置"对话框

(1) 设置页边距　页边距是指页面上的打印区域与纸张边缘之间的距离，通过设置页边距，用户可以灵活设置表格数据打印到纸张上的位置，操作步骤如下：在“页面设置”对话框中，切换至“页边距”选项卡，分别在“上”“下”“左”“右”文本框中调整打印数据与边缘的距离。在“页眉”和“页脚”文本框中设置页眉与上边缘以及页脚与下边缘的距离。在“居中方式”组中，选中“水平”复选框表示在左右页边距之间水平居中打印数据，选中“垂直”复选框表示在上下页边距之间垂直居中打印数据。最后单击【确定】按钮完成设置。

(2) 设置纸张方向和大小　纸张方向是指页面的打印方向，包括横向打印和纵向打印两种。如果文件的行较多而列较少，选择纵向打印，若文件的列较多而行较少，则选择横向打印。纸张大小是指以多大的纸张进行打印。

如果要设置纸张方向和大小，需要在“页面设置”对话框中，切换至“页面”选项卡设置。

(3) 设置打印区域　系统默认打印所有包含数据的单元格，如果只想打印部分单元格区域，可以设置要打印的单元格区域，操作步骤如下：在“页面设置”对话框中，切换至“工作表”选项卡，单击“打印区域”文本框右侧的“折叠对话框”按钮，隐藏对话框的其他部分，在工作表中拖动鼠标选择打印区域，选择完成后，单击“展开对话框”按钮，返回“页面设置”对话框。设置完成后单击【确定】按钮。

(4) 设置打印标题　为了使打印出来的数据更加易读，用户可以指定在所有打印页的顶部或左侧反复打印指定的行或列。操作步骤如下：在“页面设置”对话框中，切换至“工作表”选项卡，单击“顶端标题行”文本框右侧的“折叠对话框”按钮，隐藏对话框的其他部分，在工作表中选择一行或多行作为打印标题行。选择完成后，单击“展开对话框”按钮，返回“页面设置”对话框。设置完成后单击【确定】按钮。可以用同样的方法设置打印标题列。

(5) 设置页眉和页脚　页眉位于页面的顶端，通常用于显示工作表的标题等内容，页脚位于页面的底端，通常用于显示页码等内容。用户可以根据需要设置页眉或页脚，操作步骤如下：切换至“插入”选项卡，单击“文本”选项组中的“页眉和页脚”按钮，进入页眉/页脚编辑状态，此时，功能区会新增一个“页眉和页脚工具/设计”选项卡。

用户可以直接在页眉、页脚处手动输入内容，也可以借助“页眉和页脚工具/设计”选项卡中的按钮，插入页码、页数、当前时间、文件路径、文件名等内容。

2. 打印预览与打印输出

单击“开始”菜单，在下拉列表中选择“打印”命令，如图 6-4-13 所示，右侧将显示文档的打印预览效果，如果预览后没有问题，便可以打印输出。打印前，可以设置打印的份数、工作表范围、页码范围，还可以重新设置纸张方向、纸张大小、页边距等。如果要打印输出，单击【打印】按钮即可。

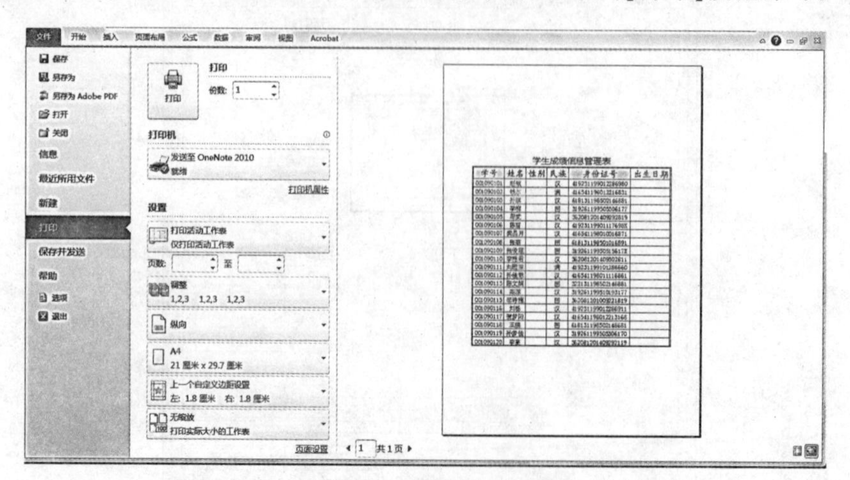

图 6-4-13　打印预览视图

任务 6.5　技能拓展

1. 创建如图所示 Excel 表格

XX社团人员信息表					
编号	姓名	性别	民族	身份证号	出生日期
01001801	赵依		汉	410104200001011234	
01001802	钱尔		满	123321199910013421	
01001803	孙琪		汉	46652120010601789X	
01001804	刘柳		回	324756200002140908	
01001805	周武		汉	669078200207074532	

2. 提取"出生日期"列数据

提示：

(1) 已知身份证号中第 7～14 位数字表示出生日期。7～10 位为年，11～12 位为月，13～14 为日。

(2) MID(text, start_num, num_chars)表示从文本字符串中指定的位置起返回指定长度的字符串。其中：text 表示从中提取字符串的原始字符串；start_num 为被提取的字符部分的开始位置；num_chars 指定要提取的字符串长度。

3. 提取"性别"列数据

提示：

(1) 身份证号中第 17 位数字表示性别：奇数表示男性，偶数表示女性。MOD(number，Divisor)返回两数相除的余数，Number 表示被除数，Divisor 表示除数。

图书在版编目(CIP)数据

计算机应用基础项目式教程/张莉,孙培锋主编. —上海: 复旦大学出版社, 2018.8
(2022.8 重印)
ISBN 978-7-309-13743-9

Ⅰ.①计… Ⅱ.①张…②孙… Ⅲ.①电子计算机-高等职业教育-教材 Ⅳ.①TP3

中国版本图书馆 CIP 数据核字(2018)第 123420 号

计算机应用基础项目式教程
张 莉 孙培锋 主编
责任编辑/张志军

复旦大学出版社有限公司出版发行
上海市国权路 579 号 邮编: 200433
网址: fupnet@fudanpress.com http://www.fudanpress.com
门市零售: 86-21-65102580 团体订购: 86-21-65104505
出版部电话: 86-21-65642845
上海新艺印刷有限公司

开本 890×1240 1/16 印张 12.25 字数 210 千
2018 年 8 月第 1 版
2022 年 8 月第 1 版第 4 次印刷
印数 13 301—16 400

ISBN 978-7-309-13743-9/T·630
定价: 30.00 元